U0871787

工程伦理学

ENGINEERING ETHICS

（第二版）

Second Edition

顾 剑 顾祥林 编著

同济大学出版社
TONGJI UNIVERSITY PRESS
·上海·

内 容 提 要

经过30多年教学实践，作者从职业工程师协会(NSPE)工程师伦理规范开始，循序渐进地步入伦理学理论殿堂，将工程师甚至一般公民非知不可、不知可惜的工程、医学、大数据与计算机等专业伦理问题，通过每章前的电影如《摩登时代》《安提戈涅》《切尔诺贝利》《灰姑娘》《黑客帝国》等影片，以及大量的思想实验和生动的故事案例，把生硬的工程伦理守则转变为照亮前程的灯塔，以帮助学习者平安、成功地应对职业生涯中的各种狂风巨浪。本书的特色在于巧妙地运用书中的个案题材，使乏味的专业理论通过故事情节、电影片段娓娓道来，让高校的专业伦理课程变得比较耐读、易懂。

本书可作为理工类高等教育通识课程的学习教程，也可作为工程技术人员学习的参考资料，也可作为工程实践伦理研究的参考资料。

图书在版编目(CIP)数据

工程伦理学 / 顾剑，顾祥林编著. -- 2版. -- 上海：同济大学出版社，2023.4

ISBN 978-7-5765-0653-2

Ⅰ.①工… Ⅱ.①顾… ②顾… Ⅲ.①工程技术—伦理学 Ⅳ.①B82-057

中国国家版本馆CIP数据核字(2023)第017945号

工程伦理学(第二版)

顾 剑 顾祥林 编著

责任编辑 马继兰 **责任校对** 徐春莲 **封面设计** 陈益平

出版发行 同济大学出版社 www.tongjipress.com.cn
(地址：上海市四平路1239号 邮编：200092 电话：021-65985622)
经 销 全国各地新华书店
排 版 南京月叶图文制作有限公司
印 刷 常熟市大宏印刷有限公司
开 本 787 mm×1092 mm 1/16
印 张 19.25
字 数 480 000
版 次 2023年4月第2版
印 次 2024年8月第2次印刷
书 号 ISBN 978-7-5765-0653-2

定 价 68.00元

第 2 版前言

哈佛大学前校长德鲁·吉尔平·福斯特(Drew Gilpin Faust)说过:“高等教育的重要目标就是确保毕业生能够辨别有人在胡说八道。”如果说文科的教育是这样的话,也许勉强成立。但是,要说所有的专业包括工程专业的教育目标都是“确保毕业生能够辨别有人在胡说八道”是不是有点偏激呢?

我们以前一直在思考:办大学用哪种基本的模式。20 世纪 50 年代,我们学习的苏联模式,是一种专业化教育。比如说要搞建筑,大学里就设一个建筑专业;搞造船,大学里就设一个专门主攻造船的专业。这样技术可以被研究得很深、很透。如果要搞航天,甚至可以专门办一个航空航天的大学。我们一大批化工学院、纺织大学、海洋大学、水产大学、铁道学院、财经大学、科技大学等就是这样办出来的。但是美国模式不同,“大学”的英文是 university,词义就是通识、普适,即学习普适的真理。比如在斯坦福、哈佛、麻省理工,你要学物理的话,一定被要求去学一些人文的课程,学校对物理的专业课管得不多。为什么呢?因为学校知道你是来读物理专业的,物理是你的专业和方向,你肯定有兴趣去学那些物理课程。但是学校反而会对你提出必须学习一些人文方面的知识的要求。这就是所谓的通识教育。在我国,经过多年的合并整合和专业拓展,专业化的大学已经大部分变成综合性大学了,教育模式也在不断改变、完善。

然而,我们的大学教育还是偏专,物理专业的学生整天学物理、建筑专业的学生整天学建筑。固然,让他们越专越好,这样容易早出成果,但是往往一些非常大的发现,都是在不同的专业领域互动之后,才有灵感的火花。如拓扑绝缘体的发现,就是把最最美妙的数学和具体的材料结合起来。数学家甚至觉得,最值得自豪的是自己的知识没有用,只是出于好奇心来追求这些知识。而跨学科的通识教育就是把这些他们认为根本不需要解释的为什么有用或没有用的事情,真正拿来应用。因此,专业教育可以教育出解题的高手,但是,真正创造性的发明,还需要另一种更加开放的教育模式。

牛顿在《微积分》论文的序言中这样写道:当我研究微积分的时候,我就发现上帝真聪明,上帝真伟大,它用微积分创造了这个世界。表面上看,宗教为科学家的科学研究提供了精神上的动力,更深层次看却是,哲学和科学相互冲撞和交融促使科学家走上追求宇宙中简单、普适的真理之路。牛顿三大定律简单而普适，阐述这些定律的书名为《自然哲学的科学原理》，在牛顿眼里，物理学和哲学是不分的。

爱因斯坦认为，科学是一种历史悠久的努力，力图用系统的思维，把这个世界中可被人感知的现象尽可能彻底地联系起来。通过构思过程，后验(posterior)地来重建其存在。但宗教是什么？一个人受了宗教感化，就会尽他的最大可能从自私和欲望的镣铐中解放出来，而全神贯注在那些因超越其个人价值而为他所坚持的思想、感情和志向上。重要的在于这种超越个人的内涵的力量，在于其超越一切的具有深远意义的信念的深度，而不在于其是否曾经企图把这种内涵同神联系起来。

很多人不理解为什么有些科学家信仰宗教，如果他们认真读了爱因斯坦的《科学与宗教》一文，他们就会明白，“宗教”一词在有些人那里是迷信，在另一些人那里是哲学。爱因斯坦不仅是伟大的科学家，他同样是伟大的哲学家。

早先的逻辑经验主义者说，科学之为科学就在于它能够得到经验的证实，可是波普尔(Karl Popper，1902—1994 年)反驳说，我们的经验都是单称陈述，单称陈述经过归纳并不能确凿可靠地推导出全称陈述。我即便看见一万只天鹅是白的，要得出“天鹅皆白”这样的理论也是很有风险的，事实上，的确有黑天鹅存在。于是，波普尔别出心裁地提出证伪理论，认为科学之为科学不在于可证实，而在于可证伪，即它总是包含着可以诉诸经验检验的预测。比如，爱因斯坦的广义相对论预言了光线在经过太阳这样的大引力场时会发生弯曲，因此是可证伪的，而像占星术这样的理论总是把预言说得含含糊糊，无法证伪，因而不是科学。

所以没有一个科学家敢说自己包打天下、自己发现的是永恒真理。伟大的科学家之所以伟大，是因为他们意识到了科学的局限性。科学是有局限性的，什么是科学？科学就是一科一科的“学”，就是学科。学科就有“分”的意思，因为科学是不整全的，或者说是有缺陷的。现代科学已经不单纯是古典科学，它有功利的目的，科学家也有自身利益诉求。现代科学研究是需要经费支持的，不是一个不花钱的科学。花谁的钱？花纳税人的钱。一个国家应该拿多少钱搞科研不仅仅是科学问题，还是一个伦理问题。从转基因现象上看，搞转基因研究的科学家几乎都是支持转基因的，还没有见过一个反对转基因的，因为科研经费和他的观点存在利益冲突。某大学有位教授研究畅通工程，得出一个有趣的结论是“自行车的污染比汽车大”，这里已经没有古典的科学精神了。同时，科学也不是没有后果的科学，即对有些人有利，对另一些人没有利。在这种情况下，科学家就是利益相关方，因此，伦理问题的考量必不可少。究竟你拿了多少钱？你得了多少好处？项目的研究成果出来以后，对哪些人有好处，对哪些人没有好处？那些没有得到好处的人知道不知道这个事？他们掏钱让你做研究却得不到好处，这是不是公平，是不是正义？

所以，现代的科学技术甚至大学里的所有学科都不是纯粹的科学、技术或专业的学科。所有的学科都是社会、技术和哲学的综合体。因此，纯粹的专业教育培养的人才已经不能适应社会发展的需要。能力、技术、智商等已经不是我们对人才的唯一要求。专业伦理已经不仅仅是对律师、工程师和管理者这几个屈指可数职业的素质要求了，而应该是所有职业的一个共同的素质要求。在有些国家的大学里，所有专业的学生必须修完伦理学才能毕业。

美国虽然是倡导通识教育的国家，但是美国在如何进行通识教育的问题上是走过弯路的。在2001年安然公司破产之前，在美国的大学包括著名的哈佛大学里，专业伦理教育还未被正式提上议事日程。安然等一系列大公司因道德问题破产使人们开始反思缺乏约束的自由市场经济给整个社会造成的灾难。

《财富》杂志记者 Bethany McLean 和 Peter Elkind 写了一本书 *The Smartest Guys in the Room*，中文名叫《屋内聪明人》，书中描绘了只注重聪明才智和专业能力的畸形教育模式的失败。2004年，该书被改编成电影，以安然事件为原型，讲述了美国能源公司的兴盛和衰落以及挥金如土的公司高管如何将之毁灭的故事。2005年4月22日，电影在美国上映。

当安然前CEO杰夫·斯基林(Jeff Skilling)申请哈佛商学院的时候，教授问他是不是足够聪明，他非常干脆地回答说："I am fucking smart!"于是他被录取了。1979年，他拿到了哈佛商学院的MBA，进入世界顶级的麦肯锡咨询公司，担任能源和化工行业咨询顾问，成为麦肯锡咨询公司有史以来最年轻的合伙人。最后又从麦肯锡咨询公司跑到安然当CEO。他最喜爱的书是《自私的基因》，该书主张人类的进化是由贪婪和竞争推动的。杰夫·斯基林在安然公司实行彻底的"物竞天择"，实行末位淘汰制度，倡导高风险高收益的文化，最后搞垮了安然。杰夫·斯基林就是一个"专业教育"模式下典型的失败案例。

2005年，"领导与企业责任"(Leadership and Corporate Accountability)这一门课成为哈佛商学院的必修课。不出意外，许多人会把这门课看成笑话，或是觉得格格不入。毕竟，这个学院有名是因为出了许多的财经精英，他们的年薪有上千万或上亿美元。许多人慕名而来。这个学院能教你赚钱的本事，给你带来超级丰富的顶极人脉关系。这个学院每年会招收近千名的新生，每人每年要缴纳约10万美元的学费。有谁会想在投入两年的宝贵时间与20万美元的昂贵学费之后，只为学习领导人的责任、企业的责任？除非真的有这么一个学院，或开始有这么一个学院，可以教导学生，在善尽社会责任的前提下，在群己双赢之中，仍可创新作为，创造出可观的财富。唯有如此，企业伦理或领导与企业责任，才不至于变成空谈或笑话。

然而，2008年，金融海啸席卷全球。精英大学的教育与其所引起的潜在影响越发显著。在金融危机的关键时期，美国总统、财政部长、证监会主席、大银行总裁、投行主管，个个都是哈佛校友。《财富》杂志500强企业三项最高职位中有20%是哈佛商学院的毕业生在主导。这些校友返校时，总受到英雄式的欢迎；能够加入影响力如此强大的大家庭，令人既胆战心惊，又兴奋不已。

但是，由成百上千最聪明的MBA组成的大公司却一个个破产了，让这些身居高位的哈佛校友情何以堪？这不禁让人想问，哈佛到底教了这些人什么东西？那样的教育确实令人忧心：人们心胸狭窄、贪婪，对政治不管不问、轻视不从商的大众，完全不愿意为自己的错误负责。

其实，何止是商学院，理、法、医、工、农等学院，当教育偏失时，所教导的学生在不合适的职业当中，各有其不同程度的伤害影响。只是，农林渔牧第一产业有其农林渔牧第一产业特有的问题；工程生产制造第二产业有其工程生产制造第二产业特有的问题；商银医法有其商银医法特有的问题。它们各有其特定或不特定的影响对象、层面。

但是，美国西点军校就是另一番风景。西点军校因为培养出众多的商界领袖而有“美国最大的商学院”之誉。但在西点军校的课程中，没有金融、财会等技术性很强的商科课程，为什么他们学员会在商界卓有成就？这个道理非常简单，中国象棋中，将帅好像没有什么本事，车马炮好像很有本事。结果是车马炮死得最快，将帅都是最后的赢家。其实，将帅的本事是看不见的本事，车马炮的本事是看得见的。据统计，在我国企业管理者中有军人背景的占30%以上，中国500强企业中，有200多名总裁和副总裁都有过军旅生涯，诸如华为总裁任正非、联想控股总裁柳传志、万科总裁王石、杉杉集团总裁郑永刚等。

美国的教育模式更加强化了美国所特有的通识教育。在通识教育的课程里，伦理学是举足轻重的。因为伦理学作为哲学的一部分，是以理性为基础的。理性是科学与哲学的纽带，好的伦理学教育能够使专业知识与人文修养在更高层次结合。

理查德·查理·莱文(Richard Charles Levin)是享誉全球的教育家，于1993—2013年任耶鲁大学校长。理查德·查理·莱文曾说过：“如果一个学生从耶鲁大学毕业后，居然拥有了某种很专业的知识和技能，这是耶鲁教育最大的失败。”因为他认为专业的知识和技能是学生们根据自己的意愿，在大学毕业后才需要去学习和掌握的，那不是耶鲁大学教育的任务。

人类社会自从进入文明时代，普遍意义上的“只干好自己的工作就行了”已经不存在了。分工与合作是人类社会的基本特征。因此，社会的发展和进步一定需要两种教育：专业教育与通识教育。大致来说，专业教育是为了更好的分工，通识教育是为了更好的合作。

两千多年前，荀子就讲过：人的力气没有牛大，跑的速度也没有马快，为什么牛马能为人所用？因为“人能群，彼不能群”，也就是人会合作。人类社会发展的一个基本事实是，零和博弈到非零和博弈。动物之间的博弈主要是零和博弈，而人类进入文明社会，只有人们相互合作才能生存和发展。以色列青年历史学家尤瓦尔-赫拉利在《人类简史》中写道：人类是怎样从一种平凡无奇的动物走到地球顶端的？那是因为人类在发展过程中经历了一次认知革命，智人的语言突变出了一种独特的功能：那就是讨论虚构的事物。因为这种类似神话的虚构故事，赋予了智人一种前所未有的能力，那就是进行大规模合作的能力。大批互不相识的智人，只要同样相信某个故事就能共同合作。而合作的前提是守规矩。根据契罗基族(cheeokee)民俗，要成功有一则古方：

(1) 清楚的目的，你必须了解你的意图，并且持之以恒地追求。

(2) 熟练的手段，你必须有好方法，并且有技能加以应用。

(3) 你的任务必须正当、能整合，它必须不与基本价值观冲突，它也需要族人即你内心支持。

三个要素中有两个与通识教育有关。这些远古时的领导力今天依旧适用。爱因斯坦说:“用专业知识教育人是不够的。通过专业教育，他可以成为一种有用的机器，但是不能成为一个和谐发展的人。要使学生对价值有所理解并且产生热烈的感情，那是最基本的。他必须获得在美和道德上的鲜明的辨断力。否则，他——连同他的专业知识——就更像一只受过很好训练的狗，而不像一个和谐发展的人。为了获得对别人和对集体的适当关系，他必须学习去了解人们的动机、人们的幻想和人们的疾苦。”

布卢姆等在1956年把认知领域的教育目标公布出来，该领域的教育目标包含由从低级到高级、由简单到复杂的六个层次：知识、领会、运用、分析、综合、评价。专业教育注重前三个层次，通识教育注重后三个层次。没有通识教育，专业教育就难以提升层次。

伦理学作为通识教育最重要的学科是由人类的本性所决定的。人类需要仰望深邃的星空，更需要脚踩坚实的大地。前者涉及价值判断，后者涉及事实判断。通识教育着重培养四种能力：有效的思考能力、交流思想的能力、恰当的判断能力和辨识价值的能力。因此，伦理学的训练就显得尤为重要。大学之道首先在于不同学科、不同专业之间必须具有共同的精神文化基础。只有通识教育，才能沟通不同专业、建立共同的文化语言；也只有通识教育，才能沟通现代与传统，使文明不致断裂。如果现代大学不能提供面向所有学生的通识教育，大学就丧失了意义——它完全可以被各类专业学院取代。

今天最大的问题是，我们的学生几乎被整个知识洪水淹没，因为他们要学的东西实在太多了。但是学生们的分析总结能力还不够，他们不知道哪个知识更重要，无法把精华思想总结出来，造成了他们对学习的厌烦。所以，能达到“大道至简”的能力，首先你的知识面要广，但是最最关键的就是有抽象和概括的能力。而这个能力是通识教育才能给予的。

综上所述，在当今社会分工协作越来越精细的社会，如果一个学生从中国一流大学毕业后，居然只拥有了某种很专业的知识和技能，就是中国一流大学教育的失败。专业的知识适用于分析，但是不适用于综合。综合能力是现代社会每一个职业必不可少的技能。为什么哈佛大学前校长德鲁·吉尔平·福斯特认为高等教育目标就是确保毕业生能够辨别有人在胡说八道？辨别别人胡说八道的能力那么重要吗？是的，这种能力就是将理性运用到社会生活中的能力。我们的教育教会了学生将理性运用到专业领域，但是，遗憾的是在社会生活的方方面面，我们缺乏理性的精神。

本书第二版既强化了伦理理论的部分，又增加了生物医学伦理和大数据伦理，使各种伦理学和应用处在一个既有不同又有补充的和谐整体中。伦理学习的过程就是从不纠结到纠结，从纠结到融会贯通的过程。《了不起的盖茨比》作者菲茨杰拉德说：能同时拥有两种截然相反的观念还能正常做事儿的人，才是有第一流智慧的人。希望理工科的学生通过工程伦理的学习，打通专业教育与通识教育的“任督二脉”，成为既有分析能力又有综合能力的有用人才。

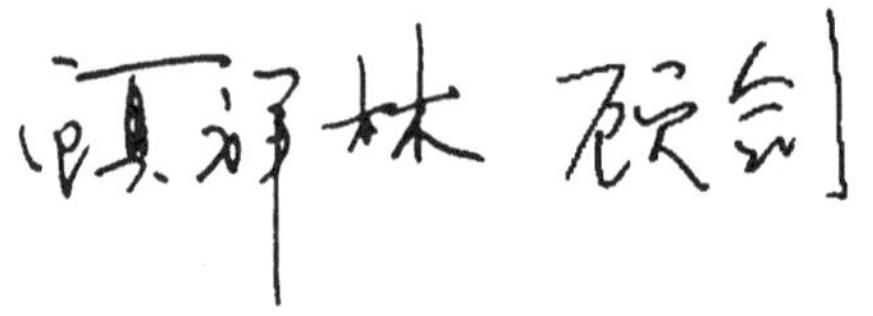

2023 年 1 月

第1版前言

工程师通常被认为是一种正直的职业，享受良好的职业声誉。工程师不同于普通大众之处在于工程项目对于公众利益具有广泛、深远的影响。工程师多半都相当聪明，且具有很好的专业知识和技能，因此如果他们将聪明才智用于正途，那是对社会的贡献；如果他们将聪明才智用于犯罪的话，那将给社会带来巨大的危害。

来自埃及的穆罕默德·阿塔(Mohammed Atta)是“9·11”事件中19名劫机者的首领，也是21世纪最恶名昭彰的罪犯之一，就是他驾驶美国航空公司(American Airlines)11号航班撞向世界贸易中心北栋大楼。他曾经在开罗大学学习工程学与建筑学，后来赴德国汉堡科技大学攻读城市规划硕士学位，他在那里学会了有关规划与建筑设计。2001年9月11日凌晨4点，穆罕默德·阿塔和他的同伴阿杜拉齐兹(Abdelaziz)开车朝机场出发。阿杜拉齐兹说：“现在我们要开始‘建筑学’之旅了。”“建筑学”是双子塔的暗语(“法律学”指的是国会大厦，“政治学”指的是白宫，“美术课”指的则是五角大楼，“电子工程”指的是核能源基地)，他们要开着飞机到世贸双子塔给等在那里的美国人“上课”。阿塔认为，这次行动是一次伟大且强力的行动，一定可以给美国以致命的打击。对于他来说，死亡不意味着死亡，而生命亦不意味着是生命。阿塔认为，这次行动后，美国将成为地狱。阿塔学过建筑学，他了解要撞击双子塔这座庞然巨物大概需要多少能量。撞击后，大楼会崩塌，这是他所想要的。他知道，撞击会引起火灾，这样规模的火灾根本不可能被扑灭。但那里依然会有消防员，那些冒着生命危险抢救其他人生命的消防员。他们只会进去送死。阿塔所学的工程和建筑学知识只是为了帮助他更顺利地犯罪，他在运用他所学的知识中获得了异乎寻常的“快感”。

奥地利心理学家阿尔弗雷德·阿德勒在他的《自卑与超越》中写道：“谋杀者在手中握有一瓶毒药时，可能会体验到一种权力之感，但是这种权力感只有他‘一个人’相信，对别人而言，他手中的毒药并不能抬高他的身份。事实上，过于私人的意义是没有意义的。所有真正的生活意义的标准是：它们是人类共同的意义。也就是说，它们是别人能够分享的意义，也是被别人认定为有效的意义。”“所有的失败者——神经病患者、精神病患者、罪犯、酗酒者、问题少年、自杀者、堕落者、娼妓——之所以失败，就是他们缺乏归属感和社会兴趣。在面对问题的时候不相信通过合作的方法加以解决。他们赋予行动的意义是一种属于他们个人的意义。”

“9·11”劫机犯阿塔所追求的就是属于他自己的意义，他争取的目标是一种虚假的个人优越感。他们在这种报复美国人的快感中愉快地死去。

涉嫌杀害30余名妇女而被定罪的约翰·克拉奇力(John Crutchley)拥有美国迪法恩斯学院(Defiance College)物理学学士以及乔治·华盛顿大学(The George Washington University)工程管理硕士学位。他曾经在通用汽车(GM)和戴尔科电子公司(Delco Electronics)工作。约翰·克拉奇力在2002年死于狱中。约翰·J. 多诺万(John J. Donovan)是麻省理工学院电子工程与管理学退休教授，曾经创办7家上市公司。他还拥有塔夫茨大学工程学士学位，以及耶鲁大学的两个硕士学位以及博士学位。多诺万因在2007年提报不实报案记录而被定罪。检察官说，多诺万用枪射向自己的肚子，却把责任推给自己的儿子。2008年，胜邦公司(SiPort Inc.)工程师吴景华接到解雇通知后，枪杀了首席执行官、营运副总裁和人事经理三名高层主管。

约翰·克拉奇力、约翰·J. 多诺万和吴景华他们都有工程专业背景，他们虽然没有像穆罕默德·阿塔那样利用工程建筑专业知识犯罪，但是，他们的例子说明：仅有专业知识和技能是不够的，因为专业知识和技能只能帮助我们进步，不能防止我们堕落。一个合格的专业人才应同时拥有两方面的素质：一是专业知识和技能，二是职业道德。前者属于“科学”领域，后者属于“人文”领域。前者涉及“智商”，后者涉及“情商”。未来的世界是：方向比努力重要，能力比知识重要，健康比成绩重要，生活比文凭重要，情商比智商重要！正如德国神学家迪特里希·朋霍费尔(Dietrich Bonhoeffer, 1906—1945年)《狱中书简》中所说：“我十分肯定的是愚蠢是一种道德上的缺陷，而不是一种理智上的缺陷。愚蠢是养成的，而不是天生的。愚蠢是在这样一些环境中养成的，在这种环境下，人们把自己弄成蠢人，或者允许别人把自己弄成蠢人。”愚蠢不是智商的问题，而是不知道把自己的智商用在哪里。愚蠢的人用他的“全部聪明才智”出色地完成了根本不需要做或不应该做的事情。

古希腊哲学家苏格拉底说：“知善者行善，因为行善比行恶更具理性和益处，行恶者主要出于无知而为。”难道一个具备硕士学位甚至博士学位的工程师的理性不足以应付善恶的判断吗？我们能说那些作恶的工程师之所以作恶是因为“无知”吗？是的。孔子在《论语·学而篇》中说：“弟子入则孝，出则悌。谨而信，泛爱众，而亲仁。行有余力，则以学文。”在孔子看来，弟子修行，要分为两步走，首先品行要过关，具备了基本素养以后，才可以踏入第二步，去学习文化知识。

很长时间以来，我们一直以为，所谓“知识”就是科学文化知识，所谓“三好学生”主要是学习好。父母很在意子女的学习成绩，却忽视了培养子女的素质修养，而品德教育主要是思想政治教育。我们的教育缺乏培养一个合格“公民”的通识教育。合格“公民”的素质应该由两方面组成：一是做事的知识，二是做人的知识，且后者往往比前者更重要。一个人能力和品德都不好是“废品”，废品还是有点用的，至少危害不大。一个人能力不强、品德很好是“次品”，次品可以凑合着用。危害最大的是一个人品德不好，能力很强，这就像“毒品”一样。一些公司的主管甚至这样认为：中专生很好用，大专生还可以，本科生凑合用，硕士生不太好用，博士生可能会让你公司完蛋。一个品德不好的博士就是隐藏在公司的不定时炸弹，不知道什么时候爆炸。

什么是职业工程师的优秀品德？一个具有优秀品德的工程师不是“烂好人”。孔子说：“乡愿，德之贼也。”乡愿特指当时社会上那种不分是非、同于流俗、言行不一、伪善欺世、处处讨好、从不得罪人的乡里中以“谨厚老实”为人称道的“老好人”。孔子尖锐地指出：这种“乡愿”，言行不符，实际上是似德非德而乱乎德的人，乃德之“贼”。世人对之不可不辨。而后，孟子更清楚地说明这种人乃是“同乎流俗，合乎污世”的人。虽然表面上看，是个对乡人全不得罪的“好好先生”，其实，他抹杀了是非、混淆了善恶、不主持正义、不抵制坏人坏事，全然成为危害道德的人。周朝的一乡等于五个州。而州下又有“党”“闾”“比”等更小的单位。人与人之间就有亲疏远近之分。陕西人称呼“乡党”就如同湖南、江西人称“老表”。乡党一叫，自然对于非乡党者就要另眼相看了。因为人们以“乡党”划分彼此的亲疏，而非以公正原则来划清是非亲疏，故“乡愿”代表的是一种小群体之间的利益结合。这种结合由于是共同利益的驱使，故“乡愿”不惜抛弃道德原则，只为了应和“乡党”“老表”这样亲切的称呼。人情世故在法规、原则之上，怎么可能有正义和对错呢？“乡愿”的行事原则即如当年水泊梁山最通行的“兄弟义气”。譬如，我是李逵的兄弟，在山下调戏了妇女，被路遇不平的正义之士暴打了一顿，我跑回山去告诉李逵大哥。李家哥哥真讲“义气”，二话不说，跑下山来把那人砍了。表面上，李逵哥哥没的说，为朋友两肋插刀，真的讲义气。而事实上这种“行为”却违背了更高的道德准则。工程师不能当“烂好人”的一个重要理由是，“烂好人”不符合工程师的职业特性，其本质上是在寻求无原则的“私人”的意义，只不过这个“私人”的范围稍稍扩大了一点而已。

一个具有优秀品德的工程师也不是“道德模范”。一个社会某些人鼓励另一些人“毫不利己、专门利人”无异于道德绑架。春秋战国时期，鲁国有这样一条法规：凡是鲁国人到其他国家去旅行，看到有鲁国人沦为奴隶时，可以自己先垫钱把他赎回来，待回鲁国后再到官府去报销。官府除了用国库的钱支付赎金外，还给予这个人一定的奖励。一次，孔子有一个弟子到国外去，恰好碰到有一个鲁国人在那里做奴隶，就掏钱赎出了他。回国之后，这个弟子既没有到处张扬，也没有到官府去报销所垫付的赎金和领取奖励。可是，那个被孔子的弟子赎回的人，却把这个情况讲给别人听，大家都称赞孔子这个弟子仗义、人格高尚。一时间，街头巷尾都把这件事当作美谈。谁知，孔子知道后，不但没有表扬这个弟子，反而对他进行了严厉批评。孔子为何批评“高尚”？这不是有违“大道”吗？

鲁迅先生曾说：“道德这事，必须普遍，人人应做，人人能行，又于自他两利，才有存在的价值。”孔子的这个弟子没有到官府去报赎金与领奖励被人们称赞为“高尚”，反证之，到官府去报赎金与领奖励的人就会被人们称为“不高尚”。久而久之，又有谁会主动去做这样的事呢？只要能力许可，又有一颗充满爱意的心肯帮助人，每个人都能成为伟人。不过，这种“伟人”绝不是不食人间烟火的圣人。

犹太人非常愿意帮助同胞，任何一个身无分文的犹太人流落异国他乡，只要找到当地犹太人组织，就会立即解决吃饭与住宿问题。但他们的扶贫则有独特的方式：既帮助了落难同胞，又帮助了自己；换句话说，不但扶助了落难者自立，而且拓展了自己的事业。假若有一鞋商，他先借钱让落难者在自己生意的“盲区”开设分店，并提供货源，等打开局面有了盈利再银货两讫。这种帮助人的方法是精明的，也是慈善的，体现了另一个层面上的博大。自利不等于自私；互利也不是庸俗的等价交换，而是生存法则制约下的奉献。孔子真是一位圣人，他批评弟子的“高尚”，盖因非理性的“高尚”往往会扼杀理性的“高尚”，使“高尚”脱离客观实际，成为海市蜃楼抑或空中楼阁。

什么是职业工程师的优秀品德？一个文明的社会会把每个人都当作具有同样价值的人看。一个工程师的优秀品德指的是他把所有的利益相关主体当作具备同样价值的主体看待。能够做到这一点的是他判断对错的能力和坚持原则的勇气。这就是伦理学的精髓。伦理学本质上是处理利益关系的哲学。伦理学不同于道德说教，道德是公认的规范，伦理是对规范的反思。道德是一个人的精神境界，而伦理讲公平。道德注重情感的因素，伦理则注重理性的因素。工程决策不仅关乎雇主的物质利益，而且关乎社会的安全和公众的健康幸福。作出决策就是要求我们在一个目标与另一个目标之间进行权衡取舍：要大炮还是要黄油；要环境还是要产出；是要公众的利益，还是要雇主的利益。天下没有免费的午餐，为了得到一件喜爱的东西，就必须舍弃另一件喜爱的东西。不同类型的问题成本不是一目了然的，最容易被忽视的是机会成本和在将来显现的隐性成本。

由于标准的模糊和价值观的差异，工程伦理决策常常是两难的决策。正因为存在大量两难的决策问题，判断对错的能力尤其重要。所以，我们既要详细介绍国内外工程师的职业规范，又要深入浅出地阐述伦理学原理、生动阐释工程师应该如何作伦理决策。

当然，知易行难。斯坦福大学心理学系的荣退教授菲利普·乔治·津巴多(Philip

George Zimbardo)在《路西法效应》中，用一个仅仅为期5天的实验告诉我们，在强权与匿名之下，堕落是多么容易的一件事，相反维持自己的道德高度则要艰难得多。“行善如登，行恶如崩”，一个工程师的优秀品德还表现在坚持原则的勇气。工程师在现实中也会遇到这样那样的干扰因素，到底是坚持原则及一致性，还是为了追求结果而鼓励权宜、变通和妥协，这是一个严峻的考验。

综上所述，一个职业工程师能够发挥专业作用的首要条件是妥善处理好利益相关方的关系问题，他不能在“象牙塔”里发挥自己的专业能力，他必须面对社会问题，用人类共同的意义来定义自己的生活意义。当面对复杂问题的时候，通过合作的方法加以解决。这种观点与伦理学理论的“普遍化”方法是一脉相承的。普遍化就是任何人都不能有“例外”，不能存有侥幸的心理。追求自己的利益没有错，错就错在有的人在追自己的利益的时候妨碍了别人的利益。利己主义之所以能够成为一种道德标准，在于它鼓励并希望社会保证“每一个”个体的利益。如果一个人“自私自利”，却希望别人“无私奉献”，这就不是普遍化的方法，而是一种“特殊化”的方法。道德上有缺陷的人总希望把自己独立在社会大众之上，把自己（或本部门、本公司）当成一种“例外”。所以功利主义用投票的方法决定“最大多数人最大利益”，正义论认为“脱光衣服（社会身份）才有公平”，而权力论认为私权大于公权，不仅因为私权是天赋的、公权是人赋予的，更重要的是公权是最致命的社会身份，最容易堕落成保护某些人“例外”特权的禁地。可见，伦理学、哲学仿佛离我们千里之外，其实它在我们生活中的角角落落。

工程伦理问题是活生生的，因为“科学”“技术”与“社会”（Science, Technology and Society, STS）一体化趋势越来越明显。职业规范如果没有伦理学理论，就没有普遍的适用标准，而道德的普遍法则不可避免地要进入感性经验。本书的两位作者系同胞兄弟，弟弟（第一作者）曾获复旦大学文学硕士学位，华东师范大学心理学博士学位，现任教于华东理工大学商学院，在进行心理学方面的研究、教学和实践的同时，也在关注和思考着工程伦理问题。笔者即哥哥（第二作者）曾获同济大学结构工程硕士、博士学位，现任教于同济大学土木工程学院，在进行土木工程方面研究、教学和实践的同时，也在探求培养工科学生素质之道。共著《工程伦理学》系我们的共同心愿，也是文科生和工科生交叉合作的结晶。

本书应用价值体现在：既可作为理工科学生通识教育的选读著作，又可作为工程伦理学课程教材以及工程伦理研究参考书。与同类著作比较，本书最大的特点是将“伦理规范”“伦理理论和决策”和“伦理塑造”结合起来，既研究了“应该”这样，又研究了“如何”这样。哲学内容简单，伦理学内容明晰，心理学内容有趣。通过本书的学习，读者一定会发现，工程伦理学不是一堆枯燥概念和理论的集合体，而是丰富我们人文素养、让我们更加自信地参与社会政治、经济生活的重要手段。

愚蠢的人向自己的错误学习，聪明的人向别人的错误学习。让我们打开书本，享受愉快的哲学精神之旅吧！

2014 年 11 月适逢同济大学土木系成立 100 周年，谨以此书作为薄礼庆祝同济大学土木系百年华诞！

顾祥林

2014 年 11 月

目 录

第1章 工程伦理规范

高等教育的重要目标就是确保毕业生能够辨别“有人在胡说八道”。

——哈佛大学校长德鲁·吉尔平·福斯特（Drew Gilpin Faust，1947年至今）

关键术语

通识教育，工程师，伦理规范，NSPE，批判性思考，规范与例外

推荐电影：《摩登时代》(*Modern Times*, 1936年)

故事发生在20世纪20年代美国经济萧条时期，当时的美国工业因为大规模使用机器造成大量工人失业，而主角查理是这个时代的悲剧代表人物：他在不断加快的传送带式的作业线上被弄得精神失常，被卷入巨大的机器齿轮中，被出了毛病的吃饭机器在他悲戚惊恐的脸上不停地扇打……这些影像无不反映了机器时代所带来的恐惧与打击。最后他失业了，他加入了找工作的巨大洪流之中；甚至无意中领导了示威运动的群众，然而最后仍是改变不了他可怜的命运。唯一不用为生活操心的最好地方是监狱，所以为了进监狱，查理不惜主动替人顶罪，然而事与愿违，监狱进不去，不过却因祸得福，得到了受他帮助的那个女孩的爱。

电影中主人公查理这个普普通通的工厂工人在节奏异常紧张的流水线上疯狂工作，他是现代科学技术的牺牲品。令人难忘的是查理被机器卷进卷出的镜头，以及被流水线弄得变成麻木机械的工具人，毫无间歇的劳作终于让他发了疯，一见到圆形的东西，就忍不住要用扳手拧一下，竟然想要在人的鼻子、纽扣上拧紧螺母。查理发疯的一幕从形式上看的确引人发笑，但实质上暴露出的却是发人深思的社会现象。

问题：

(1) 影片描写人与机器怎样的关系？

(2) 影片如何表现“异化”这一哲学概念?

课前测试:根据美国职业工程师伦理规范判断对错

下列语句与美国职业工程师协会(The National Society of Professional Engineers, NSPE)语言表述的是否一致?不考虑所有语句伦理学上的对错,只判断与 NSPE 的相关条款规范是否一致。

1. 工程师为了完成自己的职责必须仔细考虑公众的安全、健康和福祉。

2. 工程师可以提供胜任能力之外的服务,只要他们告知他们的雇主或客户。

3. 工程师可以发表主观的、片面的陈述,如果这个陈述是书面形式,并与雇主、客户或公众的最佳利益相一致。

4. 工程师应该作为每一个雇主或客户的忠诚的代理人或受托人。

5. 在要求保护公众健康、安全和福祉的情况下,不要求工程师一定有诚实的行动。

6. 工程师可以不被要求遵守州和联邦法律规定,当这种行动危害雇主或客户利益的时候。

7. 在危及生命和财产情况下,如果工程师的判断遭到了否定,那么他们应向雇主或客户以及其他任何相关的机构通报情况。

8. 工程师可以评审,但是可以不批准那些符合适用标准的工程文件。

9. 除了法律或本章程授权或要求的以外,在没有得到客户或雇主事先同意的情况下,工程师不应泄露所获得的实情、数据或信息。

10. 工程师不应允许使用他们的姓名,不应与任何他们认为在从事欺骗性或不诚实事务的个人或公司合作,除非这个企业或行动符合州或联邦适用法律。

11. 工程师得知任何违反守则的情况,30 天内未改正,应该向相关专业机构和政府部门报告,并与有关当局合作,配合提供其需要的信息或协助。

12. 在特定技术领域内,仅当工程师的教育经历或经验背景使其具备了相应的资质时,才应承担分派的任务。

13. 工程师不得在他们缺乏能力的领域签署计划或文件,对不在其指导和管理下编制的计划、文件,深信是另一指定方编制的,可以签字。

14. 工程师可接受任务指派和承担整个项目的协调责任,并签署和批准整个项目的工程文件,包括计划和文件的每一个技术部分。

15. 工程师在专业报告、陈述或证词中应保持客观和诚实。在专业报告、陈述和证词中,应该包含所有相关的和恰当的信息。

16. 只有当其观点建立在对事实充分认识的基础之上,并且该问题在其专业知识范围之内时，工程师才可以公开地表达他的专业技术观点。

17. 在由有关利益方发起或付费的事项中，工程师不应发表技术方面的声明、批评或论证，除非在发表自己的意见前，他们明确地表明自己所代表的相关当事人的身份，并且揭示在其中可能存在的利益关系。

18. 工程师应该不参与任何有利益冲突的事情。

19. 工程师不应在同一项目服务中接受任何超过一方的报酬，或者重复接受有关同一项目服务的报酬，除非已向所有相关各方完全公开，并征得他们同意。

20. 工程师不得直接或间接地向其负责的工程相关的外部代理索取报酬，但可以接受其直接或间接的经济或其他有价值的报酬(如果此类报酬已被充分披露)。

21. 作为政府或准政府机构或部门的成员、顾问或雇员从事公共服务的工程师，可以参与他们或他们的组织在私人或公共工程实践中索取或提供的服务的决策，只要这些决定不涉及他们没有专业能力的技术工程事项。

22. 如果工程师所在组织的成员在政府机构中担任负责人或官员，那么工程师不应索求或接受来自该政府机构的合同。

23. 工程师不得故意伪造其资格证书，也不得主动允许对其或其合作伙伴资格的书面错误陈述。在前雇主雇用工程师期间所完成的工作，工程师可以接受先前工作的功劳。与应聘有关的资料或其他演示文件应具体说明所做的工作和工程师受雇于公司的日期。

24. 工程师不得直接或间接地提供、给予、索取或接受任何影响公共机构授予合同的捐赠，或者被公众理解成具有影响授予合同意图的捐赠。除非根据适用的联邦或州竞选活动财务法律和法规作出此类捐赠，否则不得签订合同。

25. 工程师应该在与雇主或客户协商后承认他们的错误。

第一节　工程师伦理规范

每个行业都有自己的规矩，连黑手党也不例外。黑手党无恶不作，大家都知道。但是，黑手党也知道自己是什么东西，所以从来不去竞选国会议员；只养国会议员。黑手党在碰到耶稣、玛利亚的生日，都会捐钱。2020年新冠肺炎疫情的时候，企业家捐钱，富豪捐钱，黑手党也在捐钱，还搞一些志愿服务。

黑手党还有一个重要的规矩：不得出卖组织秘密。如果黑手党成员出卖组织秘密，会被立即处死。即使你在监狱里，他们也会派人把你杀掉。在战场上当逃兵的下场也是一样。大多数军队中对军人的纪律要求是不允许投降的，这叫宁死不屈。但是有的国家不但允许投降，还为投降做充分的准备以保全士兵的生命。

老师与学生可以谈恋爱吗？你一定认为这不是一个问题。2007 年，30 岁的马克龙迎娶了 54 岁的布里吉特，布里吉特是其中学时代的法语老师。《巴黎竞赛画报》采访了布里吉特，她说："埃马纽埃尔（马克龙）17 岁的时候对我说'无论你做什么，我都会娶你的！'"奥巴马夫妇在一家律师事务所相识，当时米歇尔是奥巴马的指导者。2008 年大选，有媒体称二人为师生恋。

但是今天，美国大学校园里师生之间的两性关系已是教师道德准则所不允许的，就是和学生谈恋爱也有违校规，几乎所有的美国大学教师和工作人员手册里都有这样一条规定：严禁教师去"招惹"学生，或者更明白地规定不准和学生有任何的浪漫或两性关系。禁止大学师生恋的根本原因在于老师和学生之间权力的不平等，如果允许师生恋，有权力（打分、推荐等）的老师可能会滥用权力，对没有权势的学生进行性胁迫，而作为弱势者的学生有时不得不屈从，"双方同意"的两性关系在权力不平等的人之间是很难存在的，因此禁止师生恋的本质是防止权力被滥用。

所以，禁止师生恋似乎成为一个被逐步接受的教师行业规范。在其他组织，也有禁止上级与下级之间的恋爱伦理规范。

最早订立的专业伦理应该是医学伦理。可以追溯到古希腊的希波克拉底。因其而订立的希波克拉底誓言是传统上西方的医师之道。今天，医学伦理的普遍接受价值标准是功利主义，即病人的快乐与痛苦是医生行为的重要决策标准。

19 世纪 50 年代，因为专业性（professional）的发展，美国四个创始工程学会先后成立：

1851 年，美国土木工程师协会（ASCE）成立；

1871 年，美国采矿工程师协会（AIME）成立；

1880 年，美国机械工程师协会（ASME）成立；

1884 年，美国机电工程师协会（AIEE）成立。

在当时"伦理"只是个人道德问题，而非专业的行业规范。

1876 年，阿什塔比拉河铁路灾难；1879 年，泰桥灾难（Tay Bridge disaster）导致至少 60 人死亡；1907 年，魁北克桥灾难。一系列灾难迫使工程师思考在伦理标准上的缺失。

在四大创始工程协会中，有三个作出回应，并制定了伦理守则，分别是：美国机电工程师协会（1912 年）、美国机械工程师协会（1914 年）和美国土木工程师协会（1914 年）。

糖蜜很多时候是甜蜜的象征，但有时候也会带来灾难，100 多年前的波士顿就发生过这样一场"甜蜜海啸"。1919 年 1 月 15 日中午时分，波士顿的北端，一个巨大的糖蜜钢罐突然爆裂。超过 870 万升（10 886 吨）的糖蜜像海啸一样倾泻而出。糖蜜淹没了街道，摧毁了建筑物，并困住了马匹，最终导致 21 人死亡（维基百科数据），150 多人受伤（图 1-1）。随后，美国大多数的州和加拿大几个省，或要求工程师获得证照，或通过特别立法，给予专业工程师组织授予头衔的权利（title right）。

图 1-1 1919 年波士顿糖蜜灾难促使美国专业证照并建立专业伦理守则

加拿大的模式是：工程领域的所有工作人员，其工作凡是给“生命”“健康”“财产”“公共福利”以及“环境”带来风险的都要获得证照。20 世纪 50 年代，各省都要有证照。

美国的模式是：只要求独立工程从事者(即顾问工程师)需要获取证照，而在工业界、教育界和政府机关工作的工程师，则不需要。

表 1-1 是部分工程专业机构制定的伦理守则，可以参考其在网站上的资料。

表 1-1 部分工程专业机构制定的伦理守则

机构	守则	领域
AACE	Canon of Ethics	造价
AAE	Specific Principles of Good Professional Conduct	工程
ABET	Code of Ethics	工程
AIChE	Code of Ethics	化工
ASCE	Code of Ethics	土木
ASME	Code of Ethics	机械
ASSE	Code of Professional Conduct	安全
IEEE	Code of Ethics	电机

（续表）

机构	守则	领域
NCEES	Model Rules of Professional Conduct	工程测量稽查
NSPE	Code of Ethics	工程

这些守则反映了社会对该领域专业人员的道德期望。专业人员的专业道德（职业道德）不同于个人道德。个人道德是个人对自己的道德要求，而职业道德则是社会对某一领域职业人士的道德期望。因此，工程伦理问题并不是个人道德问题，而是某一行业某一职业领域内的文化和潜规则问题，至少是一个组织的问题。

以 NSPE 为例，社会对工程师有哪些道德期望？最大的道德期望是什么？简而言之，如果用一句话概括 NSPE 的伦理责任，那么它是什么？

我们比较各种工程伦理守则，会发现“保护公众健康、安全与福祉”是各种工程伦理守则的共同要求，可以看作是工程师的首要职责。工程项目是一种具有风险的社会实验，涉及公众的安全，因此，以公众为伦理考量对象是必要的。

NSPE 强调工程师在履行职业的时候，应该遵守六项基本准则：

(1) 将公众的安全、健康和福祉置于首位。

(2) 仅在他们有能力胜任的领域内从事工作。

(3) 仅以客观的和诚实的方式发表公开声明。

(4) 作为忠诚的代理人和受托人为雇主和客户从事职业事务。

(5) 避免发生欺骗性的行为。

(6) 体面地、负责地、有道德地以及合法地从事职业行为，以提高职业的荣誉、声誉和效用。

工程项目是一种社会实验，对公众安全和福祉有深远的影响，所以工程师必须具备一定的知识技能，在自己胜任能力范围内开展工作，客观诚实地发表意见，对雇主和客户忠诚并维护自己的职业荣誉。

值得注意的是：

(1) 对公众的责任优先于对“客户”和“雇主”的责任。最早的工程伦理（AIEE 1912）刚开始主要考量对象是对“客户”和“雇主”的责任；1947 年，在对“客户”和“雇主”的责任之外增加了“公众福祉”的考量；随后又改为“将公众的安全、健康和福祉置于首位”。此项考量，也被 ASME、ASCE、AIChE 采纳。

(2) 在六项基本准则中，第 1 项是核心准则，是结果层面的准则。第 2 项、第 3 项是辅助准则，是行为层面的准则。“公众的安全、健康和福祉”是目的，“在自己胜任的领域内从事工作”和“仅以客观和诚实的方式发表声明”是手段。第4项准则是对雇主和客户的责任。第5项和第6项准则是内在品德的要求，有一定自由裁量的权利。

【案例1-1】　借　牌

在中国台湾，建筑、幼教、医疗借牌的事情时有耳闻。真正在做的人是没有执照的，有执照的人反而不做。2008年，136名建筑业聘用专任工程人员，遭台北市建管处查获违法借牌兼职，建管处给予三个月到四个半月的停牌处分……“9·21地震”震出建筑师、专技师非法“借牌”问题。建管处因此要求营造业聘用合格的技师、工地主任及技术人员，而且专任工程人员必须专任专职。

请问：借牌违反工程师伦理守则的哪一条？

在此案例中，有关工程人员明显违反了工程伦理规范基本准则2“仅在他们有能力胜任的领域内从事工作”和基本准则5“避免发生欺骗性的行为”。在台湾地区，这种“挂靠”的现象实际上是监管的橡皮图章，在工程伦理上是不被允许的。①

【案例1-2】　重建车祸现场

张三工程师是一家私人公司的老板，受律师事务所李四律师口头上的邀请，帮助他们的官司诉讼人（原告）提供事故重建的咨询。该诉讼人（原告）控诉被告涉有交通事故责任；张三工程师写了一封同意信给原告律师李四，却没有收到原告或原告律师的签名回复。张工程师和原告律师双方之间未再联系。

两年后，被告的律师事务所王五律师请张三工程师为同一件诉讼案效劳。张三工程师认为，原告及原告律师已另请高明，因此答应了被告律师事务所之请。

在这之后，原告律师李四再次联系张三工程师，期望他根据先前的约定提供事故重建的咨询。

问题：请问张三工程师答应为被告的律师事务所提供服务是否符合伦理？

根据NSPE伦理守则I-4-a，在专业事务上，为每个雇主或客户做好忠诚代理人或信托人的角色。张三工程师从来没有实质涉及事故分析，而且显然地，他只有得到此个案一般概括性的事故性质和议题。根据事实，张三工程师和原告律师之间的交流，仅止步于张三工程师承诺以及一封没有原告或其律师签名同意的信件，显然张三工程师没有得到任何实质上的“特定门信息”或得到任何有关案件的事实与情况。因此，可以合理推论，张三工程师无从私自获悉任何信息而造成利益冲突。所以，张三工程师同意向被告的律师事务所提供事故重建服务是符合伦理的。

① 周卓煇.工程伦理——100个案例故事[M].新北市：高立图书有限公司，2007：175.

但是，张三工程师的行为还是有不妥之处的。我们认为在答应受聘于被告之前。张三工程师应当要通知原告和其律师，询问此诉讼是否需要他的专业服务。虽然很明显地，对于原告及其律师没有回信的疏忽是不恰当的，但由于这件案子相当敏感，我们认为张三工程师不应假设原告及其律师已另请高明，反而应在答应被告提供服务前先询问原告。张三工程师有无可逃避的责任就是，他必须在同意受雇于他人之前，完全脱离先前的雇佣关系。工程师不应将工程或生意判断建立在猜测上。所以，我们也可以认为，张三工程师在未确定与原告律师完全没有关系的情况下，同意向被告律师事务所提供事故重建服务，这是不符合伦理道德的。

第二节　伦理学是批判性思考

在课前测验中有这样的一题：工程师为了完成自己的职责必须仔细考虑公众的安全、健康和福祉。对还是错？NSPE 伦理守则有相关规定吗？有的。第一条：将公众的安全、健康和福祉置于首位。不是“仔细考虑”，而是放在首位。

按照工程师伦理规范，“工程师应该把公众利益和福祉放在首位”，但是“强拆”是不是属于把公众利益和福祉放在首位呢？这就需要工程师在实践中的伦理判断。

所以，结论是：一般情况下，伦理等同于道德。但是，如果严格地区分，伦理与道德还是有不同之处的。道德是公认的规范，伦理是对规范的理性反思。道德教育讲奉献，伦理教育讲公平。道德与情操为伍，伦理与智慧相伴。前者诉诸情感，后者诉诸理性。道德是个人境界，伦理则是群体关系。雷锋就是雷锋，一个社会不可能所有人都像雷锋那样。道德水平有高有低，社会制度必须公平公正，这就是伦理思考。

作为应用伦理学的一种，工程伦理有两个任务：一是了解工程师的职业规范，追求被那些工程技术人员赞同的责任、权利以及在工程中值得期待的理想；二是培养、训练自己分辨是非的能力。前者体现在伦理准则上，后者体现在工程师的伦理判断素养上。

工程师伦理准则是一个团体内的准则，它不是最高准则。在解决具体伦理问题时，伦理准则不能代替个人责任。

（1）大多数准则只是一般性措辞，不可能避免包括大量含糊的地方，因此，不能解决所有场合出现的问题。

（2）准则与准则有互相矛盾的地方。例如“对雇主忠诚”就与“对广大民众的责任”有冲突，“诚实正直”的义务就与“保守秘密”的义务相抵触。

（3）职业伦理是一个职业成员们所赞同的、在他们准则中表述的一套习俗。

习俗指惯例、法律及一个人所属的组织的规范，属于伦理相对主义（传统主义）。习俗不能自我证明，正确的伦理思考需要用更广泛的伦理理论来检验。对于职业伦理，伦理相对主义意味着我们不能在道德上批评一个既定的伦理准则，给出它在某些方面有道理而在另外一些方面有待完善的理由。学习工程伦理，不只是列举一大堆伦理守则，而是要指出学习伦理的途径方法。只有掌握是否善恶的普遍评价标准，才能超越一个群体习俗的限制。

美国思想家安·兰德说："野蛮人的一切个人生活都是公共化的，受其所属部落的法令约束。而文明就是要将个人从集体中解脱出来的过程。"人类文明的第一阶段是集体化，第二阶段是个体化。集体化的手段是规范，规范带来秩序和安全感。个体化的手段是批判和反思，批判和反思带来天性的自由和人权意识的觉醒。前者是道德教育，后者是伦理教育。伦理学作为哲学的分支，其主要功能就是对道德规范的反思和批判。

工程伦理规范、伦理守则，即使汗牛充栋也无法组成伦理学的学科。工程伦理学的核心内容来自规范后面看不见的逻辑推理。概而言之，道德是公认的规范，伦理是对规范的反思。道德是有具体规定的规范，而伦理是"没有任何规定"的规范。

法律与道德的共同之处在于，二者都是规范。规范就是规定什么样的行为是"应该"的，什么样的行为是"不应该"的。法律的关键不在于原则，而在于处理意外的事情。比如交通法规中耳熟能详的是"不准闯红灯"，这一条就是原则。根据原则，闯红灯就是违法行为。但是，所有闯红灯行为都是违法行为吗？有没有例外情况？如果后面的救护车上有人生命垂危，那么给救护车让行就必须闯红灯。在图1-2中，如果严格按照标线行驶，车辆无论在哪条道上行驶都无法右拐。在图1-3中，车辆B强行变道，迫使C车驶入监控拍照禁行区域。一个高水平的交警不在于他是否依法行事，而在于能够合理地认定"例外"的情形。

图1-2　无法右拐的交通引导线

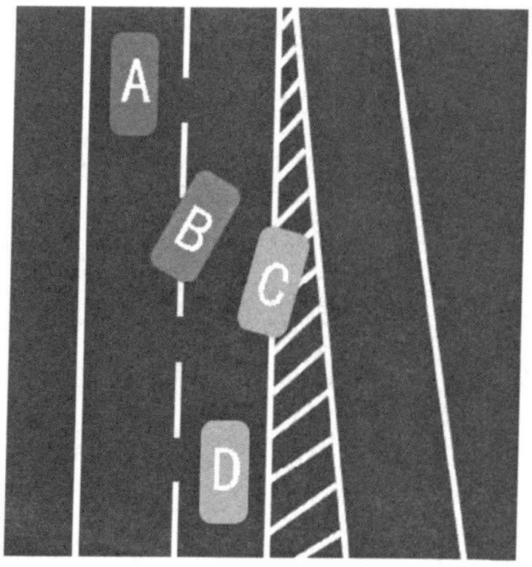

图1-3　被迫驶入监控拍照禁行区域

法律与道德的不同之处在于，法律是经过社会政治程序确定的，个人道德是个体为自己的行为确定的法则。黑格尔说："道德是主观意志的法。"即道德是对自己的要求，如果被社会认可就是社会道德。所以，法律是底线，公德是平均水平，道德是个人的境界。所以，一个人不但要守法，还要遵守社会道德（公德）。至于个人道德（私德），那是他自己的事，别人不能强求，不能道德绑架。

伦理学也一样，本质上是“原则与例外的学问”。真正反映一个人伦理素养的是个人的私德。因为法律和社会道德（包括职业伦理规范）都是外在的要求，私德是个人内在的要求。既然是内在的要求，就必然要有内在的标准。简单地说，就是你处理“例外”的能力，是一种批判性的思考。

例如，中国儒家传统的孝道，并不是一种以逻辑为基础的伦理学，而是一种道德说教。孝作为一种道德规范，规定了父母子女的优先顺序，父母无条件地优先，没有例外。鲁迅在《朝花夕拾》中写道：“童年时代的我和我的伙伴实在没有什么好画册可看。我拥有的最早一本画图本子只是《二十四孝图》。其中最使我不解，甚至于发生反感的，是老莱娱亲和郭巨埋儿两件事。”

郭巨埋儿讲的是：晋代的孝子郭巨家境贫困，郭巨的母亲非常疼爱孙子，自己总舍不得吃饭，却把仅有的食物留给孙子吃。郭巨因此深感不安，担心养这个孩子必然影响供养母亲，遂和妻子商议：“儿子可以再有，母亲死了不能复活，不如埋掉儿子，节省些粮食供养母亲。”当他们挖坑时，在地下二尺处忽见一坛黄金。夫妻得到黄金，回家孝敬母亲，并得以兼养孩子。从此，郭巨不仅过上了好日子，而且其“孝顺”的美名传遍天下。

鲁迅不无讽刺地说道，不仅他自己打消了当孝子的念头，而且也害怕父亲做孝子，特别是家境日衰、祖母又健在的情况下，若父亲真当了孝子，被埋掉的就是他自己了。因为鲁迅知道，埋儿得黄金的概率实在是太小了！中国传统文化用小概率事件来劝善，虽然能够让人感动流泪，但是往往缺乏理性的光芒。因此，他在《狂人日记》中写道：“我翻开历史一查，这历史没有年代，歪歪斜斜的每页上都写着‘仁义道德’几个字。我横竖睡不着，仔细看了半夜，才从字缝里看出字来，满本都写着两个字是‘吃人’！”这就是鲁迅对封建道德的反思，存在的不一定是合理的。一切道德规范、风俗习惯的合理性，依赖于公平对待利益相关者关系。

伦理学是对道德问题进行反思和批判的学问，是哲学的一部分，是以理性和逻辑为基础的学科。哲学是研究事物本源和目的的学问，观察和实验是科学的研究方法，哲学的研究方法是理性的思考、逻辑的推理，最根本的特征就是批判性思考。

【案例 1-3】　　20 世纪的工程伦理奇葩规范

1932 年，美国土木工程师协会的两位工程师在地方报纸上揭露了在洛杉矶周围建造一个大坝过程中的操作不规范和伪劣施工，公开批评了项目负责人。进一步的调查还证明了这当中存在着贿赂。

> 从当时的情况看，以下哪些说法是对的：
> (1) 该项目负责人会被追究责任；
> (2) 举报的两位工程师被美国土木工程师协会开除；
> (3) 举报的两位工程师被美国土木工程师协会奖励。

事件被曝光后，项目负责人没有因为这个案件被追究责任，两个工程师因违反行业准则而被美国土木工程师协会开除。

违反什么准则？美国土木工程师协会（ASCE）准则规定：禁止公开批评其他工程师。而这两位工程师的行为，在揭露这起与洛杉矶大坝建筑有关的贿赂丑闻中"公然"批评其他工程师。尽管我们现在觉得这项规定非常荒唐无理，但在当时却是被公认的工程师行业行为准则之一。不过，现在这项规定已经被废除了。

批判性思考就是用系统的方式对一个主题提出探问并给出合理答案。比如大家都学过物理、化学，注重用经验的方法来取得世界的认识。从经验看，羽毛从空中落下会飘得很慢，扔一块石头很快就掉到地上。所以，经验告诉我们在自由落体的情况下，石头的速度一定比羽毛快。对自由落体最先研究的是古希腊的科学家亚里士多德，他提出：物体下落的快慢是由物体本身的重量决定的，物体越重，下落越快；反之，则下落越慢。亚里士多德的理论影响了其后两千多年的人，直到物理学家伽利略提出了相反的意见。伽利略在1636年的《两种新科学的对话》中写道：如果依照亚里士多德的理论，假设有两块石头，大的重量为8，小的为4，则大的下落速度为8，小的下落速度为4，当两块石头被绑在一起的时候，下落快的会因为慢的而被拖慢。所以整个体系和下落速度在4～8之间。但是，两块绑在一起的石头的整体重量为12，下落速度也应该大于8，这就陷入了一个自相矛盾的境界。伽利略由此推断物体下落的速度应该不是由其重量决定的。他在书中设想，自由落体运动的速度是匀速变化的。

在自由落体的问题上，科学是对常识的批判，我们可以通过实验更加了解事物的本来面目。所以，我们说哲学是批判性思考，意思是说哲学在某种程度上是类似于科学的东西，如理性和逻辑。但是差异在于，哲学会进一步挑战在科学中被视为理所当然的东西。科学可以被挑战吗？科学家认为通过做实验就可以得出关于世界的真理，但哲学上可能进一步思考这件事情的合理性和可能性。比如说，我们可以继续问：不管有没有做实验，我们眼睛看到的就一定是真的吗？法国哲学家笛卡尔就怀疑过这件事情，认为感官经验获得的知识有可能是不可靠的。一切知识必须有一个可靠的支点，这个支点就是理性的思考，如数学，几乎不要感官知识。所以他说"我思故我在"。

所以，哲学也可以说是科学的科学。哲学可以用批判的方式一步步探讨科学的本质。当我们说哲学是批判性思考的时候，我们不是单纯说它是一种指导行为的生活态度，也不是在抱怨和骂人，而是努力通过探问和推理，把不明确的观念提升为较清楚的定义。所以，工程伦理守则并不是工程师最高行为准则，而是一个实用的、可操作性的行动指南。工程伦理守则需要经过不断的评审和修订。

1954 年，美国职业工程师协会在伦理守则正式通过 8 年之后，建立了伦理评审委员会(Board of Ethical Review，BER)，目的之一是在解释 NSPE 伦理守则条款的时候给予公正的意见，其次是开发专业伦理相关教材，并进行相关研究。BER 主要通过个案分析来解释和评议抽象的伦理守则，其评议步骤如下：

(1) 事实：可能是纠缠不清的问题，事实的呈现必须全面。

(2) 问题：是否符合伦理或是否有义务做某事的提问。

(3) 参考依据：以工程师伦理守则为依据。

(4) 讨论：以其他个案比较分析。

(5) 结论：对问题的回答。

1976—2001 年，伦理委员会所评议的案例中，“利益冲突”有关的案例数量独占鳌头，如表 1-2 所示。

表 1-2　　1976—2001 年伦理委员会评审案例

案例类别	数量/件
利益冲突(Conflict of interest)	78
广告(Advertisement)	37
雇佣关系(Employment)	16
有附带条件的合同/成功酬金(Contingent contract)	15
专家证人(Expert witness)	14
竞争性招标(Competitive bid)	11

【案例 1-4】　　广州地铁的混凝土强度

2009 年 10 月广州亚运会前的一天晚上，广州穗监工程质量安全检测中心结构部举办晚宴。单位领导接到了一个电话，是施工方打来的，对方要求穗监公司退报告。该项目负责人 68 岁的工程师钟吉章认为如果退报告就是造假。原来在地铁三号线的一个联络通道两次检测中，混凝土强度均无法达到 C30 的设计要求。但是领导认为，不达标不等于不合格。但是钟吉章比较顶真，他认为这种造假显然违背了工程师的职业伦理规范。那怎么办呢?

钟吉章在网上发帖，揭露工程验收报告作假，有网友转发到微博。从此，钟吉章每天拎着环保袋，装着资料，对国内不同媒体的记者讲解这次报告造假事件。

钟吉章的做法是否符合工程伦理?

根据美国职业工程师协会伦理章程(NSPE)有关条款,在危及生命和财产情况下,如果工程师的判断遭到了否定,那么他们应向雇主或客户以及其他任何相关的机构通报情况。工程师钟吉章的专业判断遭到了否定之后,便层层举报。市建设工程质监站迅速对施工方作出处罚,认定其所在机构违规检测及瞒报事实。随后,广州市建委邀请了包括中国工程院院士在内的独立专家团对联络通道的质量问题进行评估和复核,专家一致认定满足安全要求,工程不需要加固补强。

在这个案例中,钟吉章表现出工程师应该有的诚实和正直,市建委以信访复函的形式给钟吉章作了回应之后。作为一名工程师,钟吉章有义务或权利坚持要求C30的混凝土强度等级吗?

第三节　伦理学研究方法

每种学科都有它的方法,一门学科的成功主要是因为研究方法的成功。欧洲中世纪时,人们没有明白宗教和天文学的区别,所以当时就用了圣经里以地球为中心的观点去否决伽利略的太阳中心说,不是圣经有问题,也不是天文学有问题,而是把神学和自然科学混淆。《圣经》讲的是怎样看人生的问题,如喜怒哀乐、成败得失、生老病死等问题。在系统化、科学化研究一些学科之前,有些人曾经把巫术混入医学、把神话混入历史,或者用本民族的观点看待其他民族。但是随着各种学科的进步,我们已经慢慢掌握各种学科的研究方法。在历史学研究中我们重视了考古,在自然科学中重视观察和实验,在社会学中重视调查统计。我们不能在历史研究中做调查,也不能在自然科学中做考古,也不能在历史上做实验。人在科学上已经能够把理智的力量发挥到巅峰,但人在自己的具体行为上却不知道怎么样运用自己的理智,常常偏离哲学的思考,而把是否善恶的标准依托在一些"现实的"甚至所谓"科学的"标准上。观察和实验是科学的研究方法,哲学的研究方法是理性的思考、逻辑的推理。最根本的特征就是批判性思考。

教育的本质就是教会学生不盲从权威,培养他们的质疑精神,一切的学问都需要质疑,社会的进步就是靠质疑和挑战权威来一点点推动的。中国宋朝的大学问家朱熹说:"读书,始读,未知有疑;其次,则渐渐有疑;中则节节有疑。过了这一番,疑渐渐释,以至融会贯通,都无所疑,方始是学。"明朝陈献章说:"前辈学贵知疑,小疑则小进,大疑则大进。疑者,觉悟之机也。一番觉悟,一番长进。"法国哲学家尼采说这个世界偶像太多,现实太少。维特根斯坦也说过,哲学所能做的就是摧毁偶像,这意味着不产生新的偶像,即"偶像的缺失"。如何摧毁偶像?就是独立思考、批判性思考。

因此,理性是所有学科的共同特征,很难想象一门学科不是以理性为基础的。如果哲学这门课没有理性的基础,它就是宗教,就是意识形态,历史如果没有理性的基础,就有可能成为政治学，而伦理学如果没有理性的基础，它就可能成为道德说教。我们常常说：有理走遍天下，无理寸步难行。伦理就是讲道理，工程伦理学就是一门讲道理的学问。所以思考是伦理的第一步。伦理课程的目的就是让学生拥有独立思考的能力，独立处理有关伦理的问题。正如任何其他学科，伦理学也有正确和错误的答案。但答案是否正确，不是老师、课本或专家的说法，而是自己思考得出的。如果有更多的思考，我们就慢慢养成处理是非善恶问题的能力。而且还能够分析别人说话，看出在社会问题中是非对错的成分。当你习惯思考的时候，即使一个名人在演说，你也可以分析判断他讲得对或不对。假如你懂得思考，尽管你是一个虔诚的教徒，你也不会盲目地迷信。我们必须常常训练我们的思考能力，一个懂得思考的人才能真正为自己的信仰和行为负责。成功的历史教育是让学生自己读历史，能够分辨历史的真伪，吸取历史的教训。成功的伦理教育也是要让学生能够自己处理伦理问题，懂得在具体的情况下分辨是非，在必要的时刻采取适当的行动。因此，我们说，研究伦理、学习伦理不是要列举一大堆伦理的守则，或者道德的规范，而是要指出一条学习伦理的途径，一套研究道德的方法。其中最重要的一点就是正确的思考。

每个人都在思考，只是思考的方法对不对。我们事实上也是不停地做选择，但是我们的选择没有原则，所以我们做得不好。伦理是有关于人的行为和人类关系的学问，所以跟每个人都有关系。可惜的是，虽然所有人都应该重视伦理，但是大部分人都不用正确的方法处理伦理问题，其中一个原因就是大部分人不愿意去思考。为什么不愿意思考呢？因为什么事情都思考，那么我们活着太累。我们每天处理的信息成千上万，总不能件件都思考，从心理学上讲，我们需要一个简化的机制。也就是卡尼曼所说的启发性的思考，这是一种“快思考”。在伦理学上，启发性的思考就是一种逃避思考的伎俩。这种启发性的思考方式有很多种，比如诉诸权威、跪拜偶像、特殊经验、口味偏好、传统习俗和人云亦云。

一位英国教育家说：“英国的教科书说英国最伟大，法国的教科书说法国最伟大。应该让学生同时读到这两本教科书。”有人疑问道：“那学生到底该相信谁呢？”这位教育家回答：“学生谁也不信了，教育就算成功了。”

图 1-4　少女或老妇

（来源：维基百科）

为什么“学生谁也不信了，教育就算成功了”呢？

哲学的思维方式是一种“理性”的思维方式。我们每个人一生下来就生活在一个特定的社会文化背景中，日常的思想、信念和行为都是这个背景文化内化的结果。我们的行为几乎是无意识的、很自然地发生，而对于这个背景中一般规则和价值观是否合理，则往往不加质疑。由于背景会影响前景（图 1-4），为了认清问题的真实样貌，哲学研究对于背景预设不断地批判、评估和反思。哲学的思考模式就是透过人类的理性能力，追根究底地寻找问题的根本答案，包括个人所生长的社会文化的整体内涵是否合理，都是哲学家评判和反省的对象。因此，哲学家（包括伦理学家）在思考道德问题时，不只是着眼于习俗或传统的道德标准，也不是完全根据一般人的主张和看法，而是透过理性和批判，为道德问题寻找一个合理的解答。

古希腊哲学大家柏拉图在《理想国》第七篇中，讲了一个著名的比喻，即“洞穴之喻”（图1-5）：设想有一个很深的洞穴，洞里有一些囚徒，他们生来就被锁链束缚在洞穴之中，他们背向洞口，头不能转动，眼睛只能看着洞壁。在他们后面砌有一道矮墙，墙和洞口之间燃烧着一堆火，一些人举着各种器物沿着墙来回走动，如同木偶戏的屏风，当人们扛着各种器具走过墙后的小道时，火光便把那些器物的影像投射到面前的洞壁上。由于这些影像是洞中囚徒们唯一能见的事物，他们即以为这些影像就是这个世界最真实的事物。柏拉图利用这个比喻启发世人，我们可见的世界，可能仅仅是被火光投射到洞穴墙壁上的影像而已（这个影像自然是失真的），而这些洞穴的居民却把它当作是真实的世界。而真实的世界是在洞穴之外，是有太阳的地方。在很多场景下，受到现有测量和认知工具的局限，我们只能感知到某个事实的一个或几个侧面，就如同柏拉图所言的洞穴人，受限于锁链，只能看到前面的洞穴壁，于是，就会误把其所能感知到的投影于洞壁的影像（二维世界），当作真实的世界（三维世界）。

图1-5　柏拉图：洞穴之喻

（来源：《做哲学》560页）

为什么哲学家能够比社会大众更清楚地看出社会问题所在？根本的原因在于他们能够“跳出来看世界”。常言说：人在矮檐下，不得不低头。在现实生活中存在的很多“事实”往往会迷住我们的眼睛，让我们看不清道德的真相。哲学家与大众一样，也是站在屋檐下的。唯一的区别是虽然哲学家的身体站在屋檐下，但是他们的精神却站到屋檐上面去了。伦理理论的一个共同特点是“抽离自己的社会背景”，提出这些道德准则应被采用的更“一般性”（general）的理由。什么叫“抽离自己的社会背景”？抽离自己的社会背景就是忘掉自己的社会身份，因为社会身份会影响人对是非对错的判断，所谓“屁股决定脑袋”。如果屁股坐在谁的椅子上就为谁说话，那么还有公平正义可言吗？所以，要有公平正义，首先要把屁股所坐的椅子拿掉。

印度哲学家克里希拉姆提说：“不带评论的观察是人类智力的最高形式。”歌德说：“思考比了解更有意思，但是都比不上观察。”歌德这句话，把一个有知识的人和世界的关系分成三种。第一种是“了解”，就是让信息灌进自己的脑子，这当然是境界最差的一种。

那第二种“思考”会更好吗？请注意歌德的用词，只是更有意思。对，思考的结果也许夹杂了更多的偏见、独断和蛮不讲理。思考往往意味着孤独地得出和别人不一样的意见，在现实中，这往往更糟糕。那为啥最好的是“观察”呢？观察，当然是在了解，观察必须得有思考，这二者都包含了。但更重要的是，观察还有两点可贵的品质：第一，能保持置身事外的冷静；第二，能根据了解到的新事实，重新思考。

在伦理上认真并不是一件容易的事情。思考所触及的事是一件困难的工作。古希腊哲学家柏拉图以为，普通人只能明白视觉、听觉所触及的事物，凡是看不见、听不到、触摸不到的，就是难以了解的。柏拉图把人分为三种：用肾思考的、用心思考的和用脑思考的。用肾思考的是普通大众（他们只有欲望）；用心思考的是军人（他们有热情）；而用脑思考的是哲学家（他们有理性），他们是城邦的统治者。哲学家的一项主要任务就是质疑。当然，一切的学问都需要质疑。

知识虽然反映的是客观的真理，但是知识被研究、被使用却反映人的选择性。“选”或“不选”就是一种价值判断。在古希腊，数学不是一个理科的课程，也不是一个文科的课程。它首先是一门政治课，是一门德育课程。目的是让希腊人体会内在“自由的境界”。柏拉图学院门口挂着一个牌子“不懂数学者不得入内”。希腊人认为工程是“低级的用”，而数学是“高级的用”，既然都是“用”，那怎么可能脱离人呢。古希腊有一个人发现 $\sqrt{2}$ 不是一个数（有理数），$\sqrt{2}$ 是一个直角边长为 1 的等边直角三角形斜边的长度，是客观存在的。毕达哥拉斯学派悲痛欲绝，只好把发现 $\sqrt{2}$ 的人扔到海里处死。

对错争论大多源于概念界定得不清楚。古典修辞学争议点理论（stasis theory）中四个争议点：事实、定义、品质、程序。前两个都与定义有关，这是因为说理中要说服别人接受“事实”，如有争议，关乎的并不是客观事实，而是有理解和解释确定的“事实”。这样的事实其实包含自己的看法，用词也不是中立的。所以是一种“事实主张”，是给事物一个名称，是对它作一个解释性的陈述，发表一种看法，用以主张某事物的存在或不存在，或者主张某事物具有何种属性。在“事实主张”中，名称只是一个被说成是事实的“事实”，与可以客观确认的事实是不同的。例如，黄金大米是转基因的大米吗？这是可以确认的（只要查考一下相关文献就可以了），但“黄金大米是解决夜盲症和营养不良的重要手段”，这便是一个“事实主张”，而不是事实，因为可能有人认为黄金大米是解决夜盲症和营养不良的重要手段，但同时造成了人体不明伤害。

转基因研究者的研究经费来自转基因的研究项目，所以，反转就是反他的项目，那不是砸他的饭碗么。特别是研究经费来自孟山都转基因产品的公司，这在心理上决定了他所持有的理论立场。在利益冲突的情况下，转基因研究者的观点，就更不可能客观了。因此，业内科学家共同体持有的观点往往并不是一个客观事实，而是一种事实主张。

支持“事实主张”最常用、最有效的办法是举例。例如，说美国是一个严重违反人权的国家，就可以举出美国种种违反人权的例子，如发动战争造成人道主义灾难，在驱逐占领华尔街的人群时，阻止媒体接近现场，还封锁了空中领域以防止媒体用直升机航拍。不仅如此，警方还对记者使用胡椒喷雾，逮捕了国家公共广播电台、《纽约时报》等多家媒体的约20名记者，肆意践踏新闻自由和公众利益。对于转基因是安全的事实主张，最有效的办法就是举例证明，而不是说你没有资格和我辩论。

如果不把事实和意见混为一谈，我们将不再困惑，但是现实中我们经常把对错与立场混为一谈。在诏狱系统下是没有天理的，皇上就是天理。诏狱是由皇帝直接掌管的监狱，意为此监狱的罪犯都是由皇帝亲自下诏书定罪。如明代的锦衣卫就是诏狱的一种。诏狱法庭的特征就是，犯法与犯罪无关，法官唯一的任务就是运用法律条文编造一个符合上级旨意的判决书。

诏狱是先定罪，再用法律条文编造符合上级意图的判决书。这个思维模式就是“意图伦理”。意图伦理的思维模式要求人们在认识真理、辨别是非之前，“首先要端正态度、站稳立场”。可是，“按照认识事物的实际情况来看，恰恰应该是相反的。因为结论要从事实的分析中才能得出，正确的立场要经过明辨是非的过程才能确立。已有的结论固然可以有助于去分析未经探讨的事实，但不能改变事实，而事实却可以改变过去所获得的结论。同样，原来的立场也必须在连续不断地去明辨是非的过程中得到检验，才能证明它是正确的还是错误的。否则就会流入由意志代替真理的信仰主义，形成一种宗派意识。”可见意图伦理就是把事实和意见混为一谈。

课后练习

1. 判断对错

(1) 新聘用人才时，内定名校学生优先，并不违背工程伦理。

(2) 公司雇佣美女来提振士气，习惯迟到早退的工程师变成早到而迟迟不退。此举并不违反工程伦理的规范。

(3) 在法律制定之初，就将伦理道德纳入考量，因此，确切遵守法律规定就等同于遵守道德规范。

(4) 道德(morality)是公认的规范，伦理(ethics)是对规范的反思。

(5) 工程伦理要求：资浅者应礼让资深者。

(6) 从事工程教育的人员，应固守专业，维持行政中立。在遇有重大争议的工程建设事件，不应公开发表言论，影响民众判断。

(7) 工程师在执业过程中，必须避免利益冲突。

2. 思考题

(1) 央视推广《弟子规》,有人却说:《弟子规》是败坏教育的罪魁祸首。你同意这种看法吗?

(2) 为什么哲学家阿瑟·叔本华说“当爱国主义涉入认知领域时,是一个应该被扔出门外的浑小子”?很多哲学家都说过类似的话,哲学家倾向于不爱国吗?

(3) 如果没有法律条文,是否可以判案?如果没有工程师伦理守则,如何判断一个行为的对错?

(4) 道德是人的发明,还是人的发现?如果是我们发现了道德,那我们是怎么发现的?通过我们的感官、良知还是本能发现的?如果是我们发明了道德,那么它的功能是什么?工程伦理守则是钳制我们不道德本性的必要工具吗?人的本性是不道德的吗?

第 2 章 实然与应然

狗咬人不是新闻，人咬狗才是新闻。

——美国《纽约太阳报》19 世纪 70 年代的编辑主任约翰·博加特

关键术语

是(is)与应该(ought)，实然与应然，事实判断与价值判断，休谟法则，自然主义的谬误，怀疑主义，二元论

推荐电影：《安提戈涅》(*Antigone*, 1961 年)

底比斯王俄狄浦斯得知自己弑父娶母，罪孽深重，因此去位，并客死他乡，留下二子二女。二子为争夺王位，刀兵相见。一子波吕涅克斯率岳父城邦的军队攻打底比斯，另一子厄特俄科勒斯率底比斯军抵抗，两人都战死沙场。克瑞翁，俄狄浦斯之母/妻的弟弟，继任底比斯城邦的王位。为惩罚叛徒，克瑞翁下令不许安葬波吕涅克斯，违者处死。俄狄浦斯之女安提戈涅挑战克瑞翁的政令，认为哥哥即使是叛徒，也应当得到安葬，因为“人死了入土为安”是天神制定的永恒不变的不成文法。

克瑞翁判安提戈涅死刑：将她关进墓室，让其自然死亡。

问题：

安提戈涅是应该听从国王的命令(遵守法律)，还是给哥哥收尸(自作主张)？

课前测试：有些工程师不像工程师

试想有一天，你拿起报纸或打开新媒体客户端，看到这段文字：

研究表明：大约只有 40%的工程师言行举止像工程师，其他则不像。

这句话是什么意思？

什么是工程师？这项研究是如何进行的？这个陈述有可能是真的吗？这是偏见吗？一群人中只有一小部分人像这群人？有什么会让一群人中所有人看上去或表现的一样？相关的伦理学概念是什么？

第一节　事实判断与价值判断

19 世纪 70 年代，美国《纽约太阳报》的编辑主任约翰·博加特说过一句很著名的话："狗咬人不是新闻，人咬狗才是新闻。"这句话当然是说新闻的特点，但是也有很强的哲学意味：人不同于动物，并不完全受制于本能的生理欲望。人和狗的区别是：狗永远是狗，人有时不是人。狗会咬人，但是人咬狗并不是人的常态，所以具有新闻价值。当人不受自我立法的支配而仅仅受自然法则支配的时候，他就跟动物没有区别了，他就被骂为"畜生"。

张三很穷，就可以去偷和抢吗？我想大家都不会认为穷可以成为偷或抢的理由。大家都会认为这是不道德的。当我们说：张三很穷，没钱，快饿得不行了。这是在陈述一个事实。这种陈述叫作事实判断，涉及真与假。有时候，事实判断叫作实然。实然的含义就是事实是这样的意思。通常，对事实的陈述，人们在语言上都用"是"这个系动词。当我们说什么是什么的时候，就是在陈述一个事实，就是一个事实判断。

什么是价值判断呢？价值判断又叫应然，即应该是这样子，比如善与恶。所谓价值，就是人对事实的一个主观评判。这个评判决定了人对这个事实的态度和行为方式。比如是认同还是不认同，是接纳还是拒绝。道德是价值的一种，有的价值只对某个具体的人有效，有的价值可能对某个群体有效，还有一些价值对整个社会有效。本着某个标准（价值）作出的应该不应该的判断，就叫作价值判断。价值判断通常叫作"应然"，应然的含义就是"应该是这样子的"意思。价值判断有多重表达方式，一般都会用到应该或不应该这些词。当我们在说应该如何、不应该如何的时候，通常都是在作一次价值判断。当然，有时候也不是非得用应该不应该这些词，也有别的一些说法。比如在说"什么具有一种正当性"或"不具有一种正当性"的时候，也是在表达一种价值判断。

我们说，从张三所处的事实状况是不能逻辑性地得出张三应该去偷或者不应该去偷的结论。当我们说，张三不应该去偷的时候，这是在偷与不偷之间进行选择。那么，这样选择又是如何进行的呢？实际上，我们是根据某个标准进行这样的选择，这个标准就叫作价值，可以是道德，也可以是法律，也可以二者都是。

以下为事实判断。

(1) 描述性判断：广岛原子弹大约有 16 万人丧生。

（2）解释性判断：暴力游戏导致暴力行为。

以下为价值判断。

（1）伦理性判断：不能招聘童工。

（2）审美性判断：电影《摩登时代》比《超人》棒。

（3）工具性判断：使用原子弹缩短了战争进程。

【案例 2-1】　洛克希德贿赂事件

20 世纪 70 年代之前，美国洛克希德公司所开发的三星客机(L-1011 TriStar)与麦道公司的 DC-10 客机之间竞争激烈。20 世纪 70 年代，全日空公司决定要购买大批客机。1972 年，时任全日空社长的桧山广在与当时洛克希德公司高层接洽后，让田中角荣首相收受 5 亿日元回款贿赂，以便向日本政府施压。最后，导致全日空公司将本来已经作出的采购 DC-10 客机的决定变卦为采购洛克希德公司开发的三星客机。

案情因 1976 年 2 月 4 日在美国国会参议院举行公开听证会而曝光，事件曝光后，洛克希德公司自我辩护的理由为：如果标案无法谈成，需要关闭美国中部工厂，造成 3 000 人失业，影响极为巨大。

请问：洛克希德公司自我辩护的理由是否合理？

事实判断与价值判断逻辑上是断裂的，即不能从事实上如何必然地推导出应该如何。我们说“杀人是一种犯罪”，就包含两种类型的判断：“杀人”和“犯罪”。杀人是在陈述一个事实，这个判断就是普遍的事实判断；但是杀人就一定构成犯罪吗？在奴隶社会奴隶主杀了奴隶并不是犯罪。为什么不是呢？因为奴隶社会的价值标准允许杀奴隶。说“杀奴隶是应该的、正当的”时候，也是一种判断（价值判断）。同样，当今天的人们说杀人是一种犯罪的时候，价值标准已经不是奴隶社会那个价值标准了。根据今天的价值标准，当人们说杀人是不应该的时候，人们同样也是在进行一种价值判断。总之，从杀人的“事实”并不能必然得出“犯罪”的推论，它取决于人们依据的价值标准。价值判断是人的意志行为，面对同一个具体的事实，人的意志是有选择性的。一个人可以选择做一些事情，也可以选择不做一些事情。即人是自由的，自由是人的本质，也是道德的前提。

我们常常把“原因”当成“理由”。犯罪有原因，但是不一定有理由。不道德行为也有原因，但是不道德行为之所以不道德在于从“道理”上讲不通。“常在河边走，哪能不湿鞋”，说明环境会影响人。但是“既然湿了鞋，是否洗个澡”却是个人的自由选择。人不能完全放弃这种自由选择，否则人的尊严何在？人与动物有何区别？环境决定你是什么样的存在，自由选择决定你是什么样的本质。所以说存在先于本质。人的存在是确定的，而本质是不确定的。人的本质取决于他不断的选择，什么时候选择停止了，他的本质就不再变化了。这时人们就会说“他死了”或“他不可能再进步（或退步）了”。混淆“事实”

和“应该”,就滑入自然主义的谬误(naturalistic fallacy)。

自然主义的谬误描述了这样一种错误观点:一切自然的事物都必然是优良的,得知足够多的事实和真相,便可以解答一切伦理问题。自然主义谬误最先由英国哲学家摩尔(George Edward Moore)在12世纪初期揭示,他认为无法将“好”定义为各种自然属性(客观属性),如快感。快感可以测量,但是“好”无法测量。科学可以测量有没有快感,但是没有任何科学实验可以测定某些东西是不是好的。“好”不是一个科学范畴的概念,而是一个价值范畴的概念。① 因此,将“好”定义为“自然的”是一种自然主义谬误。

18世纪,英国人休谟第一次从“是”和“应该”的断裂中发现了道德推理的特征:

> ……可是突然之间,我却大吃一惊地发现:我所遇到的不再是命题中经常的“是”与“不是”等连系词,而是没有一个命题不是由一个“应该”或一个“不应该”联系起来的。……而且我相信,这样一点点的注意就会推翻一切通俗的道德学体系……

这段话具有里程碑的意义。“是”和“应该”是不同的。“是”就是实然,即事实是这个样子,属于事实判断,比如真与假。通常对事实的陈述在语言上用“是”这个系动词。当我们说“什么是什么”的时候,就是在陈述一个事实,就是一个事实判断。科学研究的就是实然。

伦理学最初的意思是“习俗”(现实的世界),但是伦理一词的意思现在远远不止这个了。伦理学英语一词是Ethics,源于古希腊语的ethŏs(伊索思)这个词,在荷马时代,表示驻地或公共场所。在早期古希腊哲学家中,这个词也曾作为专门术语,表示某种现象的实质或稳定的性质。后来,人们又把它用来专指一个民族特有的生活惯例,相当于汉语的“风尚”“风俗”等概念。

但是,根据今天的伦理学,习俗已经不是一个价值标准了。比如在江苏有专门吃狗肉的一条街,当地人不会认为这些吃法是错的,因为这是他们的习俗。但是吃狗肉被很多人认为不道德。回民不吃猪肉,这是他们的宗教信仰。汉族人觉得吃猪肉很正常、很享受。但是对于佛教徒和素食主义者,吃猪肉也是不可接受的。在广东一些地方人们吃猴脑,吃猴脑更是被很多人看成是不人道的行为。实际上,就是联合国人权宣言,也不是每个人都同意的。沙特阿拉伯人尤其反对其中的“妇女权益”和“信仰自由”。他们认为,联合国人权宣言内容根本不普适,也一点不自然。毫无疑问,他们的风俗告诉他们的与我们的风俗告诉我们的极为不同。杀死婴儿是另一项世界风俗,一般来说被杀的是女孩。但是在马达加斯加,无论男孩、女孩,只要生下来时是个晦气的日子,就可能被杀掉。

① 托马斯·卡思卡特.电车难题——该不该把胖子推下桥[M].北京:北京大学出版社,2014年,第84-85页.

有些伦理学家认为杀死有缺陷的婴儿是正当的。因纽特人成年男性经常可以有一个以上的配偶,当因纽特老年人变得太虚弱以至于被认为对社会没有什么贡献的时候,就会被遗弃在雪地里等待死亡的来临。当我们听到这些事情时,往往会给那些人贴上“落后”“原始”的标签,但是这种事情确是历史的事实。对人类学家来说,没有什么可感到特别吃惊的。从希罗多德时代开始,开明的评论者就接受了这样的思想:一种文化与另一种文化关于正确与错误的观念是不同的。如果我们假定自己的伦理思想可以与所有时代的所有人分享,那就太天真了。①

对很多思想家来说,“不同的文化有不同的道德规范”似乎是理解道德的关键。他们认为,在伦理学中,普遍真理的想法是一个神话。不同社会的习俗都是存在的。这些习俗不能被认为是“对”还是“不对”,因为那意味着我们有一个关于“对”与“错”的独立标准,我们依此来作出判断。但是,这样的独立标准并不存在,每一个标准都是与文化联系在一起的。1906年,社会学家威廉姆·格莱汉姆·萨姆纳(William Graham Sumner)在其著作中写道:“正确”的方式是那种我们的祖先使用的,并且一直在传承的方式。正确的观点就存在于风俗之中。它不是外在于风俗、外在于独立的根源的,也不是用来检验它们的。在风俗中,无论是什么,都是正确的。这是因为它们是传统,并且因此在其中包含了祖先的权威性。

习俗“实际上”成为人们的道德标准,但是不代表习俗“应该”成为人们的道德标准。如果将习俗看成对错的标准,那么就可以得出结论:战争是可以允许的,因为暴力是一种人类的本能;素食是愚蠢的,因为人类已经吃了几千年的肉;男人和女人不该有相同的社会角色,因为男人有较强壮的肌肉,而女人可以生育后代;通奸是可以被接受的,因为想要更多性伴侣是人类的自然欲求。这些结论显然是不对的。

【案例2-2】　　政治献金

张三是一位居住在自己国家且有法律认证的工程师,同时也是美国国家专业工程师协会的国际会员,提供国外中央与地方或政府咨询、工程与建筑合约服务。根据张工程师所在国家的法律:个人或是公司在国外提供现金或非现金财物给公职人员来获取和留住生意并没有违法。事实上张工程师国家的法律允许公司将为了获取或保留生意而支付给外国官员的现金或非现金财物作营业税抵扣。

请问:受制于其国家的法律与当地惯例,张工程师这样的一位美国国家专业工程师协会的国际会员,在国外提供现金或是非现金财物给公职人员,以获取或是留住生意是否符合伦理?

① 詹姆斯·雷切尔斯,斯图亚特·雷切尔斯.道德的理由[M].北京:中国人民大学出版社,2009.

关于对错问题，是入乡随俗，还是全球一致？伦理标准是相对的，还是绝对的？

张工程师虽然不受美国法律约束，但他自愿成为美国国家专业工程师协会的一员。因此，自己应遵守NSPE守则和行为标准：工程师协会的伦理守则应建立在基本的且广为接受的专业行为的道德和伦理原则之上以保障大众的健康和安全。张工程师在国外提供现金或是非现金财物给公职人员，以获取或是保留工作是不符合伦理的。

同样一件事，由于价值标准不同，就可能有两种截然不同的行动。比如某品牌的电梯卡住不动了，客户给电梯公司打电话。

电话打到甲公司："电梯坏了。"

对方回答："这是我们的错，我们马上就到。"

客户说："这是怎么搞的？刚买的就卡在那里。"

对方回答："对不起，这是我们的错。"

客户说："不要讲你们的错嘛，赶紧去修吧。"

对方回答："这是我们的错，我们马上就办。"

电梯修好，发现是使用不当，还是说："这是我们的错，没有说清楚如何正确使用。"

电话打到乙公司："电梯坏了。"

对方回答："真的假的？"

客户说："不要讲真的假的，就是卡在那里不动了嘛。"

对方回答："不要开玩笑。"

客户说："赶紧来吧，没时间开玩笑。"

去了以后发现是同样的问题，就骂："那帮该死的装电梯的。"

客户说："请问你是干什么的？"

对方回答："我是修电梯的。"

黑格尔有句名言"存在即合理"常常被误解。所谓"存在"不是指自然或事物，而是最普遍最抽象的共相，亦即事物的本质。存在有原因，但不一定符合道理（伦理）。谈论对错的学问完全不同于科学知识。

第二节　人在江湖，身不由己

当代著名的语言哲学家塞尔（John R. Searle）对此提出了一个著名的反例，试图说明如何从“实然”中推出“应然”。

(1) 琼斯说:“史密斯,我在此答应给你5元钱。”
(2) 琼斯承诺付给史密斯5元钱。
(3) 琼斯将自己置于付给史密斯5元钱的义务之下。
(4) 琼斯有付给史密斯5元钱的义务。
(5) 琼斯应该付给史密斯5元钱。

塞尔指出,尽管句(1)是一个纯粹的“事实性陈述”或“描述性陈述”,但通过一系列的逻辑推演,到了句(5),已是一个完全的“价值性陈述”或“评价性陈述”了。所以,我们完全可以从“实然”推出“应然”。

塞尔的推导其实可以简化为如下三个句子:

(1) A承诺做P。
(2) 由于承诺做P,A将自己置于做P的义务之下。
(3) A应该做P。

这两组推理的前提都是陈述句,但结论却是祈使句,因而推翻“从纯粹的陈述句不能推出祈使句”的逻辑规则;其次,“价值判断”并非只能通过祈使句表达;事实上,价值判断也可以通过陈述句表达。

以上述两组推理为例,第一组的句(1)和句(2)以及第二组的句(1)都是陈述句,反映的都是琼斯许诺付给史密斯5元钱的事实,因而都是事实判断;但第一组的句(3)和句(4)以及第二组的句(2)虽然也是陈述句,反映的却是琼斯负有付给史密斯5元钱的义务,因而是连带义务的价值判断而不是事实判断。

所以,“塞尔并没有表明他可以从‘是’推出‘应该’,而至多只是表明了他可以从一个‘是’和一个‘应该’的结合中推出一个‘应该’”。毫无疑问,“承诺”是一个事实,而“义务”却带有一定的“规范性”和“价值性”;但无论“承诺”作为一个事件,还是作为一个词所包含的语义,其本身已经内置了与之关联的“义务”,这是一个不争的事实。

最早认识到这一点的,恰恰是休谟本人。休谟在《人性论》第三卷第二章第五节“论承诺的约束力”中指出:“当一个人承诺一件事情时,实际上就表示了他完成那件事情的决心;与此同时,他又通过使用这种语言形式,把自己置于这样一种境地——如果他失约的话,就会使自己受到不再被别人信任的处罚。”这告诉我们,“承诺”作为一个“事实”,从一开始就和“义务”交织在一起;离开了应该承担的“义务”,“承诺”本身就失去了意义;离开“承诺”与“义务”之间的这种内在关联,我们既不能理解“承诺”,更无法说明“义务”。

正因为如此，塞尔才可能通过对琼斯作出承诺这一“事实描述”，演绎出琼斯应该履行相关义务的“价值判断”。

因此，如果我们把塞尔的逻辑贯穿到底，当句(1)描述“A承诺做P”这一事实时，就已经构成了一个价值判断；因为，我们无法把“承诺”与“义务”分拆成两个不同的东西。但是，“承诺”的发生，却具有被我们称为事实规定性的所有要素——时间、地点和人物；因此，我们又无法否认“承诺”本身是一个事实或事实判断。

于是，我们只能得出这样的结论：就“承诺”来说，“是”和“应该”始终是统一的；在事实层面肯定了前者，也就意味着在价值层面规定了后者；因此，“价值判断”完全可以从“事实判断”中推出。

因此，从某种意义上说，应该在休谟法则的基础上回答：我们如何才能从“实然”过渡到“应然”。

小男孩禁不住诱惑偷吃了蛋糕，妈妈批评他不应该偷吃，他是这样为自己辩解的：

> 不是我干的！
>
> 是的，我偷吃了那块巧克力蛋糕，可是这真的不能怪我，因为不是我想吃那块蛋糕，而是舌头和味觉作怪。我当时拼命抵抗并把目光移开，可是蛋糕一直叫我快点过来……

这种辩解的说辞长大了就叫作“人在江湖，身不由己”，是那些维护法律尊严的律师常用的法庭辩论技巧之一。

20世纪20年代，利奥波德和洛布(Leopold and Loeb)两个大学生杀死并肢解了一个孩子。美国著名辩护律师克莱伦斯·丹诺(Clarence Darrow，1857—1938年)为他们辩护。

律师承认男孩杀人的事实，但辩称他们(就像我们所有人一样)从没有真正控制过自己的生活，甚至犯罪之前他们就被某种力量所支配了：“是魔鬼让我干的！”

> 自然是强大而冷酷无情的。它自有其神秘莫测的行为方式，我们都是其受害者。
>
> 自然掌握着我们的命运，而我们自己对此无能为力。在古代诗人奥马尔·海亚姆(Omar Khayyan)笔下，我们只是他棋局中无助的棋子，站在这个日与夜的棋盘之上，到处移动、进攻、肆意杀戮，最后一个个回到壁橱里。这个孩子和这些有什么相干？他不是他的父亲，他不是他的母亲，他不是他的祖父母。一切都由外界加在他身上。并不是他自己选择被这些家庭教师和万贯家财所环绕。他没法左右自己，然而却不得不为此付出代价。
>
> 以前，英国法官会开庭让陪审团来审判马、狗、猪是否犯罪，这种做法直到

19世纪初才被废止。我在书里读到过这样一个故事：法官、陪审团和律师审判一头老母猪，并宣布这头老母猪躺在它的十头小猪身上并将它们压死是有罪的。这是什么意思？让动物接受审判。你的意思是想告诉我：迪基·洛布对他自己现在成为这个样子能比生活在地球上的其他遗传生物负有更多的责任吗？

"决定论"能够为杀人行为提供辩护吗？

由心理学解释为之背书的"魔鬼"越来越多地出现在法庭辩护中。因为越是了解人们如何和为何以某种方式行动，我们就越是倾向于认为他的行动是合理的。所谓"存在的就是合理的"及其轻易地可以将因果关系理解成为道德上的合理性。结果，克莱伦斯·丹诺说服了陪审团放弃死刑判决，改判终身监禁。

如果我们把休谟法则看作伦理学第一法则，"是"不能推到"应该"；那么相应的，也应该有伦理学第二法则："应该"意味着"能够"。换句话说，人没有责任做他做不到的事情。父母不能指责婴儿尿床，我们也不能说老虎吃人不道德。如果"事实"里包含了"应该"，那么就可以从"事实"推导出"应该"。一个杀人犯杀了人，这是一个事实。另外我们知道他疯了，这也是一个事实。于是，他杀人的罪责就大大减轻。但是，这往往也是有些人为自己的不道德行为开脱的借口。

2004年4月28日，美国哥伦比亚广播公司公开了驻伊美军在阿布格莱布监狱虐待伊拉克战俘的照片。部分照片显示，美军士兵勒令伊囚徒全身赤裸地堆叠在一起，或给战俘蒙上面罩，在其手上连通电线。5月6日公布的另一张照片中，一名裸体囚徒脖子上被套上了颈圈，趴在地面上。照片一公布，舆论哗然，各国纷纷指责美国的人权问题。

于是美国有媒体就拿20世纪60年代的一个心理学实验来解释美军虐囚问题。这个实验叫米尔格拉姆实验。1961年，在耶鲁大学社会心理学家斯坦利·米尔格拉姆实验中，一名"权威角色"向参与实验者发出指令(图2-1)，要求他们以电击方式虐待另一人，而且电击强度越来越大。到450伏特还有2/3人执行命令，继续施虐(图2-2)。实验证明：普通人会执行有违道德准则乃至残酷的指令。这些美军士兵并不是那么"坏"的人。在家里，他们曾是有责任心的父母、机修工、渔民或者游行队伍里的一名志愿者，曾是美国城镇里最平凡的居民。而今，这些循规蹈矩的美国人穿上军装，跨越半个地球抵达伊拉克，就退化成"穷凶极恶的虐待狂"了。

米尔格拉姆的实验十分著名，2005年，英国《焦点》月刊将它列为震撼世界的十大实验之一。这项实验也引发了巨大争议，1975年，美国颁布了针对人类心理学实验的严格准则，在几十年间将所有重复这项实验的人试图挡在大门之外。2007年1月3日，美国广播公司(ABC)在黄金时段重复一度引发争议的"服从权威实验"。

这是米尔格拉姆的实验40多年来首次得以重复。美国广播公司将这一实验与驻伊美军虐待伊拉克在押人员的案例类比并发出疑问：美军士兵的行为意味着什么，是本性邪恶，还是有更复杂的原因？只有恶人才做恶事吗？

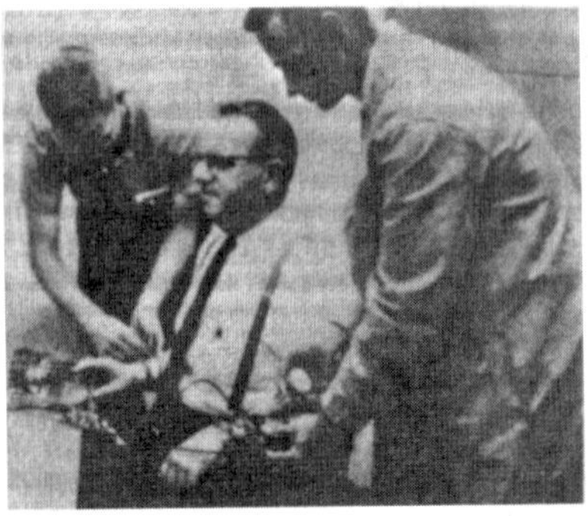

图 2-1　米尔格拉姆实验场景

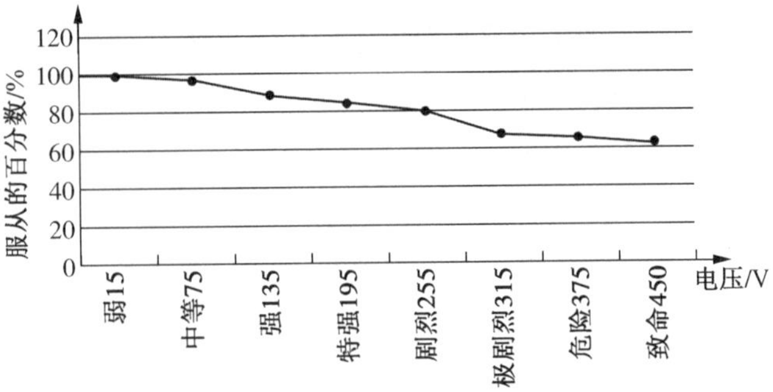

图 2-2　米尔格拉姆实验数据

美军士兵辩解说，他们是按长官的命令行事；但丑闻照片中的笑容却表明，他们对于虐俘似乎并无抵触。《焦点》月刊说，“服从权威实验”表明，如果相信可以把责任推到权威身上的话，许多普通人会“奉权威之命”虐待陌生人。如果置身一种秩序紊乱的环境，许多人或许都会走上道德沦丧之路。①

心理学中的环境决定论能够为不道德的行为辩解吗？

某官员因经济问题入狱，记者好奇地问他为何突然变成贪官，他说道：“常在河边走，哪有不湿鞋。既然湿了鞋，不如洗个澡。”——有没有道理？

张工程师上班迟到了，老板问道：“张工，为什么上班迟到了？”张工程师回答说：“堵车啊！”——有没有道理？

王同学上课迟到了，老师问他为何迟到，他回答说：“早上起不来啊。”——有没有道理？

某明星徒弟打人，问他为何打人，他回答说：“偷拍不挨打，此事古难全。”——有没有道理？

……

【案例 2-3】　“扶贫”法案：穷人抢劫和盗窃免罪

2020 年 12 月 8 日，美国西雅图市议会公共安全委员会讨论了一项法案：因为贫穷而犯下轻罪的可以免于处罚，甚至免于起诉。

如果一个人因为贫穷、生存需要而闯入民宅、商铺、帐篷等地方实施盗窃，或是在路上对他人实施抢劫，而后将赃物变卖以支付房租、水电费等基本生活开支，或是购买食物，那么这个人可以免罪吗？

请问：你赞成这项法案吗？

---

① 《新民晚报》2007 年 01 月 05 日.

每一件事情，包括我们所做的每一个选择，都有一个原因（否则，怎么会发生？），既然选择有其原因，那有没有更好的选择？如何能做更好的选择？如何区分事实中是否包含应该？科学能够回答道德问题吗？科学回答道德问题的情况是有限的，科学可能回答出道德行为的上限和下限，但是对于具体的道德问题，更多的是价值判断问题。

第三节　实在法与自然法

试想有一天，你拿起报纸或打开新媒体客户端，看到以下文字：

研究表明：大约只有40％的工程师言行举止像工程师，其他则不像。

这句话是什么意思？

让我们画个圆，我们如何确定谁画的圆最圆？

通常的想法是，实践是检验真理的唯一标准。但是，事实未必胜于雄辩。假如有位非常有权威的人说，他画的圆是最圆的，你敢不敢反对？当年秦朝宰相赵高指鹿为马，就是这样干的。

另外，有的人会说，根据国情和实际水平，某个圆的存在是合理的；或者，干脆把大家画的圆平均处理一下，得到一个综合各方特点的圆，认定这就是最圆的圆。

完美的圆不可能在现实中存在。但是圆这个概念存在不存在？在现实中永远画不出一个完美的圆不代表圆这个概念不存在，因为它是我们前进的方向。我们虽然看不到正义，但是不代表正义这个概念不存在。

在现实中，无论我们用任何仪器都无法画出一个真正完美的圆，但“圆”这个概念本身是客观存在的。如果把“圆”看成一种关于正义的隐喻，那么每一个画“圈”的决定都是一种与正义有关的追求。我们为什么要追求正义，因为正义是客观的。它不断激励我们，让我们虽不能至，心向往之，这就叫正义。

如果把理想中完美的“圆”比作正义的应然状态（应该如此），那么现实中所有的不那么完美的“圆”就可以看成正义的实然状态（实际如此）。俗话说：理想很丰满，现实很骨感。应然与实然往往会存在冲突。作为价值标准，它可以在理论上和逻辑上存在。所以，检验圆圈圆不圆，不仅需要事实，还需要标准。

法律和伦理规范也是像圆圈一样的二元存在。比如，什么叫风险？这并不仅仅是一个事实判断，也是一个价值判断。

【案例 2-4】 **工程师的典范**

罗格·鲍伊斯杰利(Roger Boisjoly)因担心固态火箭推进器上的O形圈在低温条件下密封性能可能不稳定,在挑战者号航天飞机被发射的前一天像精神残疾一样阻止其被发射。他时时将公众的安全、健康和福祉置于首位,并以诚实和正直的方式发表声明。1988年获得美国科学促进会(American Association for the Advancement of Science, AAAS)授予的"科学自由责任奖"(Award for Scientific Freedom and Responsibility)。他是工程伦理最典型的代表人物之一。

以前的定义是违背女性意志发生性关系就叫强奸。这个定义太宽泛了,打击面太广。后来,"违背女性意志"变为有"最大限度反抗",后来又变成"合理反抗",再后来是"不等于不"("No Means No"),说"不"就意味着不同意,现在又加上了"肯定性同意"的情形。现实生活中的对错概念都是存在价值判断的,它不是一个单纯的事实问题,而是一个价值判断问题。这样,运用不同等级处理不同的情况,就能体现法律要倡导的公平和正义。

问题是:我们依据什么标准确定某种价值判断是对的还是错的?

19世纪,俄国著名作家陀思妥耶夫斯基(Fyodor Dostoyevsky)的《罪与罚》讲述了青年拉斯柯尔尼科夫的故事。大学生拉斯柯尔尼科夫因贫困被迫从法律系辍学,靠母亲和妹妹的接济艰难度日,他自命不凡地以为可以在这个黑暗的现实中充当审判官,于是杀死了一只"社会害虫"——放高利贷的当铺老板娘,慌乱之下又杀了对方的妹妹。

犯下这桩谋杀罪后,他处在极其痛苦的矛盾之中,无法摆脱惊惧的心情。他试图说服自己杀了那个人是正义,是他为了理想所作出的伟大努力,却不能平复自己的良心,最终他在妓女索尼娅的感召之下,选择了向警方自首,被判流放西伯利亚8年。不久,索尼娅也到了那里,两人萌生了爱情,拉斯柯尔尼科夫获得了新生。

为了证明自己的超凡脱俗、与众不同,他相信自己可以凌驾于法律之上并杀害了两个女人。以下这段文字总结了他的主要观点:

> 所有人都能被分为"普通"和"非凡"两大类。普通人必须毕恭毕敬地生活,无权僭越法律。为什么?这不明摆着吗,就因为他们是普通人。而非凡的人就有权犯罪,可以凌驾于法律之上,因为他们不是普通人。

拉斯柯尔尼科夫说“杀人的权利”是什么意思？是否有人拥有违法的权利？如果你有权制定法律，那么你是否有权违反它？我们的权利是否由法律来规定？到底是什么赋予法律对我们进行规管的权利？

拉斯柯尔尼科夫认为法律并不适用于非凡之人。就算法律明文规定某个行为是错误的，实际却并非如此，我们之所以相信它是错的只不过是因为法律是这样规定的。所有人都能被分为“普通”与“非凡”两大类吗？

陀思妥耶夫斯基的《罪与罚》伦理学意义在于：我们发现了道德还是发明了道德？如果是我们发现了道德，那我们是怎么发现的？通过我们的感官吗？通过我们的良知吗？还是通过我们的本能发现的？如果是我们发明了道德，那么它的功能是什么？法律是钳制我们不道德本性的必要工具吗？我们的本性是不道德的吗？

更有挑战性的问题是：如果没有了法律，那么还会有对与错吗？我们凭什么认定法律规定的是对的还是错的呢？

《安提戈涅》是古希腊最伟大的悲剧作品之一，所讲的故事就集中体现了实在法（实然）和自然法（应然）的冲突。

故事发生在忒拜，克瑞翁在俄狄浦斯之后取得了王位，俄狄浦斯的一个儿子波吕涅克斯背叛城邦，勾结外邦进攻忒拜而战死。克瑞翁将波吕涅克斯暴尸荒野，并下令，谁埋葬波吕涅克斯就把谁处以极刑，波吕涅克斯的妹妹安提戈涅以遵循“天道”（对家人的爱）为由埋葬了哥哥，于是被克瑞翁下令处死。与此同时，克瑞翁遇到了一个占卜者，说他冒犯了诸神。克瑞翁后悔并赶去救安提戈涅时，为时已晚，安提戈涅已被处死。克瑞翁的儿子是安提戈涅的未婚夫，得知恋人死讯后自杀身亡，克瑞翁的妻子听说儿子已死，怒责克瑞翁后也随之自杀。克瑞翁成为孤家寡人，他这才认识到是自己一手酿成了悲剧。

“哎，你认识到什么是正义，但是已经晚了。”

剧中安提戈涅在对抗克瑞翁时有一段常常被法学家所引用的台词：

> 克瑞翁质问道：“如果我忠于王位的职责，我就不正义吗？”
>
> 安提戈涅回答说：“你并不正义，你践踏了天道。”
>
> “上天制定的不成文律条永恒不变，它的存在不限于今日和昨日，而是永久的，也没有人知道它是什么时候出现的。”
>
> “我并不认为你的命令是如此强大有力，以至于你，一个凡人，竟敢僭越上天不成文的且永恒不衰的法。不是今天，也非昨天，它们永远存在，没有人知道它们在时间上的起源！”

《安提戈涅》隐喻自然法与实在法的冲突。自然法好比客观存在的“圆”，实在法是现实生活中某个人用笔画出的圆。自然法是不依赖于经验的纯粹先天原则，自然法通常是指关于正义的基本和终极的原则的集合。

自然法主要观点如下：

(1) 自然法是永恒的、绝对的。

(2) 人的理性可以认识、发现自然法。

(3) 自然法超越于实在法之上，后者应当服从前者。

严格说来，自然法在根本上是一个理性的原则，它依赖于理性的一致性，否则，它不可能构成讨论权利和义务的基础。人们必须抛弃那些来自经验的原则，而在纯粹理性中探究权利和法律的根源，以便为经验生活中的实在立法奠定可靠的基础。由立法机构制定并公开颁布的实在法，为了获取其必须具有的权威性，就必须是从自然法中推导出来的。

【案例 2-5】 免费讲习

上工管线公司想在工程界打开知名度，尤其是在那些与建筑管线规格有关的工程师中打开知名度。王国庆工程师收到上工管线公司寄来的邀请函，函中邀请各公司负责管件规格的工程师参加该公司所举办的“建筑管件选用技术进展”讲习会，为期一天，且免费，目的是培训工程师们认识市面上销售各样产品间的优缺点。除了免费，上工管线公司还将提供点心与欧式自助午餐，会后并有一场鸡尾酒会。王国庆决定参加这场讲习会。

请问：王国庆的决定，是否符合工程伦理？你的判断依据是什么？是根据工程师伦理章程(NSPE)中的条款作出的判断，还是根据“自然法”作出的判断？

黑格尔在《美学》等著作之中认为，古希腊悲剧常常反映了“城邦政权所体现的带有精神方面普遍意义的伦理生活”和“家庭所体现的自然伦理生活”这两种最纯粹的力量之间的矛盾，而《安提戈涅》是反映这一主题的最优秀、最圆满的艺术作品。克瑞翁和安提戈涅的主张都有正当的理由，并且都是“绝对本质性的”主张。作为国王，克瑞翁有义务维护城邦的安全、维护政治权力的权威和尊严，必须惩罚叛徒，保证法令的统一执行；而安提戈涅感到自己有义务履行当时同样神圣的且有自然血缘关系为支撑的家庭伦理责任。在《法哲学原理》中，黑格尔明确声称这种对立和矛盾是最高的伦理性的对立，从而也是最高的、悲剧性的对立(国家法律与家族伦理之间的冲突)。

所以，法理是法律永远的追求，伦理是道德永远的追求。法理和伦理如同北斗星辰，它是我们永远的追求，虽不能至，心向往之。当法律和道德规范朝着应然的正义前行时，我们有服从的义务，这就是边沁所说的“严格地服从，自由地批判”。但如果法律和道德规范严重背离应然的正义，那么杰瑞米·边沁(Jeremy Bentham，1748—1832 年)的说法就不再成立——恶法非法。无论权力意志多么强大,长方形也永远不是圆。

第四节 道德勇气与伦理风险

根据美国的研究,举报和不服从的后果非常严重:90%失去工作或被降职,26%接受内科或精神治疗;事件过后,15%已经离婚,10%企图自杀,8%已经破产。在中国,向检察机关进行举报的人中,约有七成不同程度地遭受到打击报复或变相被打击报复。其中,各类"隐性打击报复"举报人的行为,因其手段"合法",行为隐蔽,难以界定,一直处于法律救济的"边缘死角"(2010年5月20日《法治日报》)。

举报者大多数对自己的处境非常清楚,却毅然决然作出举报行为,这恰恰说明,道德行为是做"应该"做的事情,是对现实状况和自己利益的超越。举报的故事,基本上是悲剧的形式的叙述方式。

【案例2-6】 **工程师黄万里**

1955年,中国水利部召集学者工程师70多人讨论三门峡水利规划方案。当人们沉浸在苏联学者描绘的美妙愿景中时,有一个人的声音显得格外刺耳。他不但坚决反对修建三门峡,还预言大坝建成后,不但不能发电,还要淹没大片土地。这位当年唯一持反对意见的学者就是我国著名水利工程师黄万里。他认为:三门峡筑坝后,下游的洪水危害将移到上游,出库清水将危害下游堤防。面对"一边倒"的意见,黄万里作为唯一的"反上派"被光荣孤立。

问题:(1)黄万里是工程师的典范吗?

(2)若说真话会使利益受损,你会继续说真话吗?

在第1章中曾提到诏狱。在诏狱系统下是没有天理的,皇上就是天理。西汉王朝的救星、后来担任宰相的周亚夫就是一例。他的儿子曾购买一些纸糊的刀枪之类的葬器,预备在其父死后焚化。有人告发周亚夫私藏武器叛乱,周亚夫立刻就被投进诏狱。周亚夫向法官解释说那些只是祭品,法官何尝不知道那是祭品,但他们的目的不是追寻真相,而是执行命令,只好回答说:"你虽然没有在地上叛乱,但很明显,你将在地下叛乱。"周亚夫就被杀了。

另有一个西汉的例子,李陵率兵攻打匈奴,遇上匈奴的主力,尽管李陵带领将士奋力抗战,终因寡不敌众,被俘而降。汉武帝指责李陵的罪过,司马迁站出来替李陵辩解却被投入监狱,受了宫刑。

根据立场决定对错标准的叫意图伦理。"意图伦理"是一种只重意图而不讲是非对错的蛮霸思维，它所要塑造的根本就不是现代的公民人格，而是一种彻彻底底的奴才脾气。奴才不需要明辨是非，他们只要听主子的话，领会主子的意图，“唯马首是瞻”就可以了。正因如此，“意图伦理”才一再地强调领会“意图”的重要性，只要你能正确地领会上司“意图”，“态度端正、立场稳定”，即便你说得毫无道理，那你也是“我们的人”，主子或上司自然是不会亏待你的；相反，如果你的“想法”和上司的“意图”发生了抵牾(就像司马迁之于汉武帝那样)，那么，即便你说得句句在理，你也一样会成为“不受欢迎的人”甚至是“敌人”。

“意图伦理”是一门诛心术。使用“意图伦理”的人根本不用费尽心思地“摆事实，讲道理”，只要在关键时刻断喝一声“你这是什么意思!”就可以轻易地将对手整垮。汉武帝需要跟司马迁讲道理吗？不需要。司马迁没有明确领会“圣意”，表错了态，这本身就已罪不可恕了；法官会跟周亚夫解释纸糊的刀枪为何成了谋反的证据吗？不会。他们只要说“你将在地下叛乱”就行了。“意图伦理”的神奇效用就在于它能迅速地推演出“欲加之罪，何患无辞”的正当性。

因此，作为哲学的分支，伦理学让我们面对自己熟知的事物，然后引导并动摇我们原有的认知。这就是伦理学的个人风险所在。

如何避免风险呢？

第一，采用怀疑论的方法避免走极端。伦理学讨论的问题本身没有绝对的对错，没有非黑即白的判断。因此，执着任何一方面都是不明智的。怀疑论认为：我们没有某些方面的或者任何方面知识的理论，而我们之所以无法拥有知识可能是因为我们人类的信念往往会出错，或者我们往往对于同一事物有各种各样的看法而无法判断哪一种才是真的，或者我们常常会被现象所欺骗而无法了解世界的本质。根据怀疑论，刚刚争论过的案例或原则没有一劳永逸的解决方法。伦理学很多问题是仁者见仁、智者见智的问题，多说无益，也无从论证。这就是怀疑论的回避方式。诚然，伦理问题争论已久，但是，正是因为这些问题反复出现，也许表明：虽然在某种意义上他们无法解决，但是另一种意义上却又无可避免。它们之所以无可避免，是因为在日常生活中，我们一次次地回答这些问题。我们采用怀疑论不是要放弃道德反思，而是让理性找到暂时的休憩场所，让理性自省，以便将来作出正确的判断。怀疑论不是理性永久的居留地。

第二，处理好感性经验和普遍法则的矛盾。追溯到苏格拉底时代，就有这样一段对话，在《高尔吉亚篇》中，苏格拉底的一位朋友卡里克利斯试图说服苏格拉底放弃哲学思考，他告诉苏格拉底：如果一个人在年轻时有节制地享受哲学的乐趣，那自然对其大有裨益，倘若过分沉溺其中，那他必将缺乏人生经验；听我劝吧，收起你的辩论，学个谋生的一技之长，别学那些满嘴谬论的人，要学那些生活富足、声名显赫以及福泽深厚的人。言外之意，哲学是生活的光亮，但不是生活的全部。因为哲学的确将我们与习俗、既定假设以及原有信条相疏离。所以，伦理学是一种纯粹价值指引，它不考虑方法问题。如果伦理学考虑方法问题，它就是一种“科学”，就不是伦理学了。康德认为，道德的普遍法则不可避免地要进入感性经验，否则就没有客观有效性，于是人必然发生幸福和德行的二律背反，二者只有在“至善”中得到解决。因此，我们要容忍矛盾的存在，在目的和方法之间寻找平衡。也就是说，伦理学是分析问题的学科，而不是解决问题的学科。因此，要改变世界，要使伦理判断变得“有用”需要创建交叉学科，在更大的学科背景下解决问题。

第三，谨慎对待他人的不道德行为。伦理是对错的判断，判断后可以采取行动，但是不一定要采取行动。采取行动的条件不仅是伦理的判断，还有现实的情况。决策是决定采取某种行动，这种行动的目的在于使当事人所面临的事件呈现令人满意的状态。之所以要做这种区分，是因为存在两种不同道德主体：自己和他人。当自己是道德主体时，我们强调知行合一。儒学，尤其是宋明理学，特别强调道德修养和道德实践的结合。在西方哲学中，“知而不行”意味着意志软弱。但是当道德主体是他人的时候，具体地说，当我们面对一个不道德的他人团体或管理机构的时候，我们应该谨慎行事。俗话说：宁愿得罪君子，也不要得罪小人。纪晓岚说：“不怕真小人，只畏伪君子。真小人干坏事明枪明刀，伪君子形似忠厚，心里却是阴谋诡计。业镜高悬，亦难照澈。”

总之，伦理有风险，学习须谨慎。我们要知道，伦理学的个人风险是让我们失去“童贞”，也许会变成一个咄咄逼人的人，政治风险是遭到打击报复。好在伦理学是一门训练我们智慧的学问，一个有智慧的人不仅能够玩好理性的游戏，同样也能玩好生活的游戏。

课后练习

1. 判断对错

(1) 根据休谟法则，“事实如何”(is)才能证明“应该如何”(ought)。

(2) 应该将科学的方法运用到一切领域，以保证学科的科学性。

(3) 伦理源于古希腊语(习俗)，习俗是评价行为对错的标准。

(4) 工程伦理问题的产生往往由于管理者的个人道德问题。

(5) 哲学的方法又叫“规范的”方法，科学的方法又叫“描述的”方法。

2. 思考题

(1) 伦理观是建立在经验之上的吗？(2016年法国高中会考文科作文)

(2) 一定要通过证明才能认知吗？(2016年法国高中会考理科作文)

(3) 感受到不公正是否加深对公正的理解？

(4) 实践是检验真理的唯一标准吗？

(5) 应该坚持伦理相对主义，还是伦理绝对主义？

(6) 在中国做事情，是根据中国国情(入乡随俗)，还是与国际接轨(全球一致)？

（7）我们是否应该干涉他人或他国的事务？

（8）如何评价达尔文的进化论以及斯宾塞的社会达尔文主义？达尔文的进化论作为一种科学理论可以作为行为对错的评价标准吗？

（9）科学能够回答道德问题吗？

（10）识时务者为俊杰吗？

第3章 利己主义

野蛮人的一切个人生活都是公共化的，受其所属部落的法令约束，而文明就是要将个人从集体中解脱出来。

——安·兰德(Ayn Rand，1905—1982年)

关键术语

心理利己主义，伦理利己主义，科尔伯格道德发展阶段理论，自由，人权，公权，私权，宪法，逆权侵占，博弈论(道德博弈)

推荐电影：《切尔诺贝利》(*Chernobyl*，2021年)

在这部剧第一幕，HBO的编剧们就向苏联的这场事故发出了灵魂拷问："谎言的代价是什么？真正的危险是：如果我们听了太多谎言，会再无法分辨真相。"电影时间段设定在爆炸发生的1986年4月到大约两年后的1988年。以1986年切尔诺贝利核电站事故为背景，揭开20世纪最严重的一次人为灾难事件发生的始末，叙述一群勇敢的英雄们前往核电站事发现场，拯救欧洲免于陷入浩劫的动人故事。爆炸后4分钟，核电站的消防员就赶到了现场。经过他们一昼夜的抢救，火情被勉强控制住了。然而，大多数的消防员因为没有防护设备，都在72小时内死亡了。在切尔诺贝利的整场救援里，为了救灾慷慨赴死的英雄事迹数不胜数。

在苏联军民奋力救灾的同时，苏联政府的反应可谓迟钝。事故发生时，政府高层一直以为是"普通火灾"。当时的苏联政府官员为了自己的乌纱，隐瞒了灾难的严重性，比如事故当场死亡的31人，被瞒报成了2人。乌克兰区的第一书记谢尔比茨基，甚至没有取消灾区当地的"五一游行"。

问题：

(1) 在切尔诺贝利灾难中，相关人员有哪些权利被剥夺？

（2）这些救援的英雄们，不仅仅自己不顾生命危险，有的还希望自己的孩子也参与进来。你如何评价？

课前测试：你会出什么牌？

你与同学各有一张红牌、一张黑牌。根据你出的牌决定如何惩罚你。
你们俩同时出红牌，两个人都要留校一小时；
你们两个都出黑牌，那么两个人都要留校两小时；
你出黑牌，对方出红牌，你就可以回家，对方必须留校三个小时；
你出红牌，对方出黑牌，那么你留校三小时，对方可以回家。

第一节　伦理理论的逻辑

不让梨的故事：

甲捷足先登，一手拿走了大的梨。
乙甚为不快，责怪甲说："你怎么这样自私"？
甲反问道："要是你先拿，你要哪一个呢"？
乙答："我先拿就拿小的那个。"
甲笑道："如此说来，我的拿法是完全符合你的愿望的"。

这个"不让梨"的故事揭示的是伪君子的假道德：道德是挂在嘴上的，是对别人的要求，自己真心实意是想捞实惠。在此，甲拣了乙的便宜，因为乙奉行了"先人后己"的原则；然而乙却无法拣甲的便宜，因为甲并不奉行这个原则。所以当社会里只有一部分人奉行"先人后己"的原则时，必定有一部分人吃亏，另一部分人占利。长此以往，势必引起争吵。可见这种"先人后己"的原则如果只有一部分人愿意实行的话，最终是行不通的。因此，道德只能是个人的境界和选择，不是处理社会人际关系的原则。

如果甲乙两人同时都奉行这个原则，上述这个分梨的问题仍旧无法解决。因为两人都要先拿小的，又会在新的问题上争执不下，正如在"君子国"（《镜花缘》）里发生的事。

产生这些矛盾的逻辑上的原因，是在于从社会整体来看，不存在"别人"与"自己"的差别。虽然对某一个具体的张三李四来说，自己就是自己，别人就是别人，二者决不会混淆。但是就整个社会来说，每个人既是他自己，又是别人眼中的别人。当"先人后己"的原则应用于他自己时,他应该后于别人考虑自己的利害得失,可是当同一个原则应用于别人时,他又成了别人,他的利益又应先于别人(另一个自己)得到考虑。这样随便一个社会成员的利益究竟应该先于别人还是应该后于别人,就陷入了矛盾。

所以,说某人自私自利的利己主义与严肃的伦理学理论的利己主义是不同的。根据利己主义伦理原则的行为不一定是自私自利,捍卫权利也不完全就是捍卫自己的权利。从权利的定义来说是的。权利一般指个人权利,是个人的自由和自主性具有不同于道德的正当性。但是,这里的个人,是指"每一个"个体,每一个个体都是平等的。平等是权利的限制性条件。一个人的权利不能侵犯另一个人的权利,每个个体都有相同的权利。从这个角度来说捍卫权利,不仅仅是捍卫自己的权利,也是捍卫他人的权利。

在波士顿的犹太人死难纪念碑前有这么一段话:

> 当纳粹来抓共产党人时,我保持沉默,因为我不是共产党人;
> 当他们来抓犹太人时,我保持沉默,因为我不是犹太人;
> 当他们来抓贸易工会主义者时,我保持沉默,因为我不是贸易工会主义者;
> 当他们来抓天主教徒时,我保持沉默,因为我是新教徒;
> 当他们来抓我时,已无人替我说话了。

你不为别人的正义站出来的话,终将会伤及你自己。这就是别人的自由同样也是你的自由,如果你不保护他人的自由,那么你的自由终将也会受到伤害。

> 某大学机械系一位教主科的教授上课不停地讲解、推导,同学也不断地抄写并做笔记,有位同学实在听不懂,他勇敢地举手示意来问问题。
>
> 教授回答说:"这位同学请不要打断老师讲课好吗?你没有看到这么多进度要赶并且已经赶不完了吗?你太自私了。"

这位学生提问影响其他同学是自私吗?可以从个人权利的角度来回答这个问题,如果他有权这样做就不是自私,如果他没有权利这样做就是自私。权利是个人的自由和自主性,具有最终的正当性,这种正当性来自某种行为的普遍性,即任何人在听不懂的情况下都可以提问,尽管这样会打乱老师的讲课节奏。

首先,伦理理论的逻辑特征是普遍性,而不是某种特殊性。在这一点上,伦理学与自然科学是一致的,所有的学科都应该是以理性为基础的。我们不能根据情感进行道德判断,道德判断必须基于充足的理由,道德判断不同于个人趣味的表达。如果有一个人说我喜欢喝咖啡,这是不需要理由的,他只是陈述了一个关于他自己的事实,没有别的。没有为喜欢或不喜欢咖啡辩护这样的事情,所以也就没有关于他的论证。只要他在精确地表达自己的偏爱，他所说的就一定是真的。而且，这不意味着别人也要有同样的感受。如果这个世界上有人讨厌喝咖啡，那无所谓。但是，如果某人说某事在道德上是错的，他就需要有理由，并且如果他的理由是充分的、有效的，那么其他人也一定会承认它的约束力。根据同样的逻辑，如果他所说的没有充分的理由，那么他只是在那里制造噪音，我们不需要对他加以任何关注。

其次，道德要求公平地考虑每一个个体的利益。几乎每一种道德理论都包含公平的思想，其基本思想是：每一个个体的利益都同等重要。从道德观点看，没有特权人物。因此，我们每一个人必须承认他人的福利和我们自己的一样重要。所以，利己主义的“己”是一个泛称，而不是一个特称。

【案例 3-1】　　指定自家设备

谢永芬工程师受一析冷冻空调公司的请求，帮忙准备空气压缩系统的规格并推荐供应商。谢工程师告知该公司，她也是一家制造空气压缩系统公司的总裁与股东，她也有能力提供所需的设备。谢永芬提供了四家制造空气压缩系统的厂商来竞标，而且她没有将自己的公司纳入以上四家竞标公司。一析冷冻空调公司想要谢永芬工程师的公司一起参加竞标，谢永芬担心，这样会有伦理问题。

请问：谢永芬提供 5 家公司竞标，是否有伦理问题？

根据 NSPE 伦理章程第Ⅱ部分实践规则中第 4 款，工程师应做雇主或客户的忠实代理人或受托人。从表面上看，指定自家设备有利益冲突。实际上，工程师采取了适当的措施，明示所有潜在的利益冲突信息；把自家的产品与别家的产品同等对待，这是一个公平的做法。

伦理理论是判断行为对错的标准，如同天平的砝码。一个伦理理论必须具有逻辑上的合理性和实践中的有效性。中国传统的二十四孝，其实不是伦理学，而是道德说教。所谓说教就是叫人应该这样做，但是就是不讨论为什么要这样。比如“郭巨埋儿”，更像是一个文学作品、童话故事。

孝道的逻辑非常简单，弗兰克纳（William Fankena）认为，行善和公正是最主要的两个道德原则（休谟）。公正就是分配善和恶，不对最大化和权衡好的结果作出判断。承诺产生忠诚义务，错误行为和欠债产生补偿义务，慷慨服务和礼物产生感恩义务……孝道的核心逻辑是感恩，其次是行善。孝道无须说教。

孔融让梨的故事同样缺乏内在逻辑论证。孔融兄弟三人，在他四岁时，让哥哥吃大的梨，因为要尊敬兄长；又要让弟弟吃大的梨，因为要爱护弟弟。这是四岁孩子普遍能够做得到的吗？一个正常的孩子心理一定会想：我是老二，既要让哥哥，又要让弟弟，我活该吗？这就是老二的命吗？孔融让梨的伦理原则是行善，没有公正。一个没有以公正为基础的行善是不持久的。孔融四岁时被父母教育成让梨的好孩子，但是，长大以后，他没有成为“又红又专”的好青年，最后被曹操所杀。

第二节 利己主义与特权

如果在每行三个词语里挑一个形容自己，你选择哪个？

(1) 勇敢的，胆大的，鲁莽的；
(2) 灵活的，滑头的，放肆的；
(3) 义愤填膺，气急败坏，歇斯底里。

伯特兰·罗素使用三个短语构成的句子作为一个参照，调查结果发现：我坚定，你固执，他是头顽固不化的蠢驴。[①] 大多数人对自己偏爱有加，这种调查结果能不能作为利己主义的一个论证呢？

如同道德博弈论，用科学的方法证明的利己主义是一种心理利己主义(psychological egoism)。这是一个经验假说，认为利己主义是关于人性的事实，即人们在行动时只顾自己利益，总是做那些最符合他们自己利益的事情。这还算不上是严格的伦理学理论。《三字经》中说“人之初，性本善”也不是伦理学判断，而是科学(比如心理学)判断，是一个事实判断而不是价值判断。

伦理利己主义(Ethical Egoism)指道德行为人应当去做符合他们自己利益的事情。一个有理性的人的行动会是为了最大限度地达到自我的满足。问题是：去做符合他们自己利益的事情怎么能算道德呢？内在的理由和逻辑是什么呢？

因为我们通常讲的道德都是利他行为，利己行为怎么可能是道德呢？

> 规定违章停车将被处以死刑后，再也没有违章停车了。这是恰当而有效的法律吗？
>
> ——2011年牛津大学入学试题

这道考题看似容易，实际上却并不容易回答。规定违章停车将被处以死刑，从此以后再也没有违章停车了。但是，这不是恰当的法律，过于严苛了。

---

① 马克·巴特斯比，莎伦·白琳. 权衡：批判性思维之探究途径[M]. 北京：中国人民大学出版社，2014年，第209页.

这个法律不恰当的深层次理由是人的本质和人与政府的关系。约翰·斯图亚特·穆勒(John Stuart Mill，1806—1873年，穆勒，又译作密尔)说过一段非常经典的话：社会不是通过履行从契约中推论出的社会义务才建立起来的。人们得到了社会的保护就有义务回报社会。在社会中生存，这一事实本身就要求每一个人在与其他人相处的过程中必须遵守一定的行为准则。

穆勒这句话的意思是建立社会、建立国家、建立组织、建立团体的目的不是为了义务(限制自由)，而是为了保证更好的自由(纯粹的自由)(图3-1)。

图3-1　在不触碰到他人的范围内自由活动

因为自由是人的本质，社会是自由的保障。只要接受社会的保护，个人的一部分自由就会被限制，就要承担一定的义务。但是这个义务是手段，不是目的。这是穆勒认为的顺序。他认为个人在社会中应该遵守的事情有两点：第一，不损害相互之间的利益。也就是说，已经碰到了别人的气球，却还若无其事地让自己的气球继续膨胀变大，这种行为是不被允许的。这就是指遵守法律。在约定俗成被认为"这是个人权利"的部分，每个人也要遵守规则和道德。第二，保卫社会或社会中的成员不受侵害和干涉，每个人都应承担自己的责任，每个人都必须要付出劳动并为此作出牺牲。这也是穆勒曾经说过的话，也就是为了建立社会、维持社会的发展，穆勒认为"每个人都必须要付出劳动并为此作出牺牲"。无论自由多么重要，不付出任何劳动和牺牲而懈怠地生活是不被允许的。例如，劳动和纳税就是国民的义务，也是个人自由的制约因素。它制约着"不劳动""自己的钱自己随便支配"的自由。可是，如果用穆勒的理论来解释，就成为"那是每个人必须担当的责任"。而且，穆勒还严格地规定"对于不履行义务的人，让他作出任何牺牲都不为过"。

穆勒认为，一个文明社会，必须倡导某些思想，同时阻止某些恶行。要做到这一点，就必须界定个人、政府与社会三者的关系。用国家的权力反对个体，可能是危险的。警察不应该干涉私人生活，一个社会应该允许个人有一个不受干预的私人生活空间。那么私人生活与公共道德分界线在哪里呢？穆勒将其称为"伤害原则"，根据这个原则，私人生活包括一个成年人纯属个人的、不会给其他人带来伤害和危险的那些行为。

根据穆勒的思想，实际上存在四种不同的领域：

(1) 个人生活；

(2) 道德；

(3) 公共政策；

(4) 合法性。

个人生活纯属私人问题而不影响他人。如变态行为、在没人的地方抽香烟等。

当他人受到影响时，问题就从第一个领域转移到第二个领域：道德领域。比如在自己的孩子房间吸烟就是一个道德问题。当然，在夫妻共享的卧室吸烟也是一个道德问题。

当社会试图去弘扬某种价值观，同时允许个体持有不同的价值观时，问题转移到第三个领域：公共政策领域。对烟草产品征收重税就是一个公共政策问题。

当社会决定倡导某种行为、禁止某种其他行为，并对个体的意见分歧不能容忍的时候，问题就转移到第四个领域：合法性领域。某些行为（如缴税）是强制性的；某些行为（如偷盗、谋杀）是被禁止的。禁止向未成年人出售香烟是一个法律问题。

所以，并不是每一个问题都是道德问题。个人权利是不同于道德的正当性。个人权利，就是自由即个人的自主性具有最终的正当性，指的是他可以做任何法律没有禁止的事情。如果以道德论证看待一切问题的话，就必然把所有的东西分成两部分：一部分是应该，一部分是不应该。不应该的东西就必然遭到谴责、打击，造成思想的独断，延伸到制度层面，必然形成专制制度。

穆勒还说："有人认为，我的观点是说只要不涉及自身利益，就可以不用关心他人的善行和幸福，这种看法是不对的。为增进他人的幸福，每个人都应该付出更多的无私努力。"的确，人是自由存在的，但穆勒认为应该关心他人、帮助他人获得幸福、为建设更好的社会而互相勉励是非常重要的。从这句话可以看出，穆勒不是只以个人为中心的自由信奉者。他告诉我们的是，在"社会和个人"关系中，人有"恰当的自由"和"应该有的自由"。这就是他认为社会中的自由。

安·兰德对利己主义作过权利论的解释。兰德认为，个人对生命的权利是最主要的权利，而且所有其他权利都是这一权利的推衍。只存在个人的权利，而非集体的。作为日常使用的词"集体权利"，不过是个人权利聘请的临时工。所有其他权利都是个人权利的派生物。从这个角度讲，兰德认为，个人权利这种提法其实是多余的……而集体权利这种提法则是矛盾的。权利不同于道德，道德是与利他行为相关的，而权利与利己的行为相关。在公交车上，我给老人让座，这是道德行为。我不给老人让座，那也是我的权利。道德强调的是纪律，权利强调的是自由。所以从权利的角度看，利己主义具有一种不同于道德的正当性。过分强调利他主义，可能侵犯了个人自由选择的权利。权利是让社会服从道德规范的手段。①

① 兰德. 自私的德性[M]. 北京：华夏出版社，2007年：90页.

权利是个人道德规范与社会法律规范之间的纽带，是伦理学与政治学之间的纽带。换句话说，权利不是对个人的道德要求，而是个人对社会的道德要求。政府就是在特定地理区域内唯一有权执行某些社会法规的机构。保护个人权利是政府唯一正当的目标。每个人都拥有独立的个人权利。然后每个人让渡出一部分权利的使用权，由这些使用权合成起来形成一个正直共同体，这就是国家。也就是说，国家权力来自每个人权利的让渡，政府的道德职能就是保护公民的生命财产（自然权利）。

> 政府的适当作用可以大致分为三个宽泛的类别，这三个类别都包含强制力和对人的权利的捍卫：警察，用以保护人们不受罪犯伤害；军队，用以保护人们不受外来侵略者的伤害；法庭，用以依照客观主义法律处理人们之间的纷争。①

综上所述，利己主义实际上是一种私权对抗公权的理论，是公民对政府的道德要求，是下级对上级的道德要求，是学生对老师的道德要求。

【案例 3-2】　　化工公司的育龄妇女政策

美国一家化工公司制定一项政策，禁止育龄妇女在存在有毒化学物质的危险场所工作。

请问：该项政策符合企业伦理吗？

从表面上看，化工公司的育龄妇女政策是在保护妇女。实际上，这项政策合理性论证并不充分。政策带有歧视性。危险化学品不是解雇工人的理由，作为针对妇女的禁令不充分。

【案例 3-3】　　硕士的梦想是制毒

“我的梦想就是制造毒品。”就在工程伦理课堂上，一名化工系同学在做自我介绍的时候说。

“大家给他掌声。”“毕竟他诚实，有勇气说真心话。”

请问：老师和班上其他同学有无伦理义务向校方反映？

我国台湾某大学材料系硕士研究生毕业的吕姓男子，从 2009 年 8 月起就为贩毒集团制造安非他命……“不可能呀！某大学材料系硕士、博士毕业生都很抢手，就业涵盖液晶电视、光电等行业，平均至少每人都有 150％的工作机会，有的学生没有毕业就有四五个好工作机会等着，着实令人不敢相信。”行政副校长叶某某听到消息后惊讶表示。第二

① 安・兰德. 自私的德性[M]. 北京：华夏出版社，2007 年，第 112 页.

年警方依照《毒品危害防治条例》将四名嫌疑人缉拿归案。

硕士的梦想是制毒显然不是什么好的想法，简直是动机险恶。老师和班上其他同学有无伦理义务向校方反映呢？

美国人菲利普·K.迪克写了一本书叫《少数派报告》。[①] 该内容由大导演史蒂夫·斯皮尔伯格执导，2002年被拍成电影。故事讲的是计算机和人工智能已进步到难以想象的地步，可以预测谁将在不远的将来犯何种罪行了。这样，在犯罪分子还没有行动之前，就可以提前将他们拘捕。这样先发制人的正义好不好？

虽然这种高科技可以促进罪犯改过、对公众的保护以及威慑潜在的罪犯，但是，一个仅凭人们的思想就用暴力裁定是非的社会也许会严重地损伤我们的自由感，以及我们对权威的信任。这个代价太大了。它的威慑作用可能引火烧身。如果人们担心他们因为不能控制的想法而受到惩罚，他们也许对自己是否有能力控制犯罪这一点失去信心。如果你没有把握你能站在守法的一边，你也许就不在意站在错误的那一边了。

因此，在工程伦理课堂上说"我的梦想就是制造毒品"，老师和班上其他同学是否应该向校方反映，确实需要在人权与安全之间仔细权衡。

【案例3-4】　707方案

一家科技龙头公司的某厂区，为了改善员工的工作状况，不希望工时太长，过度劳累，特别推出707方案，规定每个部门70%以上的员工必须在晚上7点之前下班，否则部门主管受处分！

请问：你如何评价这个707方案？

利己主义本质上是"私权"和"公权"的优先顺序。自由主义、个人主义的概念也一样。哲学上的自由主义不是随心所欲、想干啥就干啥，而是把每个个体的自由看成是最高的价值，放弃自由就是放弃做人的权利。社会制度存在的唯一目的是保障人的自由，而不是干涉人的自由。

第三节　利己主义与道德发展阶段

英国《儿童十大宣言》的内容如下：

（1）平安成长比成功更重要；

① 朱利安·巴吉尼.一头想要被吃掉的猪：100个让人想破头的哲学问题[M].上海：上海三联书店，2008年，第106-108页.

(2) 背心、短裤覆盖的地方不许别人摸;

(3) 生命第一,财产第二;

(4) 小秘密要告诉妈妈;

(5) 不喝陌生人的饮料,不吃陌生人的糖果;

(6) 不与陌生人说话;

(7) 遇到危险可以打破玻璃,破坏家具;

(8) 遇到危险可以自己先跑;

(9) 不保守坏人的秘密;

(10) 坏人可以骗。

在英国《儿童十大宣言》中,基本上对儿童没有道德要求,但是隐藏着对强者的道德要求。弱者对强者的合理要求,就是弱者的权利。父母有没有理由要求婴儿不尿床?当然没有,尿床是婴儿的人权。道德的前提是自由,动物是完全不自由的,我们对动物也没有道德要求。婴儿甚至儿童也是不自由的。人的社会化过程就是从不自由到自由、从不负责任到负责任的过程。法律要求 18 岁以后就要对自己的行为负责了。但是真正进入道德境界,恐怕是为人父母之后。

【案例 3-5】　电子废物的核辐射

1986 年,发生在乌克兰的切尔诺贝利核事故使得成千上万人暴露在核辐射下,之后十多年来,一支由科学家和工程师组成的队伍一直在那里工作。这些科学家和工程师所受的辐射远远超过美国制定的可接受的水平(大约超 6 万倍)。在 1994 年 12 月 18 日美国哥伦比亚广播公司 60 分钟访谈节目中,有一位队员说:为了能继续从事这份工作,他上交了一份受辐射水平大大低于他实际所受辐射的“正式”记录。当问及他为什么这么做时,他回答说:“总有人做这事,我不做谁做呢?”他特别提到他两个儿子也想参加这支队伍。

问题:你认为其中是否有伦理问题?

心理学家劳伦斯·科尔伯格(Lawrence Kohlberg, 1927—1987 年)在 1963 年发表过一篇经典论文,道德水平像智商一样分布,有高有低,而且存在一个由低到高的发展过程。人类的成长过程就是道德的发展过程。这个过程要经历六个阶段。

第一阶段,小孩子是以行为的后果作为是非的标准,判断事件是对是错,取决于做了这件事之后是会被奖励还是被责打。

第二阶段,自我中心开始形成,判断是非的依据就是单纯的个人好恶。这两个阶段被称为“前道德水平”,这意味着道德标准还没有真正发展起来。

第三阶段，小孩子开始重视别人的态度和利益了，知道了能让别人高兴的事也是好事，尽管这件事不一定对自己有利。

第四阶段，有了责任和义务的意识，乐于维护现有的社会秩序和法律规范，认为凡是遵纪守法的行为都是好的。这两个阶段被称为“遵从习俗角色的道德水平”。《悲惨世界》里的沙威看来就停滞于这个阶段，没能继续发育下去。

如果能把道德水平发育到第五个阶段，就会承认这社会上既有合法而不合情理的事，也有合情合理而不合法的事，至少某些法律比另外一些法律更好，遇到冲突的时候不妨遵循某种特定的程序寻求对法律的一些改善，对冉·阿让就不会那么紧追不舍。

第六阶段，良知完全凌驾于任何社会习俗与法律法规之上，劳伦斯·科尔伯格认为只有一些伟人，比如圣雄甘地、马丁·路德·金，道德感才发展到这一阶段。这两个阶段被称为“自我接受准则的道德水平”，是人类道德标准发展的顶点。

劳伦斯·科尔伯格发现尽管种族、文化和社会规范等各方面都不相同，但人的道德判断随年龄发展而发展的趋势却是一致的。前习俗水平、习俗水平和后习俗水平这种发展的顺序是由低级阶段依次向高级阶段发展的。前习俗水平 4～10 岁，习俗水平 10～13 岁，后习俗水平 13 岁以上。这种顺序既不会超越，更不会逆转。也就是说，对一个正处于第一阶段的小孩，无论怎么教育她，也是不可能不经由第二阶段而直接跨入第三阶段的。这六个阶段都是独一无二的道德推理方式，而不是小孩子一步步加深对成人道德观念的理解。卡耐基也说过：“变化的二十岁，充实的三十岁，成熟的四十岁，秋暮的五十岁。”这就是所谓道德发展阶段理论，这就意味着：我们不可能对婴儿提出太高的道德要求，因为他做不到。换句话说，能力越大就越有行动的自由度，就应该担负必要的责任。能力越小就越缺乏行动自由，只能担负有限的责任。

【案例 3-6】　保护艾滋病患者隐私

江苏南通一对夫妻婚前婚检结果正常。婚后女方生了孩子，但男方发现妻子早就患有艾滋病。他将婚检机构告上法庭并索赔 12 万元，被法院驳回。因我国《艾滋病防治条例》有保护艾滋病人的个人隐私，妻子的病情应当由其本人在婚前告知丈夫。

请问：查出艾滋病，医生该不该“善意隐瞒”？

“没有金刚钻就别揽瓷器活”，意思是说做事前先掂量掂量自己，如果能力有限的话就别去做那些力所不能及的事情。伦理学的解释就是，我们不应该为力所不能及的事情负道德责任；既然不能为力所不能及的事情负道德责任，那么避免道德问题的最好方法就不要去做这种事情。工程师应仅在其应有能力胜任的领域内从事职业服务，分三种情况：

(1) 在特定技术领域内，仅当工程师的教育经历或经验背景使其具备了相应的资质时，才应承担分派的任务。

(2) 在自己缺乏资质的领域，或不在自己指导和管理之下编制的计划书或文件，工程师不应签字或盖章。

(3) 工程师可接受任务指派和承担整个项目的协调责任，并签署和批准整个项目的工程文件，前提是该项目的每一个技术部分均由具备资质的工程师编制和签字。

利己主义与自私自利的区别在于有一种正当性，一个人追求健身、关注养生、拼命工作、努力赚钱也都是一种不同于道德的正当性。

> 你偶然从一片池塘前经过，发现有个小孩在池塘里挣扎。你要救他最多只是把刚买的漂亮鞋子弄脏，还有就是上班迟到。为了保全你的新鞋子，避免增加工作上的压力，你听任那个孩子死去，这是不是很残忍？
>
> 你只要贡献收入的极小一部分，就足以拯救一些最贫穷国家的儿童，可是你却听任他们饿死，这是不是与眼看那个孩子溺死在面前的池塘中而无动于衷一样残忍？

要求一些人牺牲自己和亲人一大部分时间和资源，贡献给远隔千里并不相识的人，这是否现实？这不是一种心理学上的不可能吗？以同样的方式对待同样的情况是否会使休谟法则变得不切实际？

成功的专业伦理，首先是避免在道德上无限上纲上线，不是拔高至阳春白雪人迹罕至的境地，而是头顶理想的天空，脚踩坚实的大地，既明确责任，又给予自由裁量的权利。专业人员的责任和权利最大的区别就是责任是必须履行的，否则就是违反伦理规范，严重时可能会被吊销执照甚至诉诸刑法；但专业人员可以不实行他的权利。

【案例 3-7】 计划审查

王国庆受雇佣于大华工程公司，从事国防计划相关工作，如审查承包商提供材料的恰当性及计划的可行性。王国庆向他的主管汇报工作，说他在承包商所提的计划中发现了问题，建议管理阶层否决此计划，或要求承包商修正缺失。由于该承包商所提计划会造成过多花费和延迟时间，王国庆认为应该重新设计，但所请未被采纳。之后，王国庆主动再向主管陈述并力争了几次，仍是无用。最后，他还被警告：留职察看 3 个月，若是工作表现仍然不佳，将被解聘！

请问：在这种情况下，王国庆是否有伦理义务或权利，持续努力，去改变其雇主们的决策，或向权责机构报告他的顾虑？

在有些时候、有些情况下，工程伦理所规范的可以视为工程师的权利。权利与义务(责任)最大的区别是：若是责任，工程师必须履行，否则就是犯规，严重时可以免去专业职务；若是权利，可以选择实施或不实施自己的权利。

NSPE实践规则规定，工程师应将公众的安全、健康和福祉放在首位。在危及生命和财产情况下，如果工程师的判断遭到了否定；那么他们应向雇主或客户以及其他任何相关的机构通报情况。在这个案例中，危害公众的健康、生命、财产和福祉有不同的情况和程度。一种是对公众的重大安全隐患。另一种是重新设计一项商业产品，属于商业决策，是管理层的责任，工程师没有伦理权责去质疑。

本案没有危害大众健康和安全，只是会造成不必要的支出。这个瑕疵与公众的"福祉"有关(纳税人的钱是公共福祉)，工程师当然有责任关心此事，只是这个责任更多是个人的选择，没有非常强烈的义务。此外，个人反对雇主的政策对于改变局面的可能性非常小，而个人失业的风险非常大。

因此，"过多花费和延迟时间"虽然没有涉及公众的健康安全，却与公众的福祉有间接的关系。此时，专业人员没有伦理义务却有强烈的权利去据理力争，寻求良善的改变。所以，王国庆是有伦理权利，持续努力去改变其雇主的政策，或向权责机构报告他的顾虑。但是，他这样做的伦理义务(责任)并不是非常强烈的。如果举报对自己和家庭有影响，他有权利根据自己的情况作出选择。

第四节　知识产权

【案例3-8】　蓝光LED发明人和日本日亚公司

2014年10月7日，美国加州大学圣芭芭拉分校的科学家中村修二和赤崎勇、天野浩共同获得2014年诺贝尔物理学奖。

请问：

(1) 中村修二在日亚公司的发明专利，是职务发明，还是非职务发明？

(2) 日亚公司是否应该向中村支付"合理报酬"200亿日元？

(3) 中村修二状告自己的公司，是否符合工程伦理？

知识产权(intellectual property),指权利人对其智力劳动所创作的成果享有的财产权利,一般只在有限时间内有效。各种智力创造比如发明、外观设计、文学和艺术作品,以及在商业中使用的标志、名称、图像等,都可被认为是某一个人或组织所拥有的知识产权。广泛使用知识产权这一术语是在1967年世界知识产权组织成立之后。2017年4月24日,中华人民共和国最高人民法院首次发布《中国知识产权司法保护纲要》。

知识产权是有精神劳动所产生的所有权,包括商业机密、专利、商标和版权。在美国全国职业工程师协会(NSPE)伦理章程中,在"实践规则"标题下,第Ⅱ.1.c款规定:"除了法律或本章程授权或要求外,在没有得到客户或雇主事先同意的情况下,工程师不应泄露所获得的实情、数据或信息。"条款Ⅲ.4规定:

> 未经现在的或先前的客户或雇主或他们服务过的公共部门的同意,工程师不应泄露任何涉及他们的商业事务或技术工艺的秘密信息。
>
> (1) 在没有得到所有相关利益方同意的情况下受雇于他人的工程师不应提出晋职的要求或工作安排,或者将其工作的安排作为一种资本,或者参与某项与其获得特殊的和专门化的知识相关的项目。
>
> (2) 在没有得到所有相关利益方同意的情况下,工程师不应当参与或代表与竞争对手的利益相关的特殊的项目或活动,在此项目或活动中,涉及从以前的客户或雇主那里获得的专门化的知识。

与之类似,工程与测量国家考试委员会(NCEES)职业行为准则范本要求工程师"正如法律所认可的,在没有得到客户或雇主事先同意的情况下,不应该泄露通过职业能力所获得的事实、数据或信息"。

在中国,按照《中华人民共和国劳动法》规定,用人单位与劳动者签订劳动合同时,除订立劳动合同期限、工作内容、劳动保护和劳动条件、劳动报酬、劳动纪律、劳动合同终止的条件、违反劳动合同的责任7项必备条款外,当事人可以协商约定其他内容。这包括约定"保守用人单位商业秘密的有关事项"。一些地方的有关劳动合同管理办法,规定了劳动合同内容的补充条款可列入商业秘密保密事项。同时,《中华人民共和国劳动法》还规定,劳动者"违反劳动合同中约定的保密事项,对用人单位造成经济损失的,应当依法承担赔偿责任"。

根据《劳动合同法》相关规定,竞业禁止期限最多为二年。第二十三条规定:"用人单位与劳动者可以在劳动合同中约定保守用人单位的商业秘密和与知识产权相关的保密事项。对负有保密义务的劳动者,用人单位可以在劳动合同或者保密协议中与劳动者约定竞业限制条款,并约定在解除或者终止劳动合同后,在竞业限制期限内按月给予劳动者经济补偿。劳动者违反竞业限制约定的,应当按照约定向用人单位支付违约金。"第二十四条规定:"竞业限制的人员限于用人单位的高级管理人员、高级技术人员和其他负有保密义务的人员。竞业限制的范围、地域、期限由用人单位与劳动者约定,竞业限制的约定不得违反法律、法规的规定。在解除或者终止劳动合同后，前款规定的人员到与本单位生产或者经营同类产品、从事同类业务的有竞争关系的其他用人单位，或者自己开业生产或者经营同类产品、从事同类业务的竞业限制期限不得超过二年。”

【案例 3-9】　药品专利问题

2008 年 6 月 19 日，印度专利局驳回了德国一家医药公司一项供儿童服用的抗艾滋病糖浆专利申请。德国勃林格殷格翰医药公司开发了一种抗艾滋病药物奈韦拉平的糖浆，这种糖浆便于不能吞咽药片的婴幼儿服用。奈韦拉平是 1989 年发明的一种抗艾滋病药物，在印度一直没有获得专利。印度《专利法》明文规定，凡可能损害公众健康利益的专利申请不予批准。该公司于 2006 年向印度专利局提出该糖浆的专利申请，但遭到印度患者权益保护组织强烈反对。印度患者权益保护组织 PWN 的负责人说："我们国家绝对不能给予这类药品专利，因为一旦获得专利，这类药品的价格就会大幅度提高，不仅一般患者难以承受，就连政府想给患者提供这类药品恐怕也会力不从心。"除这种糖浆外，目前还有 12 种受到患者权益保护组织反对的药物专利申请有待印度专利局裁决。

请问：你是否同意"有益于人类的医药知识不应该成为私人财产"？

印度驳回德国公司抗艾滋病药物专利申请从人性角度看有一定的正当性。但是从长远发展的角度看，没有知识产权的保护，研发机构的权利就得不到保护，研发新药的积极性就会降低，从而在根本上否定了利己主义所希望的结局。

【案例 3-10】　拯救胡经理

第一部分：无意发现

拿到电子工程硕士学位后，小胡如愿进入知名的技术研究院，从事他所喜爱的研发工作。小胡很喜欢这里的工作环境，他可以尽情发挥他的所学专长：电子构装(Electronic Packaging)。因为喜欢而且投入，很快地，小胡就被提拔为一线经理，负责"电子构装制度工程技术开发"。

一切都非常顺利，小胡已升任可以使电子业进入第二春的"电子构装"行业研发龙头的经理。直到有一天，胡经理发现，他每年为争取经费预算而精心撰写的企划书被抄袭。抄袭的人正是另一组负责"理论模拟"的王经理。

"你怎么发现的？"

"我无意中看到他的企划书。"

"由于好奇，便随意翻了一下里面的内容。"

年度预算计划书的撰写非常重要，它将决定这个部门或这个小组未来一年的研究方向、具体目标以及最重要的经费预算。

为了帮助电子业走进另一个春天，胡经理铆足了劲，认真汇集全球相关科技进展信息，并依据产业的实力与需求，以开发具有前瞻性且非常实用的电子构装技术。简单地说，胡经理的企划书，也等于是其小组的技术开发白皮书，是呕心沥血之作。

“你怎么认定王经理抄袭呢？”

“他的企划书内容，跟我的几乎一模一样。要说有不一样的话，那就是我的关键词是技术开发，他的是电性模拟。只要是我写到技术开发这部分，他就将此关键词换成电性模拟。其他主要的内容都一模一样！”

“太夸张了吧！他怎么会有你的企划书呢？”

“王经理虽然也是一线经理，和我一样；但是，公司为了人事精简，让他兼任我们这两组的二线经理。我们年度的企划书，必须从一线经理呈报给二线经理，二线经理整理之后，再上呈给三线经理，一直到上层。”

“哦，原来如此。”

请问：

问题(1)在此状况下，如果你是胡经理，你有什么感觉？你会怎么做？

第二部分：后来

后来呢？你后来怎么做？

就算了，我还能怎么做；等我发现的时候，预算早已经核定下来，分配出去，计划已执行过了半年。

那后来呢？

这就是我愤愤不平的原因。

怎么说？

我发现，第二年的企划书，他又抄我的！我原本以为，上次的抄袭是偶发事件，可能是他刚接任二线经理，又要接手一线经理的工作，忙不过来。可是，到了第二年，他还是照抄不误！

请问：

问题(2)在此状况下，如果你是胡经理的亲属，你心中的感受如何？你会建议胡经理怎么做？

第三部分：转机

“后来呢？你有没有去举报他？”

“没有！我只是觉得烦、很不爽。但是，我们计划工作实在是太忙了，忙得我无法分心去想如何对付。”

“为什么你不向三线经理反映呢？”

"三线经理就是提拔他做二线经理的人,我觉得不妥当。"

"你们三线经理都不看一下计划书吗?"

"怎么可能!我告诉你一个更好笑的事……"

胡经理说:"由于一路忙碌下来,无暇他顾,这种不舒服的感受只有一直藏在心底,一直到发现有一个转机。有一年,我们不再研发电子精装,而是针对光学计算机研发,开发光学组件的构装技术。因为是光学计算机,并没有电子移动的问题,自然地,就没有需要电性模拟这部分。如此一来,王经理就没有办法抄了。至少,他不能够再用'电性仿真'关键词,来换掉我的'制程开发',然后整本照抄。"

"怎么说呢?"

"你有听过光学计算机还要做电性模拟的吗?光学计算机只用光,不用电,哪来的电性需要模拟?"

"对呀,那王经理怎么办?"

胡经理说,"怎么办?照办!王经理竟然照样照抄,推出了一本光学计算的电性模拟企划书,洋洋洒洒的。"

"结果呢?"

"结果啊!企划书一路往上送,照样过;预算下来后,照样分!他的小组跟我的小组分一样多!"

请问:

问题(3)王经理有错吗?胡经理呢?

第四部分:看你怎么办?

"后来,我想到一个办法,可以对付王经理(抄袭)。"

"什么办法?"

"他想抄?我就让他来不及抄。以前,我很早就会上交企划书。这一次,我就故意晚点。"

"来不及抄?王经理没有催你交吗?"

"有啊,当然有,他催我好几次!"

"那你怎么办?"

"只有跟他说,好,好,好……"

"你就给他啰?"

"没有!我就一直硬着头皮,拖、拖……一直拖到截至日当天,下班前的半小时,才把企划书交出去,让他来不及抄!"

"高!好招!"

请问:

问题(4)胡经理这样做,有没有违反专业伦理?

第五部分：魔高一丈

胡经理说："这样做，他心里也很不舒服，这跟他的个性不合。但是，他实在也想不出其他办法了！"

"后来呢？"

"后来我就不管了，交完了企划书，我就下班了。王经理来不及交是他的事。"

"结果呢？"

"王经理还是交出了企划书，只是晚了一点点，但是，还赶得上企划书上交的日期。"

胡经理的反应呢？

他真的生气了！离职，到业界工作；虽然，研发才是他真正喜爱的工作。

请问：

问题(5)针对胡经理的遭遇，你有什么看法？有什么办法可以拯救胡经理？

课后练习

1. 判断对错

(1) 政府的权力来源于私人权利的让渡，所以政府没有天然的权力。

(2) 英国前首相撒切尔夫人说：政府收税就是盗窃。她这话的意思是政府不是财富的创造者，而是财富的分配者和使用者。

(3) 普通民众没有资格违宪，只有政府官员才有资格违宪。

(4) 兰德认为，罪犯和政府是个人权利的两个潜在侵犯者。

(5) 道德囚徒困境模型说明，自私自利的策略不能实现自私的目的。如果有多次博弈，合作是最佳的策略。

(6) 心理利己主义是一种事实判断，伦理利己主义是一种价值判断。

(7) 人权即个人权利的简称，是人的自由和自主性具有最终的正当性。

2. 思考题

(1) 在司法实践中，刑事犯罪的嫌疑人有时需要做精神鉴定，如果嫌疑人被鉴定有精神疾病，是否可以减轻其罪责？

(2) 我们对动物有道德要求吗？为什么？

(3) 孩子应该为自己的尿床行为负道德责任吗？

(4) 经济学家亚当·斯密说："我们期望的晚餐并非来自屠夫、酿酒师或是面包师的恩惠，而是来自他们对自身利益的特别关注。”为什么？

(5) 一个人把橡树下拾到的果实或者从林中苹果树上摘下来的苹果吃进肚子里，他就已经把它据为己有。没有人能够否认那是他自己的食物。那么，请问：这些东西是从什么时候归他所有呢？在他消化的时候、在他入口的时候、把果实带回家的时候，还是在他拾到它们的时候呢？[出处：约翰·洛克《政府论》(卷二)]

(6) 你将在梦中的发明申请了专利，专利权是你的，还是你的公司的？

(7) 一个组织侵犯其雇员的权利的情形有哪些？

(8)《宪法》与《民法》《经济法》《刑法》的区别是什么？

(9) 有人说，棱镜门事件主角斯洛登(Edward Snowden)是维护人权自由的英雄，有人说斯洛登是出卖国家利益的国贼。你怎么看？请用相关伦埋埋论或概念分析。

(10) 捍卫权利就是捍卫自己的权利吗？

(11) 雇员有没有罢工的权利？为什么？

(12) 我有权做的一切是否都是对的？(法国 2017 高中会考文科)

第4章 功利主义

太想伸手摘取星星的人常常忘记脚下的鲜花。

——杰瑞米·边沁

关键术语

功利主义,行为功利主义,规则功利主义

推荐电影:《战略特勤组》(*Unthinkable*,2010年)

美军特种部队前炸弹专家史蒂芬·阿瑟·杨格(Michael Sheen 饰)正走向一条危险之途,作为穆斯林,他不满美国对待阿拉伯国家的政策,于是策划发动恐怖袭击。他宣称在三个城市中分别安放了三颗小型原子弹,美国本土危在旦夕。FBI 反恐部门女探员海伦·布洛迪(Carrie-Anne Moss 饰)负责调查此案,在紧要关头发现军方以及一个神秘部门介入其中。她的小队连同极度危险的谈判专家亨利·汉弗莱斯(Samuel L. Jackson 饰)受命审讯史蒂芬·阿瑟·杨格。绰号 H 的亨利·汉弗莱斯手段残忍严酷,加上政府高层的纵容,他愈加有恃无恐。海伦·布洛迪反感这样惨无人道的非法手段,她想尽办法争取史蒂芬·阿瑟·杨格的信任,终于让他说出其中一颗炸弹的安放地点。然而,一切并非如此简单,死亡与阴谋的狂潮随即袭来。在这场丧失人性的角力战中,注定没有胜利者……

课前测试:在南美洲的吉姆(威廉姆斯)

植物学家吉姆在南美洲的丛林里进行探险考察,正好遇上 20 名土著人和一群士兵。这批土著人反抗殖民者的暴政统治,但由于失败而正要被处决。出于某种原因,士兵首领向作为座上宾的吉姆提出，如果他射杀其中 1 名土著人，剩余的 19 人可得到赦免。但如果吉姆拒绝的话，他们就射杀全部 20 名土著反抗者。吉姆该怎么办？更为重要的是，如果你是吉姆，你会怎么做？

第一节 生命的价值

1997 年 1 月，托尼·布利摩尔曾尝试在帆迪环球航海赛中环球航行。到达大洋洲海岸以南 1500 英里处危险而冰冷的南大洋水域时，他的船被飓风和巨浪掀翻。他被困在船壳下四天，直到被澳大利亚国防军救起，这是有史以来最大也是最贵的一次营救行动(图 4-1)。

图 4-1　营救托尼·布利摩尔

为了拯救一条生命，一个文明社会应当准备花多少钱？回答是“不惜一切代价”，还是应该有个限度？即使尝试一次昂贵的救援行动成功机会也很小的时候呢？①

为了拯救一条生命，一个文明社会应当“不惜一切代价”，这是一个在道德上无可指责的回答，但是在现实生活中无法实行。澳大利亚民众为政府在此次搜寻活动巨额投入的效用展开了激烈争论。

2016 年，驾驶“中国·青岛”号三体帆船的郭川船长 10 月 25 日在美国夏威夷海域落水失踪。美方在收到消息后，共搜寻了 4 600 平方英里海域。26 日夜，美海岸警卫队宣布暂停对郭川的积极搜寻，而中方家属与团队申请在出事海域空投物资，结果请求被拒。郭川团队、家属及千万支持者在苦苦请求不要停止搜索的同时，其团队也已抵达夏威夷开始布置搜救计划……美方是否放弃得太早了？

一个人生命的现金价值是多少？这个问题之所以难以回答，是因为这个问题牵动人们的情感，令人感到不安。但矛盾的是，在有些情形下回避这个问题将会付出生命的代价，分配稀缺的医疗资源就是其中的一种情形。世界上没有一个卫生保健体系有足够的

① 托尼·霍普. 医学伦理[M]. 南京：译林出版社，2015 年.

钱能为所有的患者在所有的情况下提供可能的最好的治疗,即便那些在作卫生保健上投入相对较多的国家也不能。如果无法总是提供最好的治疗,那么我们必须作出选择。我们有限的卫生保健资源应当如何分配?这个普遍存在的问题是医学伦理学中最重要的问题之一。回答这个问题的基本理论就是功利主义。

在大多数人的印象中,功利主义者是一个目光短浅、唯利是图的形象。在金钱与生命的抉择中,是看重金钱的。其实恰恰相反,真正的功利主义者都是激情洋溢的人文主义者。

功利主义(utilitarianism)本意就是效用主义。效用其实就是快乐。尽管不同的人追求的东西不一样,但是归根结底有一种东西是所有人都想要追求的,那就是快乐。所有人都追求快乐,回避痛苦。没有人不同意这个观点。所以,追求快乐就是我们所有人的道德根基,这是西方一个悠久的历史传统,叫作享乐主义(hedonism)。享乐主义这个词也有被误解,享乐主义的词性是贬义的,可以直接用来骂人。但是伦理学上的享乐主义就是用 hedonism(幸福、快乐)这个词,并不是指不劳而获、骄奢淫逸、混吃等死,而是承认人们都追求快乐,人们都避免痛苦,并且其他追求之所以值得追求,都和人们追求快乐和避免痛苦有关。功利主义继承了享乐主义的"快乐"传统,就是所有人都追求幸福,而这个幸福就是快乐(幸福和快乐在英文里就是同一个词 happy)。

大家可能觉得追求幸福和快乐不是理所应当吗?有什么革命性意义呢?我们活着当然是为了追求快乐,这有什么好说的呢?要知道,在当时的欧洲这可不是理所应当的。欧洲在罗马帝国(前 27—476 年)灭亡以后,进入所谓长的黑暗时期,就是宗教神权统治的时期。当时的人们并不是觉得活着就是为了获得快乐。奥古斯丁(354—430 年)的《上帝之国》表述了,人活这一辈子并不是终极目标,人的终极目标是要去上帝之国,你不要说这辈子要活得快乐之类的话,人这辈子是很短暂的,只是个过渡时期,或者说是初级阶段,所以这辈子的快乐没有什么好追求的。这种观念在当时欧洲非常盛行。功利主义者认为说,人这辈子的快乐也很重要!一个人做的事情好还是不好,取决于完成这件事是否能够实现更多的快乐,而不是要服从什么权威,或者信仰什么宗教、理想。所以,功利主义其实是一种人本主义启蒙哲学,它的目的在于人们要实现在此生此世的快乐和幸福。

功利主义产生的时代,经历了文艺复兴之后,启蒙主义思潮方兴未艾。到了文艺复兴之后,这种彼岸的观念虽然还是非常普遍,但是文艺复兴其中的一个使命就是要复兴古希腊、罗马时期的文化艺术。理性、人性是其一个重要的特征。这时人们不禁开始想,难道我们的行动仅仅是听上帝的指令吗?西方的道德规范来源于圣经,但是,上帝从来不告诉我们道德的理由。比如摩西十诫就是:不可杀人,不可奸淫,不可偷盗之类。反正就是你听我的就行了,别问为什么,照做就行了!在那个时候,神权或者说教会的力量还是很大的,人们在社会生活中要面对各种各样的规矩,大家也不知道为什么,反正就是上帝规定的，你必须遵守。

但是功利主义却要告诉人们，一件事情应该不应该做，我们应该问一下为什么，问一下自己这件事能否达成更好的效果。如果并不能达成更好的效果，咱们并不一定非得盲从。从这一点来说，功利主义是一个革命性的学派，是一种启蒙主义的哲学。功利主义向我们传达这样一种信息：我们必须对自己的行动进行反思，这个反思的标准就是它到底能不能达成一个好的效果，即实践是检验真理的标准。这就是功利主义最主要的一个特征。

总之，功利主义一个重要特征就是结果论，咱们评价一个做法好不好，看效果。不是说目的一定能够为手段辩护，一件事如果不能够达成好的后果，手段、动机都没有意义。美德伦理学和康德伦理学认为，一个人的动机是他品格的标志。但是穆勒认为：溺水的人不会在意救生员为什么游进大海救他，他只关心救生员来了。动机只有在倾向产生最大的善才有意义。杰瑞米·边沁认为，有一个终极的道德原则，即功利原则。这个原则要求我们，总是选择给每个相关的人带来最优结果的行为或社会政策。

古典功利主义者(边沁和穆勒)的观点可被概括成以下三点：

(1) 判断行为对错只根据其结果，其他一切都不重要。

(2) 在评价结果时，唯一相关的是行为所产生的幸福或不幸的总和，其他一切均不相关。

(3) 每个人的幸福计量是相同的。

【案例 4-1】　　求你杀了我

马休·唐纳利(Matthew Donnelly)是一位物理学家，他在工作中和X射线打交道30多年，可能是因为过多地照射了X射线，他得了癌症，切除了一部分下颚、上嘴唇、鼻子、左手，还有右手的两根手指。他的左眼也瞎了。马休·唐纳利的医学知识告诉他，他只能再活一年左右的时间，但他决定，不再在这样一种状态下生活。他处于持续的疼痛之中，一位作者写道："最坏的时候，人们能看到他躺在床上，咬紧牙关，额头上冒着豆大的汗珠。"由于知道他无论如何都将死去，并且他也想摆脱这种痛苦，马休·唐纳利乞求他的三个兄弟杀了他。两个兄弟拒绝了他，另一个兄弟却没有。最小的兄弟，36岁的哈罗德·唐纳利(Harold Donnelly) 用一把30 mm口径的手枪把马休·唐纳利射杀了。

请问：哈罗德·唐纳利做得对还是错?

这是发生在美国的真实案例，根据美国社会的主流道德传统，哈罗德·唐纳利的做法是不能被接受的。美国社会的主流道德传统是基督教传统。基督教认为人的生命是上帝给予我们的礼物，只有上帝可以决定它什么时候终止。早期的教会禁止所有的杀戮，相信在这个问题上耶稣的教诲不允许有这个规则的例外。后来，产生了一些例外，主要是允许死刑和战争中的杀戮。但是，另一种形式的杀人，包括自杀和安乐死仍然是被禁止的。为了概括教会学说，神学家把这个规范形式化为“故意杀害无辜总是错的”。这个观念，而不是其他任何单一的思想塑造了西方关于杀人的道德态度。这就是我们如此不愿意原谅哈罗德·唐纳利的原因，即使他这样做可能出于高尚的动机。他故意杀害了一个无辜的人，因此他做得不对，不但道德上有错，法律上也不允许。在西方，安乐死只在荷兰、比利时等少数国家是合法的。在美国，这是谋杀，结局是哈罗德·唐纳利被逮捕并被指控。

这个案例如果发生在中国也是不能被接受的。但是功利主义采取一种完全不同的路径。它要求我们追问，考虑对哈罗德·唐纳利可能的选择，哪一种会有更好的结果？哪一个行动会在所有相关者的幸福中产生最大的幸福差额？当然，受影响最大的人是马休·唐纳利自己。如果哈罗德·唐纳利仍然活着，他一直会承受着病痛的折磨。这里面有多少不幸？这很难准确地说出来，但马休·唐纳利自己的证明是，他如此不幸福，在这种不幸福的状态下，他宁愿选择死。杀死他会让他从这种痛苦中解脱出来。因此，功利主义会得出结论：在这种情况下，安乐死在道德上是正当的。

但是，用手枪杀死马休·唐纳利是可以接受的吗？安乐死是否还需要某种严格的程序？

2013 年 8 月，美国动物福利团体“善待动物组织”在中国南方航空公司（以下简称“南航”）洛杉矶总部外示威，不满南航向美国的实验室运送用于活体实验的猴子，如图 4-2 所示。

图 4-2　美国“善待动物组织”（PETA）在中国南方航空公司洛杉矶总部外示威

数据显示，仅 2011 年就有超过 18 000 只猴子被运往美国，而运到美国研究用的灵长类动物中超过 70% 来自中国。2014 年 1 月，美国农业部指控南航在 2012 年 8 月至 2013 年 8 月期间违背了《动物福利法》的多项规定，比如在未按规定进行登记的情况下将1 380只短尾猴运至芝加哥国际机场，美国农业部因此向南航开出了11 600美元(约合7.23万元人民币)的罚单。2014年3月，中国南方航空公司决定在所有航班上停止承运用于实验的灵长类动物活体。多年来PETA针对运输用于实验室的猴子和其他灵长类动物的国际航空公司发动了声势浩大的抗议攻势。在北美和亚洲的机场，化装成黑猩猩的抗议者把旅客吓得胆战心惊。

边沁所强调的一种道德范围的前提："每个存在(each being)的幸福只算作一份，而不是多于一份。"衡量标准在于是否该存在能感受痛苦，而不在于该存在是人还是动物。由此，功利主义在他的最大数量的计算中包括了动物。功利主义似乎也蕴含着这样的观点：地球上每个存在的幸福度相当要紧，而不仅仅是我的社会中的存在。生命价值无国界。

我们所看到的功利主义者都是现实责任感极强的哲学家。从贝卡里亚、边沁到穆勒等古典功利主义者，把废除残酷的刑罚制度、解放黑人、倡导妇女权利等视为己任，功利主义学说在那个黑暗的时代发出最早的破晓之光。

穆勒在18世纪就提出人们在21世纪都没有搞懂的"自由主义"哲学，这不是一次伟大的伦理学革命吗？更何况功利主义的核心观点直接推翻了上帝是我们心灵的主！例如，在对待动物的问题上，基督教传统说，唯独人以上帝的形象被创造，并且动物没有灵魂。这样，事物的自然秩序允许人将动物用于任何他们看来适当的目的，因为动物可以被人杀后吃掉。动物没有严格的道德身份，人们可以以任何自己喜欢的方式自由地对待它们。基督教虽然要人们不要残忍地对待动物，不是出于对动物的关心，而是出于对人的关心：由于对动物残忍，人可能会变得对人也残忍；或者因为伤害动物导致对人的暂时伤害，无论是行为的实施者还是另一方。

功利主义揭示了一个真相：传统伦理学似乎极端地缺少对动物的关心，毕竟，它们中有很多都是聪明而敏感的动物。然而，只需要有一点反思就可以看到，我们有多少行为竟然被这一学说所引导。我们吃动物，在实验室里将它们作为实验的对象，用它们的皮做衣服，用它们的头做饰品，在动物园或牛仔的表演中将它们用来娱乐，把追捕并且杀了它们当作运动。

功利主义者认为，重要的不是一个个体是否有灵魂、是不是理性的，或者其他的什么。全部的重要性在于，它是否有能力感受幸福或不幸、快乐或痛苦。如果一个个体能够感受痛苦，我们就有责任在我们决定如何做的时候考虑它，即使这个个体是正在讨论中的动物。事实上，边沁认为，这个个体是人还是动物，与他是哪种肤色的人一样。他写道：

这一天可能会到来，那时除人以外的动物可以得到除非暴政之手使然，否

> 则决不可不赋予它们权利。法国人已经发现，皮肤的颜色不是把一个人不加任何救济地抛弃给善变的虐待者的理由。这一天会到来，认识到腿的数量、皮肤上的绒毛，或者骶骨的终端同样不是把敏感的存在抛弃给同样命运的充分理由。什么是应当谨守的不能跨越的界线？它是理性的能力，或者也许是交谈的能力？但是一匹发育完全的马或者一条狗，还有更易交流的动物，是超越这种比对的，它们比一天或者一周甚至一个月大的婴儿更具理性。但是假设事情不是这样，又有什么用呢？问题并不在于它们是否有理性，也不在于它们会不会说话，仅仅在于他们能否感受到痛苦。

因为人和动物都能感受痛苦，所以我们有同样的理由对二者都不虐待。为什么虐待一个人是不对的？因为这个人会遭受痛苦。与此相类似，如果一个动物被虐待，它也会遭受痛苦，所以这同样也是错的。对边沁和穆勒来说，这种推理思路是决定性的。人和非人有同等的资格得到道德关心。彼得·辛格(Peter Singer)在《动物的自由》(*Animal Liberation*)一书中讨论了我们对待动物的行为是十分令人厌恶的。彼得·辛格问道：我们怎么可能证明用狗做心理学上"习得性无助"的实验是有正当理由的？哈佛大学的研究人员可能辩解说：搞清楚习得性无助将对治疗精神疾病带来长期的效果。

功利主义的论证非常简单。我们判断一个行为的对错依赖于它们是否引起了更大的幸福或者不幸福。很明显，实验中的狗承受了巨大的痛苦。它在其他什么地方能赢得对幸福的补偿，以证明这样做有正当理由吗？或者有其他动物或人的更大的不幸福被阻止了吗？如果没有，这个实验在道德上就是不可接受的。功利主义原则自身不会告诉我们特定实验的真相，但是，它支持伤害其他动物要有正当的理由。我们不能简单地认为，因为它们不是人，所以就什么都能做。

功利主义最具革命性的是这样的思想：动物的利益要计算进去。我们通常假定，就像主流社会的传统教给我们的那样，唯独人在道德思考时值得考虑。功利主义挑战了这种基本的假定，并且坚持道德社会一定要扩展到包括所有我们的行为影响到的动物，适当的道德一定会承认这一点。但是，在这个很多族类居住的星球上，我们是唯一的人类，道德也必须承认这个事实。

几乎所有功利主义者都认为应当把动物纳入我们的道德关怀(边沁、穆勒、西季威克到当代的斯马特、辛格，甚至元伦理学家黑尔等人)。功利主义的当代践行者彼得·辛格更是继承了前辈们的批判精神，进一步把解放动物、消除贫富差距和解决环境问题视为己任。彼得·辛格通过严密的论证和计算指出，素食是保护动物、保护环境、消除饥荒的最有效、直接的手段，素食应当成为所有功利主义者的义务。我们欣赏这种功利主义的作风，所有功利主义者都是好样的。如果世界上有一半人是功利主义者，那么这个世界将会没有暴力、没有饥荒和屠戮。对于当代功利主义者彼得·辛格(著名的《动物的自由》作者)来说,功利主义不对人类的痛苦和动物的痛苦进行区分,即他们都是一样的痛苦。这种激进观点超越了他所在的时代。

而具有讽刺意味的是,功利主义的老对手康德主义者们则一边小心地在人与非人之间划着莫须有的界限,一边论证着动物没有道德地位。

第二节　多数决与利他主义

功利主义的主要代表人物有两位：一位是边沁,另一位是穆勒。边沁创立了功利主义的理论,穆勒发展了边沁的理论。边沁说,道德的最高原则就是使幸福最大化,使快乐总体上超过痛苦。多数人的最大幸福乃是判断是非的标准。在边沁那里,功利主义并不是多数人的暴政。他的一句名言是“不懂得什么是个人利益而去谈论社会利益是徒劳的”。

功利主义为什么要用 utilitarianism 这个词呢(词根就是 utility),为什么不用快乐(happiness)或者幸福(welfare)这些词呢？即 utilitarianism 与 hedonism 区别在哪里呢？效用(utility)这个词给人一种数学的感觉。功利主义的快乐是可以量化的,是可以加减乘除的。因此,快乐是哲学概念,而效用则是经济学概念。现在主流的西方经济学的思想背景就是效用主义：通过计算的方式来分配资源,旨在提高人的效用(快乐)。因为效用可以计算,因此,效用主义就有可能追求一种效用的最大化。这个效用最大化不是某个人的效用最大化,而是所有人的效用总和的最大化。所以功利主义并不是一种利己主义,而是一种利他主义。功利主义的行动应该总是,为尽可能多的人创造尽可能多的利益。这就是所谓的功利原则(principle of utility),即效用最大化原则。正如穆勒所说：

> 构成功利主义行为正确与否的标准的幸福,不是行为者自己的幸福,而是所有相关者的幸福。在他自己的幸福和其他人的幸福之间,功利主义要求他像一个利益无关的慈善的旁观者那样,严格地公正无私。

所以,追求快乐没有异议,但是,有时候为多数人创造最多的快乐,可能意味着你必须为集体牺牲自己。这可能意味着牺牲你的愉悦,以创造总体更多的利益。比如你今天过生日,家人说你可以选任何想去的餐厅吃饭。问题是,你最喜欢的是日料。你知道妈妈喜欢吃意大利菜,爸爸喜欢吃川菜。你最讨厌吃川菜,不喜欢吃火锅,必胜客你可以勉强接受,其他人也不是特别喜欢,但是每个人都可以接受。你要是不想表现得太自私,就应该用功利主义的方法思考：你选择了为大家创造最多快乐的方式。尽管这一选择方式你自己的快乐并不多,但是,总体上让大家很快乐,使痛苦最小化(不是最讨厌的)。

人物	菜系或餐厅		
	日料	必胜客	川菜(火锅)
自己	√	—	×
爸爸	×	—	√
妈妈	—	√	×

问题是,在大多数时候,我们都是以自我为中心的,我们的大多数行动都不可避免带有强烈的自身偏好。我们在讲利己主义的时候就说了,关心自己并不是一件坏事,这是促进自我生存、自我成长的一个很好的方式。利己是个人的权利,是一种不同于道德的正当性。但是当考虑道德时,功利主义者认为,你是特别的,你没有比其他人更特别。所以你的利益很重要,但不比其他任何人的利益更重要。所以,功利主义者作道德决策是站在仁慈公正的旁观者角度,不是思考我应该怎么做,而是建议一群陌生人,他们应该怎么做。这样的话,我们的出发点是善意的。我有情绪化的投入,我是一个旁观者,而不是一个参与者。这种方法最有可能对“什么是真正对集体最好”得出一个公平无私的判断。

【案例 4-2】 捷 径?

布鲁斯·卡森(Bruce Carson)的土木工程公司和州政府签订了一项合同,他们要做连接两座主要城市道路的规划设计。这原本是一段 2 小时的路程,布鲁斯重新确定的最短的、可行的路线将节省 20 分钟时间,但是,这需要州政府拆除琼斯家族已经居住了 150 年的一座农舍。布鲁斯·卡森登门拜访了罗伯特·琼斯(Robert Jones),他想知道,为了购买他们的房子和附近的土地,州政府需要支付多少费用。琼斯家族即将失去过去 150 年里所居住的房子,这使得全家人都感到很沮丧,这并不奇怪。“20 分钟怎么能够与 150 年的家族传统相提并论呢?”罗伯特·琼斯表示反对,他一生整整 63 年都居住在这座农舍里。他的家族成员态度坚决地主张:不管出多少钱都不能使他们把房子卖给州政府或其他什么人。

请问:在公共建设上,布鲁斯·卡森知道政府拥有优先权,政府可以强行征用农舍和土地。他应该建议州政府这么做吗?为什么呢,或者为什么不呢?

NSPE 准则第一条规定:在履行其职责的过程中,工程师应该将公众的安全、健康和福祉置于首位。设想布鲁斯·卡森组织一伙入侵者跑到罗伯特·琼斯的农场,告诉他“我们以多数赞成决定这个农场归我们所有”,你肯定认为布鲁斯·卡森脑子有问题,因为这样做侵犯了罗伯特·琼斯的所有权。一栋 5 层高的公寓要对电梯进行维修。1 楼住户拒绝承担费用,业主委员会开会讨论,讨论迟迟无果。5 层住户想了一个点子,可用通过民主程序获得 80%的通过。5 层住户提议:“让 1 楼住户负担全额费用。”这一提议在多数决制中获得 2~5 层住户的一致赞成,最终以 80%的得票率获得通过。这种用多数决定"大家一起欺负的对象"是不合适的,想必大部分人都会表示赞同,认为这是侵犯人权。在此案例中,如果布鲁斯·卡森建议州政府这么做,那么侵犯了琼斯家什么权利?这种权利与公共利益如何比较?

2007年6月15日,全长1 675.2 m的广东九江大桥坍塌200 m,桥上4辆汽车与2名施工人员坠入河中,共造成8人死亡。九江大桥坍塌事故技术安全鉴定专家组很快认定"九江大桥的设计满足国家标准"。2011年11月,广州市海珠区法院一审认定坍塌原因是石桂德驾驶"南桂机035"船撞毁桥墩所致。石桂德认为"不是船撞桥而是桥砸船"。从沉船打捞的出水部分证据看,船体并无被撞痕迹,而潜入水下探摸船体的潜水员也没有发现船头部分有被撞的痕迹。他还举证称,据水下探摸发现,有一根桥梁位于陷入水底的船头之下,一根桥梁位于其上,说明在船到达桥墩之前,大桥已经在坍塌,船到了之后又被梁砸到。他还假设,如果船撞到桥梁,按照船前进和桥梁下落的速度,可以算出桥梁的下落位置。依据他的推算,桥梁不会砸到船。但是公诉方认为,下水探摸到的只是部分船身,并不是全部。虽然大桥调查报告再次受到辩方的质疑,法院还是以交通肇事罪判处肇事船长石桂德有期徒刑6年,石桂德不服判决提起上诉。2013年9月16日,广州市中级人民法院宣判,维持一审法院判决。2017年7月18日,石桂德获刑6年,出狱后他自费调查坍塌事故,并再次向广州铁路运输第一法院提起诉讼,状告广东省交通运输厅和广东省交通运输工程质量监督站,要求提供九江大桥坍塌桥段桥墩基础的图纸资料和重建资料,无果。

船主杨雄的父亲杨三珠认为,对于司法机关来说,这是一个难题。如果大桥本身存在质量问题,除了民事责任要重新梳理,更重要的是要追究建设单位和交通部门的责任。运砂船承担了全部责任并刑拘船长,这样的判决决定了事后的民事责任,大桥的维修费由保险公司承担。这是最好的结果。

图4-3　九门大桥事故现场

图4-4　南主桥桥墩空洞

对于功利主义的效用最大化的准确理解是一种帕累托最优(Pareto Optimality),即存在这样一种情况——在不损害一人的条件下不能够使另外一个人的情况得到改善。就是一项政策能够至少有利于一个人，而不会对任何其他人造成损害。“帕累托最优”就是一切帕累托改进的机会都用尽了，再要对任何一个人有所改善，就不得不伤害另外一些人，达到这样的状态就是帕累托最优。帕累托最优，也称为帕累托效率（Pareto efficiency），是指资源分配的一种理想状态，假定固有的一群人和可分配的资源，从一种分配状态到另一种分配状态的变化中，在没有使任何人境况变坏的前提下，使得至少一个人变得更好。帕累托最优状态就是不可能再有更多的帕累托改进的余地。换句话说，帕累托改进是达到帕累托最优的路径和方法。帕累托最优是公平与效率的理想王国。

针对难以实现的两个目标，帕累托（Pareto，1848—1923 年）提出了一个想法：你不可能做到两个目标都达到最好，但是你很可能做了愚蠢的事，两个目标都不好，那就不是最优解。最优解是什么呢，就是两个目标也好，三个目标也好，一百个目标也好，任何一个目标要改进的话，必须牺牲其他的目标，这时是帕累托最优。要是一个目标要改进，别的目标不受影响，那还没达到帕累托最优，还可以改进它。例如，环境保护和经济发展，这是两个目标，我们要保护环境，但也要发展经济。这两个目标互相是矛盾的，要发展经济可能会破坏环境，建发电厂，这是发展经济，但是建发电厂就会有污染。建水电厂，没有什么污染，但是可能对生态有破坏。所有的生产活动都对环境有或大或小的影响，所以问题就来了，是要生态环境还是要发展？如果认为“发展是硬道理”，这就不是多目标的决策。“硬发展没道理”就是多目标决策。根据帕累托最优，人不应该做对环境不利、对发展也不利的事情。至于是有利于生态环境多一点还是有利于发展多一点，这个问题可以商量。

再比如公平和效率。一个社会经济上有没有问题，第一，看它的财富创造有没有效率，或者是有没有浪费。如果所有的人力、物力都达到最优化了，那效率就达到最高了，它的财富创造就没问题了。第二，看财富分配，分配是不是比较平均。那么这两个目的是比较矛盾的，如果我们追求 GDP，我不管你怎么样分配，只要对 GDP 有效，我就干。这样的结果就是市场配置，市场配置的结果必须是贫富分化。为了照顾不要有太大的国民收入差距，就得牺牲 GDP 的增长。所以这两个目标也是互相矛盾的。那么我们干傻事是什么呢，就是对经济增长也不利，对公平也不利。

还有多目标，它把社会上每一个人都作为目标，每一个目标改进时不能伤害其他任何一个人，使得任何一个人都有机会改进，这就是帕累托最优。我们中国有约 14 亿人，每个人都是一个目标，这个目标我们都要实现，某一个人在改进他的状态的时候，不要破坏别人的状态，这就是帕累托改进。经济学上所讲的创造财富是指一个人在创造财富时，不影响他人创造财富，这就是帕累托改进。

因此，功利主义并不是赞同多数人的暴政，难点在于多目标决策如何去平衡。

【案例 4-3】　　匿名的渡轮杀手[①]

自由企业先驱号，这艘船从比利时的泽布吕赫港口出发，要短程驶向英国南部海岸的多佛。这艘乘载汽车和乘客的船倾覆时，包括乘客和船员在内近两百人因此而丧命。事故的原因是灾难性的人祸：一个值班船员睡着了，忘记关上舱门。在离开港口 90 秒之内，船开始倾斜，过了一分钟，船就沉入了无边的黑暗（图 4-5、图 4-6）。大多数人被困在船舱里，死于体温过低。1987 年 10 月开始尸检。许多目击者被找来提供证据，但有个下士的证词最让人意外。他说当时许多人被困在绳梯上，而他在绳梯底端，所有人都在冰冷的水里。这个绳梯是他们通往安全的唯一途径，被一个年轻的下士挡住了。要么因为恐惧，要么因为寒冷（或者二者都有），他僵在绳梯上，既不能上也不能下。时间一分一秒地过去了，这时有人叫喊着要把他推下绳梯。之后再也没人见过这个年轻人。

绳梯上的年轻人被人推下去并丧生了，尽管这听起来很冷漠，但没有让其处境更糟：他马上就要死了，而且他挡住了大家的逃生路线，这可能会让后面的乘客一起死。法院最终决定不起诉下士以及把他推下去的那个人，这背后肯定有类似帕累托的考虑。接受了（如果我们能够）年轻的下士的行为并非不道德。

图 4-5　自由企业先驱号滚装船

图 4-6　自由企业先驱号滚装船倾覆

阿奎那认为故意的杀戮永远是非正义的，但如果一个人受到威胁，而唯一的救命方法是杀死攻击者，那么这种杀戮在道德上是被允许的——只要杀戮是为了自保，而不是为了取人性命。这就是双重结果原则（the Double of Effect，DDE）。通常，DDE 由四部分组成：

---

① 戴维·埃德蒙兹. 你会杀死那个胖子吗——一个关于对与错的哲学谜题[M]. 北京：中国人民大学出版社，2014：139.

(1) 人们觉得这一行为与其造成的伤害互相独立,而行为本身没有错。

(2) 不论从手段还是从目的来讲,当事人都想做好事而不想造成伤害,尽管他能够预见伤害。

(3) 不造成伤害就不可能做好事。

(4) 造成的伤害后果并不严重。

根据DDE的适用范畴,要使在预见到会伤及平民的情况下袭击军事设施合法化,那么必须满足下列条件:(1)袭击军事设施本身必须不是错误的。(2)袭击军事设施必须是有意的行为,而造成平民伤亡则是无意的行为。(3)如果不造成平民伤亡就不可能袭击军事设施。(4)平民伤亡的坏处和袭击军事设施带来的好处相比不能过于严重。①

在《苏菲的抉择》(*Sophie's Choice*)一书和同名电影中,苏非在纳粹军官的强迫下选择自己的两个孩子中的一个被带走。如果她拒绝选择,她的两个孩子都将被送进毒气室。她选择了自己的儿子,而她的女儿尖叫着被带走了。

2000年,一名马耳他戈佐岛的天主教妇女莉娜·阿塔德,在英国产下了一对连体婴儿,玛丽和乔迪。医生说如果不进行手术,双胞胎都将会死;即使进行了手术,只有一个孩子乔迪能够存活。这对夫妇拒绝了手术。他们的书面证明包括以下内容:我们不能接受或者考虑为了让一个孩子活命而放弃另外一个。

第三节 对功利主义的批评

效用衡量的基本方法是成本效益法(cost-benefit analysis),这是一种被广泛应用的决策方法。如政府部门的计划决策需要寻求在投资决策上如何以最小的成本获得最大的收益。成本效益法有时被称为风险利益分析(risk-benefit analysis),因为大部分的分析需要评估特定的利益和伤害的概率,如评估某项生产设备对增加或减少工作场所的伤害问题的概率。非公共行业的管理者也可采用这种方法对某一大型项目的无形收益(soft benefits)进行分析。在该方法中,某一项目或决策的所有成本和收益都将被一一列出,并被量化。大学毕业后是考研、找工作还是出国,也可以运用这种方法来选择。从财务角度说,毛利等于收入减去成本。一桩生意必须有足够的毛利才有钱可赚,因此成本效益分析是商人最基本的评估工具。成本效益法运用的前提条件是:对收益和成本进行量化。不能被衡量的就不能被管理。

将成本效益法作为道德思考的唯一指南会产生严重的问题。

一个问题是:该方法假定成本收益的经济测量胜过所有其他的考虑。

---

① 埃德蒙兹.会杀死那个胖子吗?一个关于对与错的哲学谜题[M].北京:中国人民大学出版社,2014:33-36.

1980年，英国政府一项未公开的报告被《卫报》公开，舆论大哗。报告指出，公众控烟行动将在很大程度上影响税收，并造成退休金支出上涨。

菲利浦·莫里斯(Philip Morris，世界最大烟商，万宝路为其旗下品牌)是捷克共和国一家生意很大的烟草公司——在捷克，吸烟仍然很普遍且得到社会认可。由于捷克政府担心吸烟使医疗费用不断攀升，过去某段时间考虑提高烟草的税额。为了阻止税额的增加，2001年，菲利浦·莫里斯成立调查团，给吸烟对于捷克国民预算的影响作了一个得失分析。他们的分析发现，捷克政府将会因公民吸烟而受益。他们如何受益？用成本收益法一算就知道了。一方面，因为吸烟人群所引发的相关疾病会使捷克政府增加医疗保健开支，从而使其公共财政体系受到负面影响；另一方面，这也有积极效应，包括政府通过卷烟产品而获得各种税收收入；也包括政府因为吸烟人群过早死亡而省下医疗储蓄，例如养老金储蓄，不必支付退休金；还包括减少老年人住房费用。当把所有的成本和效益都分别加起来，菲利浦·莫里斯公司的研究发现，捷克共和国会有一个1.47亿美元的公共财政净增益，并鉴于节省了住房费用、医疗保健费用、养老金费用，每个因吸烟而过早死亡的人都为政府节省了1 227美元。当然，这份得失分析也成为菲利浦·莫里斯公关上的一场灾难。一名评论员写道："烟草公司过去常常否认烟草能够杀人，可是现在他们却为此吹嘘。"一个反吸烟组织在报纸上刊登了一则广告，它展示了停尸房中一具尸体的脚，脚趾头上贴着一枚标价1 227美元的标签，这代表着每一例与吸烟相关的死亡，将给捷克政府节省的开支(图4-7)。面对公众的愤怒和奚落，菲利浦·莫里斯公司的首席执行官为此公开道歉，他说，这一研究体现了"一种彻底的不可接受的对人类基本价值的漠视"。菲利浦·莫里斯公司在新闻界遭到了嘲笑。

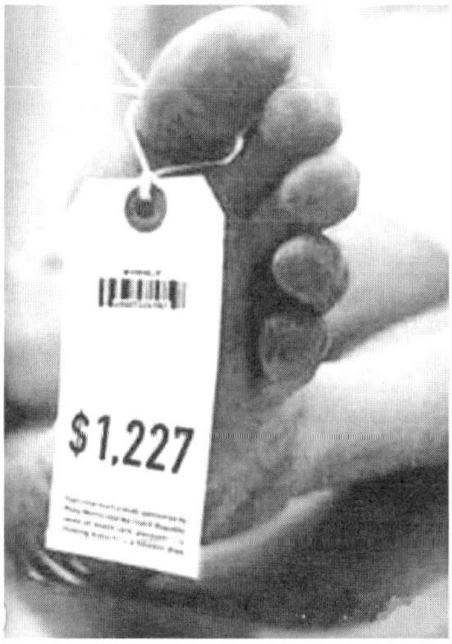

图4-7 反吸烟组织的报纸广告

美国的一份报告认为，1989—1990年，美国烟民平均让政府多花203.57美元，同时让政府多赚了620.56美元。最夸张的当属芬兰的一项研究，认为烟民一生平均比非烟民多贡献133 000欧元。

包含微软、奇异公司、三菱汽车、辉瑞药厂、柯达胶卷、IBM、希尔斯百货等无数个在广告上光鲜亮丽的庞大企业，都曾因反托拉斯法案、环境污染甚至欺诈政府的罪名而遭判罚数百万乃至数亿美元的罚金。因为企业重视的是财务报表上的数字，成本竭尽所能地被压缩降低，产能效率与获利尽可能地被往上拉抬，这是企业的无上目标；至于员工福祉与百姓生计则不为企业所重视。因此企业为了达成获利的目标往往无所不用其极，恶性裁员、打压工会、压榨劳工等各式卑劣手段悉数出笼，在发展中国家设厂的跨国企业纷纷雇用当地黑道或与集权政府联手来打压劳工，不仅驱赶劳工自救的抗议游行，甚至密谋暗杀劳工领袖，此类压榨事件层出不穷。在企业会计师的小小算盘上，奉公守法不是首要考虑的，是否遵守政府法令主要取决于缩减成本与违法风险相比是否划算。相较之下，劳工福利与社会公义被企业置若罔闻自然毫不奇怪。《屋内聪明人》中安然的交易员通过制造大面积停电来哄抬电价。《解构企业》里也有一名期货交易员在面对镜头时吐露真心话，他在“9·11”悲剧发生时浮现脑海的第一个念头竟是：“现在黄金价格涨到多少了？一定可以大捞一票！”也正是这一批人，在波斯湾战争时借油价飙升而牟取暴利，一边兴致勃勃地看着电视新闻上烈火焚烧着孩童尸骨，一边计算着荷包的厚度。许多大企业更在世界各地以诈欺与强占手法夺取水资源，加以私有化并标上售价，让负担不起的贫苦第三世界人民苦于无干净水源可用，需要耗费四分之一收入才能购买生活用水。

现今社会盛行过度消费主义，广告营销更是攻无不克的一大利器，企业早已熟知如何利用各种手段与社会调查来营销，其中尤以针对儿童的媒体营销最有成效。麦当劳与迪士尼等都是针对儿童营销的能手，纪录片《麦胖报告》、报告文学《快餐共和国》都曾深入探讨此类现象。企业认识到成功塑造出一个企业品牌形象远比营销单一产品更重要。透过营销策略在人们脑海中深深植入一种生活方式，无论是万宝路香烟的狂野不羁、还是名牌皮件的高贵奢华，并从中建立起消费习惯，一旦成功植入后，消费者一生都将是该品牌的忠实顾客。

在这个营销泛滥的年代，什么都可以宣传，什么都可以卖。不仅空气、水、土地、航空路线、污染执照甚至生命(基因改造技术)都被放在商人的秤砣上吆喝叫卖，论斤秤两地换成花花绿绿的钞票。植入式营销更像埋伏的陆战队一样满脸油彩地躲在生活周遭随时准备突击。那不只是像传统香烟公司与好莱坞的营销合作，甚至联邦快递(FedEx)与《浩劫重生》的强势结合与之相比都算小儿科，现在的营销信息更从电影布景里走出来，隐藏在日常生活中虎视眈眈。企业会雇用如你我一般的普通人，付费请他们固定使用某种产品。借此潜移默化地将这些广告信息如老鼠会般一传十、十传百地扩散出去，而被蒙在鼓里的人们却对此毫不知情，还以为一切都是出自个人自由意志的选择，没想到早已成为企业掌中的操线木偶。

一方面，利用虚妄不实的广告来打造企业良善形象；另一方面，企业更千方百计地利用广告预算为后盾来要挟电视台，插手干预新闻自由，以避免企业负面形象公之于世。1996 年，福克斯电视台旗下两名新闻主播原本已制作完前述生长激素真相的专题节目，却在播出前遭高层硬生生地喊停，时而以开除要挟，时而以利诱之，希望两人打消播映的念头，最后不惜撕破脸对簿公堂也要阻止真相被揭露。

另一个问题是，成本效益法中要查明许多因素的成本和收益是困难的。

最具争议的是如何确定人的生命价值或受伤严重程度。在福特汽车 PINTO 车的案例中，人员伤亡的赔偿金额可以精确计算，但是事故发生的概率是一个“平均概率”，忽略事故发生的离散性和随机性，这就大大增加了概率计算的偏差和风险。风险的暴露需要时间，当风险被暴露时，为时已晚。

自20世纪40年代以来，化学合成的发明大大改变了过去数千年来人类生活的面貌。各式各样原本不存在于自然界的石油制品、塑料用具与化学药剂都能在实验室里被制造出来，然而在这个炼金术师的小药炉里催生的更是无止境的有毒废料，造成环境污染。在残忍的活体实验不断进行的同时，无数自然栖息地也遭到破坏，二氧化碳的过度排放更是深深影响着自然气候。这是对全体人类以及地球生命的一场慢性谋杀，而真凶就是对此残酷现实置若罔闻的各大企业。能造成婴孩先天缺陷的除草橘剂与DDT杀虫剂自然广为人知，而在欧洲、纽澳等地明令禁止的生长激素直至今日仍在美国牧场的牛身上持续施打。这种生长激素虽能增进牛乳分泌，同时也在乳牛身上产生乳腺炎与各种不必要的疼痛，更让发炎脓水、抗药性细菌与致癌化学物掺入香醇牛奶里一同被端上餐桌，让无数不知情的孩童吞入肚内。《法网边缘》《永不妥协》的故事不只活在电影银幕里，更是每天在你我生活周遭上演。

对功利主义另一个批评是多数决（少数服从多数）不适合处理道德问题（对错）。

还记得第一次使用多数决是在什么时候吗？一名小学生在教室里打闹，被老师狠狠批评一顿。然后老师让班上的同学用投票的方法决定他们玩闹是否不对，结果是“他们在教室里打闹是错的”。老师是否可以用多数决决定“玩闹是否不对”？该小学生只是在教室里吵闹，没有对他人造成实质性伤害。退一步讲，或许同学们有资格判断事情是否属实，让他们用多数决也未尝不可；而至于事情做得是否不对，出于何种原因不对，难道不应该先理清楚再得出结论吗？这时候应该以理服人，而不应该以少数服从多数。

不过，判断事情是否属实有时也会用到理论，而评判是非出现分歧时或许也会用到多数决。那么话说回来，究竟什么情况适合使用多数决呢？

不是所有不合理都显而易见。2002年，联合国安全理事会15个理事国全票通过“第1441号决议”，要求无条件和无限制地对伊拉克的大规模杀伤性武器进行核查。这次多数决是否合理？翌年，美英以违反该决议为由对伊拉克发动了进攻。让人意想不到的是，多数决议和暴力之间其实并无明显差异。

我们自小便学会了使用多数决，但即使长大后，也没有人教我们如何正确使用这种决策方法。这是一个不可思议的现象。无论会议、选举、股东大会、公寓自治会还是联合国安全理事会，多数决都是决定重要事项的常用手段，但绝大多数人都不会质疑为什么采用多数决。

如表4-1所示，采用多数决，谁获胜？

采用二轮投票，谁获胜？

采用博尔达计数，谁获胜？

表 4-1　　谁应该当选总经理？

排序	第一名	第二名	第三名	第四名	人数
排序 1	赵	钱	孙	李	4
排序 2	孙	钱	赵	李	3
排序 3	李	钱	孙	赵	2

美国 2000 年总统选举，民主党戈尔原来领先小布什，可是第三候选人纳德参战引起选票分流，给了戈尔致命打击，结果共和党候选人小布什以微弱优势击败民主党候选人戈尔后当选美国总统。倘若有第二轮投票，戈尔会赢得大选吗？第一轮选举中必须是绝对多数，一般是选票的二分之一、三分之二或者四分之三。如果在一轮选举中，没有一个候选人获得绝对多数票，那就在第一轮选举中获得最多票数的前两名中确定两个正式的候选人参加第二轮选举，在第二轮选举中，获得多数票的候选人当选。法国议会就采取这种选举方法。

200 多年前的博尔达已经认识到了这个问题，1770 年他提出了一种新的选举方法。按照投票者的偏好程度的排序给 M 个提案中的每一个打分，分值从 1 到 M，即被投票者列为第一的提案得 M 分，列第二的提案得 M-1 分，被投票者排在最后一位的提案得 1 分，把所有的投票者的每个提案的分数分别加起来，最高分的提案为获胜者。很明显，这个方法可以规避简单多数方式的分散效应。正因为如此，博尔达对自己提出的方法非常有信心，甚至法国科学院从 1784 年起，在确定新院士人选时也开始采用博尔达计数法来决定投票的结果。

功利主义的“最大多数人获最大利益”是行为正当性的目的，但是事件中往往变成手段，而且简化成一种“少数服从多数”的多数决。“少数服从多数”非常适合决定无关紧要的事情，不适合对错和有能力差异的评价性决策。

如何解决功利主义的问题？规则功利主义是功利主义的最终归宿。

1959 年，布兰特在其《伦理学理论》艺术中首次提出有两种功利主义：行为(act)功利主义和规则(rule)功利主义。

行为功利主义是依据行为自身所产生的效果的好坏，判断行为的正当与否。行为(act)功利主义主要代表人物为澳大利亚斯马特(JJC. Smart)、弗莱切尔(Joseph Fletcher)等。否认道德规则的意义，认为所有的人及其处境都不相同，不可能为行为制定统一的道德规则：人在选择行为时，必须估量自己的处境，直接根据功利原则行动，即选择一种不仅为自己，而且能为所有与此相关的人带来最大量的好结果，并能把坏结果减少到最低限度的行为。如果在某一特殊情况下不说老实话将符合最大的普遍利益，按照说老实话的道德准则行事就是恶的行为。行为功利主义把特定情况下的道德选择中的矛盾扩大化。否认道德原则的普遍意义，因而必然导致道德相对主义和实用主义。

规则功利主义则根据在相同的具体境遇里，每个人的行为所应遵守准则的好或坏的效果，判定行为的正当与否。规则功利主义规定了一套准则，持续遵循它会产生最大的净效用，但对特定行为不一定如此。例如，有一条准则是：不要对顾客撒谎。以行为功利主义来看，如果说谎的后果对顾客来讲是收益大大超过说谎本身带来的成本，那么它就是道德的。然而规则功利主义则会问：谎言对一系列顾客会有什么长期影响？信任、顾客满意度和生意都会受损失。这样一来，说谎没有带来最大净效用。因此有一条准则：不要对顾客撒谎。行为功利主义考察某一行为的总体后果，而规则功利主义注重一系列行为的后果。你可把行为功利主义看作从短期角度来判断，而规则功利主义是从长期角度来判断。规则功利主义下发展出的准则成为一种道德规范，它指导决策者在作一系列决策是为最大多数的人实现最大的好处。当规范中两条或更多的准则导致某一决策中有冲突或对立的行为时，就会产生一些困难。因此应建立一个优先准则体系来处理规范中各准则间的冲突。

课前测验的吉姆(威廉姆斯)其实想通过这个思想实验对功利主义提出批判。按照功利主义的观点，无需多考虑，直接射杀1人救下19人。但威廉姆斯辩论道，没有任何道德理论，要求剥夺一个无辜的生命。威廉姆斯认为士兵首领是个混蛋，出现这种情形这不是吉姆的错。但吉姆不应该舍身其中，让自己的双手沾上无辜人的鲜血，去改变正在发展的势态。这种观点与康德不谋而合。康德认为，动机是道德的标志，但是穆勒认为：溺水者不会在意救生员救他的动机，他唯一关心的是有没有人来救他。功利主义者认为，动机只有在他们倾向于产生最大的善的时候才有意义。

在著名的海上吃人案(女王诉杜德利和斯蒂芬斯案)中，虽然杜德利被判处了死刑，但是女王最后赦免了他，因为存在一种可能性使当事人不可能作出道德高尚的行动。刑法上有一个概念“期待可能性”(anticipated possibility)。如在海上，只剩下一条且只能承载一个人的木筏的时候，两人在争夺，一个人为了保命弄死了另一个人，则认为缺乏存活的人不杀死另一个人的可能性，即法律在此时不能期待他作出不违法的事。但是，每个人有生存权，但法律中也有平等保护条款——你不能侵犯他人的权利，正如穆勒所言，一个人的自由以他人同样能行使此种自由为限。《人权宣言》里有类似条款：“个人的自然权利的行使以保证社会上其他成员能享有同等权利为限。”

课后练习

1. 判断对错

(1) 功利主义认为，金钱等物质比人的幸福快乐更重要。

(2) 功利主义者倾向于素食主义者,支持动物解放。

(3) 功利主义是一种利他主义。

(4) 功利主义者支持安乐死、协助其自杀。

(5) 根据功利主义的标准,举报人为了个人利益举报公司危害公共安全的行为也是符合道德的。

(6) 功利主义者作道德决策是站在仁慈公正的旁观者角度,不是思考我应该怎么做,而是建议一群陌生人,他们应该怎么做。

(7) 王工程师昨天晚上陪朋友喝酒喝多了。当第二天他返回工作时,他看起来像有病似的。董事长问他是否不舒服,王工程师撒谎说感冒了,吃了药后感觉很困。以"行为功利主义"为标准看,这在道德上是允许的。

(8) 规则功利主义注重一系列行为的后果。

2. 思考题

(1) 假设一名功利主义者访问某个存在种族冲突的地区,在他访问期间,一名黑人强奸了一名白人妇女,这一罪行的结果是:发生了种族骚乱,白人暴徒在警察的纵容下,怒殴、杀害黑人。下面就更是假设了:在强奸罪行发生的时候此功利主义者正好在现场,因此只要他作假证指证任一黑人有罪,并协助警察尽快将其逮捕,骚乱将会停止,这样可以避免大量黑人被杀。你是否认为该功利主义者有责任去做假证,处罚一名无辜的黑人?

(2) 假设有一个偷窥癖汤姆通过约克卧室的窗户监视她,并且秘密地拍摄了她的裸体照片。进一步假设他这么做没被人发觉,并且他将这些照片完全用于自己感受快乐,没有拿给任何人看。在这样的条件下,他的行为的唯一结果似乎只是增加他自己的幸福,没有引起其他人(包括约克)的任何不幸。那么,功利主义者怎么可能否认偷窥癖汤姆的行为是正当的?

(3) "救援者比被救者死得多"道德上不通,但现实中却很普遍?

(4) 伦敦市中心,为市政府和权力机构所在地,那里人口密集。第二次世界大战期间,德国向伦敦发射的导弹大部分落在市中心偏南。英国人如果能用间谍成功欺骗德国人,让他们相信"小飞虫"都击中了目标——或者最好是让他们相信"小飞虫"都落在了城市北部而没有击中目标——这样,德国人就不会调整飞弹的弹道,或者有可能调整弹道让飞弹落在更加偏南的位置,许多人就会因此得救。你是否同意这样的天才计划?

(5) Uber、滴滴打车价格可能会因为天气的变化而有所变化吗?如在恶劣天气情况之下抬高价格,在洪涝灾害时期矿泉水是否应该涨价?春节期间,火车票被一些企业买进又转手高价卖出是否合理?在解决城市拥堵问题的过程中,是应该依靠罚款还是收费,是否应该开放封闭小区?厦门有一个女子想要挣钱买高端手机,她挣钱的方式是在网上发布要出卖自己的拥抱,一次十元。卖拥抱挣钱正当吗?不应该按照所付医药费的多少来决定人们是否有权看病?大学招生可以拍卖方式进行吗?

(6) 设想有一群洞穴探险家,在海边洞穴探险,突然潮水灌进洞穴,如果不立即逃出就会被淹死。不幸的是,洞口被前面的胖子堵死了。团队中有人发现自己带了一捆炸药,他可以用这捆炸药炸死胖子,然后好让其他人逃出洞穴吗?(出处:理查德·勃兰特《谋杀的道德准则》)

(7) 王工程师辞去公司的职务去当画家,整天在外写生。偶尔回家一次他老婆丽丽就会跟他吵。

"你告诉我你希望我们回去,"她对他说,"但你甚至都不承认你抛下我和孩子们不管是错误的,你叫我怎么回去呢?"

"因为我打心底就不认为我做错了,我也不想对你说谎,"王工程师解释道,"我离开你们,是因为我要追随我的缪斯女神,我是为了艺术而走的。难道你忘了我们过去曾谈论高更①,谈论他也同样出走的事了吗?你总是说,他做了一件无情的事,而不是一件错误的事。"

"但你不是高更,"丽丽叹息道,"这就是你回来的原因。你承认你失败了。"

"当高更离家时,他就知道他会成功吗?没人会知道!如果他是对的,那我也是。"

"不,"丽丽说,"他赌赢了,所以他被证明是对的;而你赌输了,所以你被证明是错的。"

运气能导致对错之分吗?

① 保罗·高更(Paul Gauguin, 1848—1903年)是法国后印象派画家、雕塑家,与梵高、塞尚并称为后印象派三大巨匠。

第5章 正义论

不识庐山真面目，只缘身在此山中。

——（宋）苏轼

关键术语

无知之幕，利益冲突，反托拉斯法，无赖假设

推荐电影：《反垄断》(*Antitrust*，2001年)

商业社会信任容易建立吗？谁值得信任、给钱的人值得信任吗？给你一个录用的机会就值得信任吗？影片中的大型软件公司暗指微软，公司老板也是以比尔·盖茨为原型塑造的。从斯坦福录用天才软件工程师毕业生，然后应付已经严重推迟了的软件发布日期。然而，信任却突然成了公司、法律、个人和专业之间复杂的、纠缠不清的问题。毕业了，有的大公司如同鳄鱼一样盯着你，不是用鳄鱼般的嘴，而是用诱人的薪酬、宽松的待遇包装起来的网，你已经准备好投怀送抱了吗？为什么反垄断是Anti(反)+trust(信任)？

课前测试：如何切蛋糕才公平

四个人分一个蛋糕，允许切两刀，怎么分最公平？示意图见图5-1。

图5-1 如何切蛋糕示意图

第一节 假想的契约：无知之幕

一位婆婆对着邻居说：我家的媳妇，好吃懒做，睡到中午，家事不做，还让我儿子将饭菜拿到房间给她吃，真是太过分了。邻居又问：你女儿嫁得还不错吧？婆婆说：对啊，过得很幸福，大家都对她很好，不用做事，假日到处去玩，也可以睡到中午，女婿还会煮东西送到房间给我女儿吃呢！

为什么同样是好吃懒做，女儿就是有福气，媳妇就是懒惰呢？

在现实生活中，人们的“身份”“地位”“能力”和处境大不相同，这意味着需要不同的“交易”能力。而只要这一点是真实的，现实生活中就存在不公平，即使在商业谈判中，现实的契约也不能保证该协议的公平性。现实中的契约并不是自足的道德工具，因为现实契约有道德缺陷：

（1）尽可能满足私利（目的）；

（2）存在欺骗、腐败和不平等条约（手段）；

（3）原因是能力、地位等差别。

假设你不是地球人，而是来自火星，突然被扔到中国，你可能被扔到像北京这样的大城市，也可能被扔到河南这样的内地省份，甚至还可能被扔到西藏这样的边疆地区。不幸的是，你被扔到中国去的使命，就是去上中学，然后高考。当然了，如果你想考进北大清华这样的牛校，你肯定希望自己被扔到北京，因为那里学习条件好。但问题是，你被扔到这三个地方的概率一模一样，各三分之一。你不知道自己会是北京人，河南人，还是西藏人，这时让你来设计一个理想的高考分数线制度，你会怎么设计？如果你是上海人，你赞同上海的考生与全国的考生同样的分数线吗？

你站在无知之幕后面（假设你来自火星或重新投胎），你不知道自己会是北京人，河南人，还是西藏人，你认为什么样的高考分数线制度最合理。你可能会说：三个地方分数线一样，大家公平竞争！你也可能会说：让边疆地区高考分数线低一点，其他两个地方一样，因为那些地区贫穷，教育条件有限，北京的孩子用电脑打字，俺们这里还是凿壁借光呢。你还可能会说：我选择让北京分数线低一点，其他两个地方一样。这三种选择，第一种叫程序正义原则；第二种叫补偿正义原则；第三种是你们地球的夏天真热啊。

美国政治哲学家约翰·罗尔斯(John Rawls, 1921—2002年)于1971年写了一本厚厚的书叫《正义论》。因为这本书厚得让人望而却步,所以我们就把它浓缩成一句话:只有当你不知道自己可能是谁时,才能想清楚什么是公平正义。书中有一个术语叫无知之幕(veil of ignorance),是指一个人在对自己的社会身份和处境暂时失明的情形。如果在不受任何社会影响的情况下,我们就能对有效的公正原则达成一致。"无知之幕"就是"原始状态"(original position),在这种状态下,我们会不知道自己应有的特性。我们会不知道自己的种族、年龄、性别、教育程度、智商及社会关系。进入原始状态将阻止我们从个人利益角度来阐释公正原则,因为我们不知道什么对我们有利。一个站在无知之幕后面的人,既可能是比尔·盖茨,也可能是一个露宿街头的饥民。如果你觉得正义就是"打土豪,分田地",万一无知之幕一拉开,发现自己就是拥有万亩良田的土豪,恐怕你会后悔得一头撞死。如果你觉得正义就是北京的考生与内地的考生同样的题目同样的分数线,万一无知之幕一拉开,发现自己其实是北京人,估计也要捶胸顿足。

【案例5-1】　高层次人才优先

为最大程度地给高层次人才提供方便、快捷的服务,很多医院的接诊处都设置了高层次人才优先窗口。

请问:高层次人才就医应该优先吗?

罗尔斯提出了两个关于平等的原则:

第一个原则是"自由的平等原则",它强调每一个人都"平等"地享受自由等各种权利。

第二个原则是"差别原则"(the difference principle),它强调社会经济发展水平不平等的情况下,必须能够促使社会中"处境最不利"的成员获得最大的利益。也就是说,它允许有社会成员之间不平等(即贫富差距),但又必须限制不平等,使处境最不利的成员获得最大的利益,即所谓的"补偿原则"。罗尔斯讲的"差别原则"实质上是说,当且仅当对处境最差者有利时,不平等才是允许的。

罗尔斯不仅设定了"社会正义"的两个原则,而且还设定了这两个原则的次序或等级关系。罗尔斯提出了"优先原则",它由第一优先原则(即自由的优先性)和第二优先原则(即正义对效率和福利的优先)组成。第一优先原则是指正义的第一原则先于第二原则,它要求每个人的自由平等权利要首先得到保护,不能为第二原则或其他目的而破坏第一原则;它要求由正义所保障的自由权利决不能受制于政治交易和社会利益的驱动,不管政治交易或带来的经济利益有多么巨大,自由只能为了自由本身的缘故才能进行限制(图5-2、图5-3)。

图 5-2 公平原则：起点相同

图 5-3 差别原则：照顾弱小

沃尔特·艾萨克森在《史蒂夫·乔布斯传》中简述了乔布斯在生命最后一段时间里做肝脏移植手术的情景。2009 年 1 月，乔布斯终于接受了医生和家人的劝说，同意进行肝移植手术。但是他首先面对的一个严重问题是：在他居住的加利福尼亚州，根本来不及等到一个可移植的肝脏。除了跟他的血型匹配的捐献者数量有限以外，最重要的原因在于，制定美国器官移植政策的机构——器官共享联合网络（United Network for Organ Sharing）所规定的程序是优先考虑肝硬化和肝炎病人，而不是像乔布斯这样的癌症病人，因为前者更有长期存活的可能性。

在美国，即便像乔布斯这样如雷贯耳的名人或富人，想绕过合法程序在排队过程中“插队加塞儿”（jump the queue）也是完全不可行的，乔布斯也从来没有试图这样做过。美国的器官接受者是根据他们的终末期肝病模型评分结果被筛选的，该模型通过实验室检测荷尔蒙水平来决定移植需求的迫切性和必要性，同时也考虑病人已经等候的时间长短。每一例捐献都被严格审计，公开网站（optn. transplant. hrsa. gov/）上能查到相关数据，申请人可以在任何时间上网查看自己的排位情况。

从进入排队那一天开始，乔布斯的妻子劳伦·鲍威尔每天晚上都去仔细查询排位和积分的进展。按照当时的积分，乔布斯大概需要等到 6 月份以后才能在加利福尼亚州得到一个肝脏，但医生们认为，乔布斯的肝脏在 4 月份前后就会出问题。劳伦·鲍威尔获知，尽管有人持有异议，但同一病人同时在两个州进行排位是被准许的（至少当时没有法律对此加以禁止），但病人必须承诺两个条件，一个是排位者必须能在 8 个小时内赶到选定的医院，这一点乔布斯有私人飞机可以做到；另一个是，选定的医院必须把病人加入排位前对其进行当面评估。最后，在 2009 年 2 月下旬，乔布斯在田纳西州排上了队，然后开始了焦急的等待。3 月份的第一周，乔布斯的状况开始恶化，到了 3 月中旬，他在排位中上升到第三名，然后第二名，终于到了第一名。有人预测，这一年 3 月田纳西州孟菲斯市的疯狂球赛季节里可能会因为喝酒而导致交通事故飙升，因而会带来较多的器官捐献可能。

果然不出所料，2009 年 3 月 21 日，一名二十多岁的年轻人在一场车祸中丧生，他的器官可以移植，乔布斯因"祸"得福。他和家人立即飞往孟菲斯进行移植手术。从某种意义上说，这次手术是成功的——它让乔布斯又活了两年多的光阴。其间，乔布斯带领团队推出了享誉全球的 iPad，昭示了后 PC 时代的到来。

一定会有人对这种程序上的"公平公正"提出质疑：如果一个人没有足够的钱支付医疗费用，这种规则也是形同虚设。这种追问当然不乏很多支持案例，只是这类追问已经超越了本书重点讨论的范围。不过，需要指出的是，在很多实行全民医保福利的西方国家，即便你是穷人，只要你的排位在前，你的权利就无人可以覆盖。在加拿大的温哥华，有一位来自上海的新移民张先生，他被医生确定需要做心脏移植手术（费用可以全免），当他的排位到达第一位时，他和家人依旧忐忑不安，医生肯定地告诉他，此刻即便是加拿大总理需要做心脏移植手术，总理阁下也只能排在你的后面。

150 年前，英国著名法律史学家梅因在其代表作《古代法》一书中道出了一句不朽的名言："我们可以这样说，所有进步社会的运动，到此处为止，都是一个'从身份到契约'的运动。"今天，我们是否也可以说，这个"从身份到契约的运动"，到目前为止，即便在西方发达国家，也并没有完全终结。对于千百年来习惯于依照等级、身份来分配社会资源的中国人而言，肇始于 20 世纪 70 年代末的改革开放，至今仅仅四十多年。这个"从身份到契约的运动"大致还处于初始阶段，任重而道远。

不过在器官移植领域里，我国卫生管理部门在借鉴国外先进经验的基础上，已经迈出了正确的第一步。在 2007 年 5 月 1 日开始实施的《人体器官移植条例》第三十二条中规定："申请人体器官移植手术患者的排序，应当符合医疗需要，遵循公平、公正和公开的原则。"至于怎样排序才能保证"公平与公正"，该条例则一如往常地说："具体办法由国务院卫生主管部门制定。"换句话说，我们已经明确了立法的原则，但是还缺少"法治的细节"。

2013 年 8 月 21 日，国家卫生计生委最终公布了《人体捐献器官获取与分配管理规定（试行）》。依照此规定，2013 年 9 月 1 日起，捐献器官必须通过器官分配系统进行分配。该系统以技术手段最大限度地排除人为干预，任何机构、组织和个人不得在器官分配系统外擅自分配捐献器官。

【案例 5-2】　　亚马逊 AI 招聘系统

亚马逊 AI 招聘系统的建设团队自 2014 年以来一直在进行计算机程序编程，目的是实现自动化操作，更加高效、精准地寻找顶尖人才。2015 年，亚马逊意识到这个引擎并没有以性别平等的方式筛选简历，招聘系统会优先选择男性求职者。计算模型收集了公司近十年来的应聘简历，并从中发现了一个固有模式——收到的大多数简历是男性投递的，这也反映了科技行业男性比例占主导的客观现象。机器也随之掌握了这一规律。AI把男女比例作为先验概率，再根据其他概率计算出后验概率(预测分数)。所以，那些含有“女性”的简历就会被打低分，据说，有两所女子大学的毕业生因此被给出了降分评级。

请问：应该把工作绩效与测验成绩联系起来考虑，如果一个个人或群体在测验成绩和工作绩效上都是低分，则可以说这个选择方法是公平的吗？

应该把工作绩效与测验成绩联系起来考虑，如果一个个人或群体在测验成绩和工作绩效上都是低分，则不能说这个选择方法是不公平的。这是纯技术的观点。根据美国的法律，招聘单位必须自己证明测验的有效性。问题是该案例中是男生优秀，还是女生更优秀？根据贝叶斯定理，当AI认为男性更优秀的时候，真优秀的概率为

$$0.8\times0.95/(0.8\times0.95+0.2\times0.05)=0.76/0.77=98.7\%$$

式中，0.8是先验概率，系现实世界中男性工程师的比例；0.95是后验概率，系一般测验的效度。

除了统计技术，还必须考虑价值观问题。由于价值观的问题，歧视问题依然可能存在。美国《员工招聘程序统一指南》(1978)(以下简称《统一指南》)规定某一团体的录取比例不能低于其他任何一个团体最高录取比例的4/5。

《统一指南》的宗旨是消除各级人事部门在雇佣、晋升、工资、培训、解雇等人事决策中可能存在的种族、肤色、宗教、性别、移民的原驻国、年龄等歧视因素，为人事决策提供统一的原则指导。《统一指南》覆盖各级政府和私营组织，规范这些组织在根据面试、行为测试、纸笔测试等测试结果对员工所作出的雇佣、晋升、调职、降级、解雇等行为。

如果考试利害关系人认为自己在测试中和人事决策中受到不公正对待，可以向司法机构投诉。在受理投诉方面，通常采用“五分之四原则”：当一个群体的录取率低于其他平行群体中最高录取率的五分之四时，则认为此种测试方法可能对某一特定群体有不利影响。例如：若对于某一工作，白人的录取率为60%，美洲印第安人的录取率为45%，西班牙人的录取率为48%，黑人的录取率为51%，那么用美洲印第安人、西班牙人、黑人的录取率与这些群体中最高的白人的录取率相除，结果分别为45/60、48/60、51/60。其中45/60小于4/5，因此，可以怀疑此种测试或程序对美洲印第安人有不利影响，可以受理投诉。五分之四并不是法律规定的数值，但这一经验数值已经在司法实践中被广泛接受和采用。当投诉被受理后，测试项目的主持机构需要提交有关考试效度的证据。如果证据支持测试的效度，证据可以显示测试成绩确实与工作成效之间有联系，这项测试可以继续使用。如果证据不足以支持测试的效度，测试的主持机构就可能受到侵权的指控。

《统一指南》鼓励所有的测试实施机构开展效度研究。在根据“五分之四原则”不存在歧视嫌疑的时候，对效度研究不做法律方面的要求。如果存在歧视嫌疑，就必须提交效度证据。

因此，冷冰冰的公平显然被判入不公平之列。

亚马逊修改了这些程序，使其对于特定的术语可以秉持中立的原则。但是，依然无法保证机器不会想出其他的方式以歧视性的态度对一些求职者进行分类。最终，亚马逊公司高管对这个引擎失去了信心，在 2017 年初解散了该团队。亚马逊表示，在之前招聘新员工时，机器提供的建议仅作为参考，而不会成为最终结果。

【案例 5-3】 **制造更轻型的汽车**

《纽约时报》刊登了丹尼·哈金(Danny Hakim)的一篇题为“研究表明轻型汽车将危及生命”的文章，联邦研究人员的研究结果表明：“一般而言，减轻汽车的重量会导致致命的后果。”以查尔斯·卡亨(Charles Kahane)为首的国家高速公路安全与运输局(NHSTA)的研究人员对汽车安全进行了调研。这项研究将小型货车和大型四门轿车列为最安全的道路交通工具。研究发现，小轿车的死亡率最高，中型车比小型车以及中型运动型跑车(SUV)更安全。

研究的最初目的是探索改变汽车的重量对节省燃油的影响。汽车制造业联盟(AAM)发言人埃伦·肖斯特克(Eron Shosteck)说道：“研究结果核实了我们长期以来的信念，即汽车重量的减轻将对安全产生不良的影响。”他对减轻重型汽车重量的观点持保留意见。

根据美国环保署公布的数字，汽车的平均重量在直线下降，从 1975 年的 4 071 磅下降到 1985 年的 3 013 磅，2003 年又恢复到 3 408 磅。哈金在其研究成果中指出：1985 年重量在 2 500 磅及其以下的汽车占了汽车销售量的 18%，但 2003 年占了不足 0.5%。到 2003 年，轻型车基本上取代了重型汽车和旅行车，这些轻型车的平均重量从 1987 年的 3 840 磅升高到 2003 年的 4 569 磅。

这项研究并不是没有受到批评。一些消费者团体和研究者指出，相对于其他汽车，该项研究低估了运动型汽车的危险性。本田汽车公司类似的研究指出：将汽车的重量减少 100 磅，一般而言会挽救生命。哈金引用从事这项研究的动力研究部主管约翰·泽尔纳(John Zellner)工程师的话说，汽车重量的减少将是有利的：“这是一个节约能源的话题。如果你的汽车重两吨，并且你以每小时 60 英里的速度行驶，那么当发生碰撞时，你必须迅速地将两吨的汽车停下来。如果你的汽车仅重一吨，你就可以省下一半的能源。但是，事情总是一分为二的，如果你有一辆重量比常规汽车重量超出一半的大型汽车，那么在撞向墙体时，它被撞坏的可能性是常规汽车的一半。”

有关汽车重量的争议蕴涵着什么样的伦理问题呢？在试图确定汽车重量与安全的相关性的研究中，什么最相关事实是必须澄清的？如果有的话，这种研究提出了什么概念和应用性的问题？

第二节 利益冲突

罗尔斯在其所著《正义论》中提出的分粥游戏形象地说明了什么叫公平正义。他把社会财富比做一锅粥，一群人来分粥，可能有五种分粥的办法。

(1) 指定一个人全权负责分粥。但很快大家就发现，这个人为自己分的粥最多。于是又换了一个人，结果还是一样，负责分粥的人碗里最多最好。

(2) 大家轮流坐庄，每人一天。每个人一周里总有一天胀得嘴歪眼斜，其余六天都是饥饿难耐。这种方法不仅不能消除不公平，还可能造成资源的巨大浪费。

(3) 大家选举一个信得过的人。开始这位品德高尚的人还能公平分粥，但不久他便给拍马溜须的人和他自己多分，分粥又变得不公平了。

(4) 成立分粥委员会和监察委员会，形成分权和制约。这样，公平基本做到了，可是由于监察委员会经常提出种种质疑，分粥委员会又据理力争，等到粥被分好，热粥早就凉透了。

(5) 分粥者最后喝粥。等所有人把粥领走了，分粥者自己才能取剩下的那份。

在没有精确计量的情况下，无论选择谁来分，都会有利己嫌疑。解决的方法就是第五种，因为让分粥者最后领粥，就给分粥者提出了一个最起码的要求：每碗粥都要分得很均匀。道理明摆着　　倘若分得不匀，最少的那碗肯定是自己的了。只有分得合理，自己才不至于吃亏。因此，分粥者即使只为自己着想，结果也是公正、公平的。

一些关系国计民生的社会公共行业的规矩，不仅要管社会公众，更要管住业内人士，内外统一管理标准，社会生活才能有序而不致乱套。由于垄断着公共资源，分粥者就应当对行业内外一视同仁，不得厚此薄彼。制度至关重要，制度是人选择、交易的结果。好的制度清晰而精妙，既简洁又高效。

根据无知之幕，必须对人性作出假设：假设所有人都是无赖，再根据这一假设思考如何设计制度。英国思想家休谟说："许多政论家已经确立这样一项原则，即在设计任何政府制度和确定该制度中的若干制约和监控机构时，必须把每个成员都假定为是一个无赖，并设想他的一切作为都是为了牟取私利，别无其他目的。"无赖假设不是探求事实的真相，而是思考制度设计有效性的前提。

第二次世界大战期间，美国空军降落伞的合格率为99.9%。从概率上说，每一千个跳伞的士兵中会有一个丧命。军方要求厂家必须让合格率达到100%。厂家负责人说他们竭尽全力了，99.9%已是极限，除非出现奇迹。军方有何举措能够使合格率达到100%呢？军方(巴顿将军)因此改变了检查制度，每次交货前从降落伞中随机挑出几个，让厂家负责人亲自跳伞检测。从此，奇迹出现了，降落伞的合格率达到了百分之百。原本以为不可能的事，制度一改，奇迹就发生了。关心自己的利益是人的本性，怎样让制度顺应这种本性，以此激发人的工作热情，是制度设计者需要深思的问题。

18 世纪末，英国原始资本主义“贫富两极分化”的弊端越来越突出。一些贫民甚至成为到处流浪的“流民”。其中有些“流民”以一些极端方式报复社会，最后被政府抓起来了，变成了犯人。为了惩罚这些犯人，英国政府决定把他们发配到澳大利亚。从英国到澳大利亚，成千上万公里。英国政府为了方便省事，便把运送这些犯人的工作“外包”给私人商船，由一些私人船主承包从英国往澳大利亚大规模运送犯人的工作。刚开始，英国政府在船只离岸前，按上船的犯人人数支付船主运送费用，船长则负责途中犯人的日常生活，负责把犯人安全地运送到澳大利亚。当时，那些运送犯人的船只大多是由一些破旧货船改装的，船上设备简陋，也没有多少医疗药品，更没有医生。船主为了牟取暴利，尽可能地多装人，致使船舱拥挤不堪，空气浑浊。私人船主在船只离岸前就按人数拿到了钱，对这些犯人能否远涉重洋活着到达澳大利亚并不上心。有些船主为了降低费用，追逐暴利，千方百计虐待犯人，甚至故意断水断食。几年后，英国政府惊讶地发现，运往澳大利亚的犯人在船上的平均死亡率高达 12%，其中有一艘船运送 424 个犯人，中途死亡 158 个，死亡率高达 37%！

鉴于犯人的高死亡率，英国政府决定向每艘运送船派一名政府官员，以监督船长的运送行为，并给随行官员配备了当时最先进的勃朗宁手枪。同时，还对犯人在船上的生活标准做了硬性规定，甚至还给每艘船只配备了一名医生。上述措施实施的初期，船主的虐待行为受到了遏制，政府官员的监督好像有效。但是，事情很快就发生变化了。长时间远洋航行的险恶环境和金钱诱惑，诱使船长铤而走险。他们用金钱贿赂随行官员，并将不愿同流合污的官员扔到大海里。据说，有些船上的监督官员和医生竟然不明不白地死亡。面对险恶的环境和极具诱惑的金钱，随行官员大多选择了同流合污。于是，监督开始失效了，船长的虐待行为越发变本加厉。据说，英国政府还采取了道德教育的新办法。他们把那些私人船主集中起来进行培训，教育他们不要把金钱看得比生命还重要，要他们珍惜人的生命，从思想上认识运送犯人的重要意义（即运送犯人去澳大利亚，是为了开发澳大利亚，是英国移民政策的长远大计）。但是情况仍然没有好转，犯人的死亡率一直居高不下。

后来，英国政府发现了运送犯人的制度弊端，并想到了巧妙的解决办法。他们不再派随行监督官员，不再配医配药，也不在船只离岸前支付运费，而是按照犯人到达澳大利亚的人数和体质状况，支付船长运送费用。这样一来，那些私人船主为了能够拿到足额的运费，必须在途中细心照料每个犯人，不让犯人体重少于出发前。若是死了一个犯人，或者犯人的体重减轻，英国政府都会少支付一些运费。据说，有些船主主动请医生跟船，在船上准备药品，改善犯人的生活条件，尽可能地让每个犯人都能健康地到达澳大利亚。自从实行“到岸计数付费”的办法以后，犯人的死亡率降到了 1%以下，有的船只甚至创造了零死亡的纪录。

在这个案例中，我们看到了四种制度安排：第一种制度安排，采用预付款的方式。其结果是：船长唯利是图，草菅人命，由守法商人变成了奸商。第二种制度安排，采用行政监督的形式。其结果是：官员被收买，官商勾结，合谋图财害命，普通官员变成了腐败官员。第三种制度安排（道德教育），苍白无力，无济于事。第四种制度安排，将船长的利益与“犯人安全到达”的政府需要相结合，利用利益联动机制，将“唯利是图，草菅人命”的船长变成了好人，制度学意义上的好人。

【案例 5-4】　夫妻复婚捐肝

2012 年，32 岁的苏丹为挽救所爱男人的生命，毅然决定复婚，给丈夫捐肝。8 月 31 日，医院人体器官移植技术临床应用与伦理委员会（以下简称“伦理委员会”）专家委员们在肝移植伦理听证会上，讨论审核苏丹捐肝救夫的相关申请。只有伦理委员会审核通过，才能进行移植手术。有资质从事人体器官移植的医院，必须成立由医学、法学、伦理学等方面专家组成的人体器官移植技术临床应用与伦理委员会。

请问：该伦理委员会中从事人体器官移植的医学专家人数应该如何规定？

A. 不得超过委员人数的 1/4　　B. 应该超过委员人数的 1/4

C. 不限制　　D. 不知道

2007 年 5 月 1 日开始实施的《人体器官移植条例》第三十二条中规定：“申请人体器官移植手术患者的排序，应当符合医疗需要，遵循公平、公正和公开的原则。”有资质从事人体器官移植的医院，必须成立由医学、法学、伦理学等方面专家组成的人体器官移植技术临床应用与伦理委员会，该伦理委员会中从事人体器官移植的医学专家不得超过委员人数的 1/4。在摘取活体器官前，负责人体器官移植的执业医师应当向所在医疗机构的伦理委员会提出审查申请。未获得伦理委员会同意的不得摘取。收到审查申请后，伦理委员会应当审查捐献人的意愿是否真实，有无买卖或变相买卖人体器官的情形，人体器官的配型和接受人的适应症是否符合伦理原则和器官移植技术管理规范。

有人认为，肝移植是医生的事情，难道不应该由医生说了算吗？这个问题还真不能由医生说了算。因为存在利益冲突，医生有过度医疗的潜在动机。正如转基因的安全问题，不能完全由转基因研究的专家说了算，同样是因为存在利益冲突。

那么，根据罗尔斯的正义论，如何选陪审团才有公正判决？

律师、国会议员、法学博士、大学教授、小学毕业的农民……谁更适合做陪审团成员？

在英、美两国的法院，真正形成判案决断的不是法官，而是陪审团。这个思维我们很难理解，因为我们遵从的是“精英主义”的理念。所谓“精英主义”就是你在年轻的时候，爸爸妈妈天天督促你读书，告诫你不好好读书会有怎么样的后果。你这次考了 97 分，还不够好，还要好好努力，下次一定要考满分。把书念好了，将来才能成为社会的精英。在“精英主义”理念下，我们很难理解，也无法体会普通法的平等理念。

假设今天你要去法院打官司，有人告诉你，这个法官是哈佛大学的博士，你马上就放心了。如果别人告诉你，这个法官是个小学毕业生，你一定担心死了：“完了，完了，这官司别打了。”我们都是这么想的，因为我们都是“精英主义”所培养的人群。但是英国司法法案所强调的就是“非精英主义”。整个社会的公平标准，不是由社会精英所决定的，而是由普通老百姓所决定的，也就是说由社会大众组成陪审团。

法学博士、大学教授，有没有资格当陪审团呢？如果对方律师发现你是法学博士、大学教授，他只会说一个字：滚！你告他种族歧视也没有用。因为他会说，像你这种高学历其实都是偏执狂，一个人既是法学博士，又是大学教授，像你这种整天研究法律的人，不知道有多么偏执。简单来讲你就是神经病，神经病、偏执狂不能当陪审团团员。

所以，有知识、有文化、有见解的人是不能在普通法系里面担任判案人员的。什么职业都有职业病。普通法系中的判案是不能让你有任何偏见的，所以对方律师会问陪审团成员：“你们最近有没有看报纸了解案情啊？”你只要说看了报纸了解过案情，你可能就会被淘汰，因为你不客观因而不够当陪审团团员的资格。如果是博士呢？也可能要被淘汰。陪审团就要找那些不看报，也不看书，每天浑浑噩噩、打打麻将的人。知道为什么吗？这就是普通法系的观点，因为像这样一个成天打麻将的人，他脑袋里所想的，他的价值判断标准，是从小到大这个社会哺育给他的，包括电视、收音机、邻居、朋友、老师、同学所灌输给他的想法。他这个简单的想法，是整个社会价值判断的浓缩，因此他会凭心中的价值标准判案。

美国是陪审团判案，是无知之幕的具体体现。首先，陪审团是由普通人构成的，啥叫普通人呢，就是路人甲，路人乙。陪审团怎么选？打开这个州的电话本随便挑，打开选民名单随便选，这跟在法庭门口随便拉街上的人是一样的。结果就会导致有人没有什么知识，没有什么文化，没有能力对这么复杂的案件作判断，但是就是这样的普通人，在无数重大的案件中一言而决人生死。

其次，选择陪审团是一个极其繁文缛节的过程，比如辛普森案，选陪审团选了四个多月，像律师、医生、议员，这些职业背景的人，可能因为职业背景导致偏见，这种人在美国是不能当陪审员的。到了具体案子当中，所有候选的陪审团的人要填一张长长的表，这个表里面的问题就是用于判断你可不可能产生偏见。比如这个案子当中，有一女士曾经被老公打过，被家庭暴力过，那法庭就给她排除掉，因为她很可能到了法庭上看辛普森打他老婆，就认为他是坏人，这种有偏见的不选。还比如说有的人曾经追过星、找明星签过名的也不能选。因为追星的基本上有产生偏见的心理基础，没准你到法庭上一看，被告是名人，那完了，你不可能保证公正看法了。控辩双方剔除陪审团成员不需要什么理由，就看你不顺眼，比如觉得你这人可能有种族歧视倾向吧，就被排除掉，最后留下的就是控辩双方都认可的人。如果在中途庭审当中,有一方陪审团成员认为有倾向,那就把你剔掉,由候补的来候补上。可是如果所有的候补都用完了,陪审团成员不足 12 个人怎么办? 很简单,本次审理失败,重来,整体重来。陪审团采用严格的筛选制度,其目的在于保证陪审团成员站在"无知之幕"背后进行公正判决。

如果你是一个罪犯,你到了美国法庭上一看,那边就坐着一堆大叔大婶,好像也没什么文化,就由他们来决定你的生死,你会不会觉得这个制度很奇葩? 没有法律知识,没有文化,那凭什么判案呢? 就是凭良心,一颗正义之心。陪审团不需要懂法律,也不需要看法规。他们会这么想,如果我的儿子成绩单造假的话,我就会捶死他。如果我的儿子成绩单不能造假,那上市公司的成绩单为什么能造假呢? 那么造假就有罪。他根本就不需要法学知识,也不需要学习。他只要凭他的一个简单、朴素的理念,就能够判别出你是否有罪。这样一种定罪方法,把全社会老百姓所认知的价值标准,当成一个社会的公平标准。什么是这个社会的公平呢? 那就是老百姓认为是公平的,那才是公平。而这种公平,取决于全社会所有百姓的一种对公平的认知。陪审团所代表的就是一般老百姓的价值标准,这是基于无知之幕的公平,避免了身份、地位、能力、知识带来的利益冲突。

所有的工程师伦理章程几乎都有"避免利益冲突"的条款。利益冲突是委托人的利益与提供专业服务的业者本人或者与其所代表的其他利益之间存在某种形式的对抗,进而有可能导致委托人的利益受损,或专业服务品质的实质性下降。如果是政府官员,利益冲突是公职上代表的公共利益与其自身具有的私人利益之间的冲突。在利益冲突的情况下,就可能存在不公平、腐败等问题。一个存在利益冲突的人说的话是不可信任的。

人们常说的"既是运动员又是裁判员"就是典型的利益冲突。比如大学校长就不能在教育部兼职,基金公司高管也不在证监会央行兼职。

【案例 5-5】 瓦尔科阀门

汤姆被任命为一家新的大型化学制品公司的经理,而这个公司还在设计和建设中。汤姆的职责是召集和管理设计人员,确保建成后公司的启用,以及安全和可持续的运行。汤姆建议设计人员使用一种新的瓦尔科阀门取代传统的门式阀门。考虑下列情况:

情况 1:瓦尔科阀门优于传统的门式阀门,因为它锁得更快更紧。在定购大批量的瓦尔科阀门后,汤姆以前的一位老同学,瓦尔科阀门的经销商吉姆,拜访了汤姆并送给汤姆一支刻有公司金色商标的钢笔。这支钢笔价值 5 美元。汤姆应该接受这支钢笔吗?

情况 2:与情况 1 一样,不同的是,吉姆没有送汤姆一支 5 美元的钢笔,而是邀请汤姆到一家豪华的高级乡村俱乐部打高尔夫球。汤姆应该接受这个邀请吗?

情况3：与情况2一样，不同的是，吉姆赞助汤姆成为一家豪华的高尔夫球乡村俱乐部的成员。汤姆应该接受这样的赞助吗？

情况4：和情况3一样，不同的是，在预定瓦尔科阀门之前，吉姆提供这样的赞助。汤姆应该接受这样的赞助吗？

情况5：和情况4一样，不同的是，瓦尔科阀门劣于传统的门式阀门。汤姆应该接受赞助商的赞助吗？

情况6：和情况5一样，不同的是，吉姆并没有赞助汤姆成为一家豪华的高尔夫球乡村俱乐部的成员，他说他将承担汤姆去巴哈马旅游的一切费用。汤姆应该接受这样的旅行吗？

以上每种情况都假设吉姆和汤姆是老同学。如果吉姆和汤姆以前互不相识，那么对于上述情况，若有不同处理方式，则它们是什么？

20世纪90年代初期，在加拿大温哥华所在的不列颠哥伦比亚省(BC)，省长要把自己的一幢房子卖掉，有一名中国台湾人买下了房子，那是一笔很大的交易，约1 500万加元。这位省长在自己的办公室里接待了这名中国台湾人。

这位省长有什么不对的吗？这对他的政治生涯有什么影响吗？

这件事被报纸披露出来，成为一大丑闻。因为他作为省长坐在办公室里谈私人生意，目的是影响交易结果吗？这是对职务和公众信任的亵渎吗？结果这位省长被迫辞职。介绍此生意的是温哥华最大的非常著名的房产经纪人，被此事连累名誉扫地，执照可能也被吊销了，报纸上有这名经纪人痛哭流涕的照片。这是1991年发生的事，加拿大妇孺皆知。

20世纪20年代初，美国国防部长麦克纳马拉，在就职前是通用汽车的总裁，拥有几百万通用的股票。国会在审查他做国防部长提名时发现了他的通用股票，而通用是美国最大的军火承包商之一，有议员问："麦克纳马拉先生，你会作出对通用不利的决定吗？"麦克纳马拉是这样回答的："对美国有利的，就对通用有利。"这句话的正确解读是：我会作出一切对美国有利的决定，只要对美国有利就肯定会对通用有利，哪怕同样一件事对美国有利但是会损害通用的利益，我也会坚持做。但这种解释依然无法得到国会的批准，最后麦克纳马拉不得不把手上的通用股票抛掉，才得以就任国防部长。

广州有一个申请签证的女孩Lucy，和美国领事馆的签证官Peter是没有见过面的网络朋友。通过网络，Peter邀请她有时间出去玩。但不久后的一天Lucy去使馆签证，被这个Peter拒签了。她当时没有说自己就是Lucy，回家后，她写信给他说："Dear Peter，早上我来签证，被你拒了，我就是Lucy，我认为你的拒签不合理，你应该给我签证。"你猜怎么样？美国签证官应该如何回应？Peter 回信说："我很抱歉你没有得到签证。但是，因为我是签证官，所以，你我之间已经有了利益冲突的关系。有了利益冲突，我就不能和你有联系，你拿到签证以后可以给我写信。如果你拿不到签证，从此我们就不交往了。而且，你在下次申请签证的时候，不要告诉我你是 Lucy，否则，为了公平，我肯定不会给你签证。"这个故事说明公平是一名签证官的本能。

【案例 5-6】　　M&M 与海卓标准公司的客户争夺战

M&M(McDonnell and Miller, Inc.)公司感到竞争的压力越来越大。公司重要客户布鲁克林燃气公司成为竞争对手海卓标准公司(Hydrolevel)的客户了。海卓标准公司利用电子低水位燃油阻断阀打入锅炉市场，在某些型号的产品中，包含了一个延时装置。这种延时装置使得在电子探针附近的正常水位波动不至于造成燃料供应开关不适当地反复开启和关闭。正是这种装置赢得了布鲁克林燃气公司的使用许可，而这家公司是暖气锅炉的最大安装单位之一。

M&M 销售部副总金·米切尔必须考虑对策争取客户。他觉得，如果能够确凿地指出海卓标准公司的延时装置违反了美国机械工程师协会(ASME)的锅炉和压力容器规范(BVPC)，那么就可以打败竞争对手，增加公司的销售额。米切尔发现，通常情况下使用海卓标准公司的延时性阻断阀符合 ASME 的安全标准，只要正确安装就没有问题。但是如果这种阻断阀不安装在比其他阻断阀更高的位置，那么在水平面降到水位计可视线以下之前时将无法实施阻断。在细致的指导下安装没有问题，但是如果麻痹大意，安装者可能将新的水位计安装在与老的水位计同样高度的位置，这样就可能存在安全隐患。他又找到 ASME 的一项规定："每一个自动点火的燃油锅炉或蒸汽锅炉应该有低水位燃料自动切断装置，当水位降低到水位玻璃管的最低可视线以下时，它可以自动切断燃料供应。"于是，米切尔请求 ASME 的一位成员就海卓标准公司装置的运作机制作出解释，看它是否符合 ASME 的这一规定。但是，他在提出这个要求时，并没有特别提到海卓标准公司的延时装置。

米切尔找到公司研究部副主任约翰·詹姆士商量。约翰·詹姆士从 1950 年以来一直是 ASME 一个专业委员会的成员，负责暖气锅炉标准的制定。詹姆士建议米切尔和自己一起去找暖气锅炉委员会主席哈丁(T. R. Hardin)，咨询相关标准问题。哈丁同时也是哈特福德蒸汽锅炉审查及保险公司副主管。4 月初，当哈丁因一些其他事务来到芝加哥后，他们三人一起去了德雷克宾馆共进晚餐。期间，哈丁表示米切尔和詹姆士对那一项规定的解释是恰当的。哈丁说："HG-605a 标准条文意味着在没有即时启动阻断阀的情况下，水位计内的水位不应该降到可见刻度以下。"于是约翰·詹姆士就起草了一份致 ASME 的质询函，抄送一份给哈丁。哈丁提出一些修改意见，约翰·詹姆士将其融入最终定稿。然后，詹姆士将信寄给了 BVPC 锅炉和压力容器专业委员会的秘书 W. 布拉德福·霍伊特。霍伊特每年都会收到几千封类似的质询信，由于他无法按照常规方法(预先准备的答案)来答复詹姆士的询问，因此，他把这封信转给暖气锅炉委员会主席哈丁。哈丁在没有征求专业委员会其他成员意见的情况下起草了一份答复信，如果把这份答复作为“非官方意见”，那么哈丁是有权这样做的。

哈丁答复信中表示低水位阻断阀应当在水平面降到水位计最低可见刻度视线以下时“立即运行”阻断。虽然没有表示海卓标准公司具有延时性阻断阀是危险的，但是，M&M 销售人员就可以利用哈丁的结论来反对使用海卓公司的产品。这正是按照米切尔的思路进行的。

1972 年，海卓标准公司从一个老客户那里得知 ASME 这封信函，立即质问 ASME 为何改变规则，质问函被转到锅炉委员会。此时，约翰·詹姆士已经取代哈丁成为暖气锅炉委员会主席。约翰·詹姆士表示，尽管没有明令禁止延时性阻断阀，但是这种阻断阀还是应该安装在适当的位置上，在看不到水位前实施燃料阻断。

问题：

此案例中哪些个人和机构有错？为什么？

课后练习

1. 判断对错

(1) 根据治理的原则，对人性的假设是人性善。

(2) 哲学家休谟的“无赖假设”是错误的，因为现实世界的无赖是少数人。

(3) 未经同意的交易不可能是公平的，经过双方同意的交易一定是公平的。

(4) 美国著名学者詹姆斯·沃森(James Watson)曾获得诺贝尔生理学或医学奖、有“DNA 之父”之称。1997 年，沃森曾经在接受英国《星期日泰晤士》杂志采访时说，如果通过检测一个女性发现自己腹中的胎儿有可能是同性恋，应该允许她堕胎。在 2000 年的一次巡回演讲中，他暗示，一个人的体重和他的野心大小、性功能强弱是有关联的。据美联社报道，在同一场演讲中，沃森还让在场的观众仔细回想，“我们经常听到英国病人，却很少听到英国爱人”，这一言论暗示了英国长期存在的肥胖问题。此外，沃森还曾经在一部纪录片中表示，愚蠢应该是可以治疗的遗传性疾病。据英国《独立报》报道，2007 年，沃森曾经公开表示，对非洲的前景不乐观，因为所有的公共政策都假定“非洲人和我们的智力水平相当，当然，我也希望我们是平等的，然而当你不得不跟他们一起工作时，你会发现根本不是这样的”。假如沃森讲的都是科学结论，那么他在伦理上就没有对他人的歧视。

(5) 根据治理的原则,总经理不能管财务,生产部经理也不能管质量。

2. 思考题

(1) 2013年,某人大代表表示:“现在律师的收入比法官还要高,但决定案件的却是法官,这不合理,应该将律师的收入50%转给法官。”你同意吗?

(2) 2006年研究生入学考试题:据2004年7月15日中央电视台《经济半小时》报道,进入夏季之后,浙江某市160多户奶农也频频把鲜奶倒入水沟,有时在一天内倒掉14吨。根据以上材料回答问题:①历史上资本主义国家经济危机时农场主把牛奶倒入大海的现象,与材料中的“倒奶事件”有何本质区别? ②“倒奶事件”中隐含着什么样的经济规律? ③为避免发生类似的“倒奶事件”,你认为地方政府应如何应对?

(3) 有人说退休双轨制是中国国情,你怎么认为?

(4) 农业部推广转基因某专家最大的研究合作方是全球最大的转基因农产品公司美国的孟山都公司,那么他关于转基因食品是安全的结论是否可信? 为什么?

(5) 转基因委员会某主任拒绝试吃转基因大米玉米,他说:“我觉得不可行,也没有必要。我们现在不能为推广一种新药,就一定让研发者自己试吃,吃完了之后再去用。”他说得有道理吗?

(6) “从没有夜不归宿现象,晚上在单位加班也经常打电话告诉我。对我很关心体贴……”这是某官员拟提拔公示期间,其妻子向县委组织部出具的家庭道德鉴定书。这种道德鉴定书作为官员升迁的一个程序是否有效? 为什么?

(7) 美国小布什总统在任时曾提出,考虑停止征收遗产税,这种法案对美国资本家绝对是个利好消息。却有两位企业家登报反对,一个是微软的比尔·盖茨,一个是巴菲特。他们说,“我不能允许我的第二代不劳而获! 因为他们的不劳而获,会使他同时代的年轻人处于不公平的竞争情况,而公平竞争机会的沦丧会摧毁美国百年来立国的基础”。你如何看待这件事情?

(8) 你同意制定一项税收政策,对超级富豪征收重税吗?

(9) 两人因船只失事漂浮到了一座孤岛上。其中一人辛勤劳作。他犁地种苗,清除杂草,驱赶飞来啄食的鸟群,在炎热的夏天灌溉作物,还搭建了一个大棚用来在寒冷的冬天贮藏谷物,他也为自己造了一个小木屋以度过寒冬,等着来年丰收。而另一个人,他在这次意外事件前是一个职业杀手,就表现得很不同。在炎热的夏天他坐在树荫底下乘凉,在环礁湖里愉快地游泳,过着靠山吃山的悠闲日子;而当冬天来临时,他计划趁另一人睡着时做掉他,占有他的谷物、大棚和木屋。此人既不种植作物,自然就不能维持生计,且内心也没有任何善良可言。现在,在这一假想的环境里,贮藏的谷物应当归谁所有呢?①

---

① William R. Marty. “Rawls and the Harried Mother,” Interpretation 9. 2-3 (1982): 385-396, 387-388. Copyright © 1982 Interpretation.

马蒂希望通过该思想实验表明罗尔斯有关分配正义的概念是不可取的。马蒂认为，根据罗尔斯的观点，谷物应被均分；如果这两人的决定是在罗尔斯所谓无知之幕背后作出的(即不知是谁种出了谷物)，那么这就是他们所会作出的公平安排。但马蒂声称：直觉告诉我们这样的安排是不公平的；谷物当然应该属于那个辛勤劳作才产出它的人。马蒂又通过另一个思想实验论证罗尔斯的方法只会导致自私的安排，而非公正的分配。假定现在我们这两位岛民被告知其中一人种出了谷物，而另一人则没有。根据罗尔斯的观点，他们该怎么分配呢？仍然是均分，因为谁都不知道是谁种出了谷物谁没有种出，而在任何情况下，谁都不敢承担按劳分配的结果，因为那意味着其中一人有一半的概率会一无所有，他就熬不过这个冬天了。

但是，马蒂对罗尔斯的分配方案解读正确吗？

(10) 思想实验：救生艇。

“没错。”自行任命为救生艇艇长的罗杰说，“这艘船上有 12 个人，这很理想，因为这艘船可以容纳 20 人。我们有充足的食物，可以支撑到有人来救我们，等待救援的时间应该不会超过 24 小时。所以，我想我们可以放心地吃掉多余的巧克力饼干，每个人都可以喝一口朗姆酒。有异议吗？”

“安心享用多余的饼干没问题，”梅兹先生说，“但我们的当务之急难道不是把船划过去，把那个快淹死的可怜的女人救上来吗？她向我们呼救已经有半小时了。”有些人低头看着船身，面露尴尬，其他人则摇头表示异议。

“我以为我们已经达成共识。”罗杰说，“她淹死不是我们的错，如果救她上来，我们就不能享用多余的饼干。为什么我们要破坏这里舒适的现状呢？”船上的人都咕哝着表示同意。

“因为我们可以救她，如果不救，她就会死。这个理由不够吗？”

“人生就是这么残酷。”罗杰回答，“就算她死了，也不是我们杀了她。有人要消化饼吗？”

问题：自己赚取的财富有权不分配给其他人吗？没有帮助应该帮助的人是我们的错误吗？联合国规定，发达国家应该拿出 0.7%的总产值作为海外援助。发达国家必须履行这个责任吗？

(11) 美国 2016 年度最神奇新闻事件排行榜上银牌奖得主是：瑞士酒店厨师被切肉机切断了一根手指，向保险公司要求赔偿，保险公司怀疑他是操作错误，派了理险代表来检查机器。理险代表操作切肉机之后也失去了一根手指，保险公司终于核准了厨师的理赔要求。这个神奇新闻事件里蕴含了罗尔斯的什么概念？

(12) 约翰和玛格丽特去为 3 个儿子买圣诞礼物：马太，14 岁；马可，12 岁；路加，10 岁。这对慈爱的父母总是力图公平地对待他们的孩子。这一年，他们打算为每个孩子花 100 英镑来买礼物。一开始，他们的采购看来不会有麻烦，因为他们不久就找到了他们想要的：单价100英镑的掌上花花公子游戏机。正当他们要去收银台为三台游戏机付款时，约翰注意到一个特惠活动：如果购买两台单价150英镑的新型高级游戏机，将能免费赠送一台原装游戏机。他们可以花同样多的钱获得更高级的商品。

"我们不能这么做，"玛格丽特说，"那是不公平的，因为将有一个孩子得到比其他两个更差的礼物。"

"但是玛格丽特，"由于想到能向孩子们借新玩具玩了，兴奋的约翰说，"这怎么会不公平呢？他们都不会获得比本来应当获得的礼物更差的礼物，而且有两人还获得了更好的。如果我们不参加特惠活动，有两人将获得比本来应当获得的礼物更差的。"

"我希望他们全都平等。"玛格丽特回答道。

"即使这意味着让他们获得较差的礼物也要平等吗？"①

(13) CNN2019年1月13日报道，曾获得诺贝尔生理学或医学奖、有"DNA之父"之称的美国著名学者詹姆斯·沃森(James Watson)因言论中涉嫌种族歧视被其就职的研究所剥夺了荣誉头衔。据悉，沃森在节目中公然宣称，基因差异导致了黑人和白人在智力方面的差异，而这一观点已经是沃森第二次提起。假如沃森讲的都是科学结论，那么他在伦理上有没有错？

(14) 在大学里读IT工程专业的女生占5%，男生占95%。现在某公司通过人工智能(AI)系统校园招聘IT工程师，该系统预测效度是80%。有一男生和一女生均被评价为"优秀"。如果只招一人的话，是招男生，还是招女生？理由是什么？如果招男性，是否涉嫌性别歧视？为什么？

① 罗尔斯.《正义论》[M].波士顿：哈佛大学出版社，1971年。

第6章 康德：道德的三个要点

生命诚可贵，爱情价更高。若为自由故，二者皆可抛。

——匈牙利诗人裴多菲

关键术语

自由，责任动机，绝对命令，假言命令，人是目的

▶推荐电影：《灰姑娘》(*Cinderella*，2015年)

影片讲述了灰姑娘Cinderella的母亲、父亲相继去世，继母和其女儿们对她百般刁难，但灰姑娘得到魔法相助并成为王子意中人的故事。其中，有情节突出了守时的必要性。灰姑娘在外面逗留时间超过了午夜的宵禁，结果她的漂亮礼服变成了破布，她的随从变成了老鼠，她的马车变成了南瓜。该片告诉人们守时的美德可以使人由卑微平凡变得高贵。你必须始终遵循你的时间观念，否则将会因为沉溺于一时之乐而失去所有。所谓自由就是自制。

类似的童话故事还有《三只小猪》《丑小鸭》和《彼得·潘》。①

▶课前测试：《西游记》中四个人物谁最自由？

在去往西天的取经路上，唐僧、猪八戒、孙悟空、沙僧，这四个人物谁最自由？最后都自由了吗？如何获得自由的？

---

① 津巴多.津巴多时间心理学[M].北京：万卷出版公司，2010年8月.

第一节　道德前提：自由

一帮大学生躺在宿舍里，已经早上九点了。

上铺说：起不起来去上课呢？

下铺说：哎呀，起来也未必赶得到教室，到教室也未必听得懂，听得懂考试也未必能过，过得了也未必能毕业，毕业了之后也未必能找到好工作，找到好工作也未必能挣到钱，挣到钱也未必能娶上一个好媳妇，娶上一个好媳妇也未必能生儿子……所以还是接着睡吧。

采访一下大学生："大学跟中学对你来说，最大的不同是什么？你最强烈的愿望是什么？"很多同学回答是"自由"。他们觉得，大学弥漫着自由的空气，弥漫着自我选择、为所欲为的兴奋。

很多人这样理解自由的：自由就是由着自己。什么叫由着自己呢？就是想干嘛就干嘛，为所欲为，很多不能干的事情我想干就干。什么叫不自由？就是想干的不能干了。许多大学生把自由理解为十几年禁欲之后想要放纵一下，十几年受苦压抑之后想要放松一下。这时你自然而然给自己不当行为一种合理性的解释，所以就把它称为自由，之前不敢干的事现在敢干了，把以前不能做的事现在做了，然后就觉得：自由了。

那么到底什么叫自由？真正的自由是什么概念？

"自由，多少罪恶假汝之名以行。"这是法国大革命时期吉伦特派的女首领罗兰夫人被雅各宾派和法国民众押上断头台时留下的旷世名言。罗兰夫人的际遇相当吊诡：她是革命信徒，却死在革命者手里；她为人民追求自由，临死前却让上面这句名言流传于世。人们对于自由的误解实在是太深了。

黑格尔在其著作《法哲学原理》中提出了自由的三个层次，包括：

(1) 抽象自由(abstract freedom)；

(2) 反思意义上的自由(reflective freedom)；

(3) 社会自由(social freedom)。

抽象自由是完全不受外界束缚，硬生生排除外界干涉，把自己作为独立的力量解脱出来的自由。"人生而自由"的口号就是这个意思，强调的是自由，是人与生俱来的，人具有无限的可能性，即所谓"我能摆脱一切东西，放弃一切目的，从一切东西中抽象出来"。

然而，在这种情况下，人一旦投入某件事或某项工作中，就不再具有这种无限可能性了。此时，我们应该可以说，你的无限可能性已经被否定。那么，应该怎么做才能保持这种无限可能性呢？答案是只有什么也不做，或随心所欲地做。

听起来似乎很不可思议，但事实如此。举例来说，一个男生既喜欢女生甲，又喜欢女生乙，他既想成为甲的男朋友又想成为乙的男朋友，但这显然不可能。然而，一旦去追女生甲，就有失去乙的可能性，反之亦然。那么，如何保持既能得到甲又能得到乙的可能性，其实，只有什么也不做，甲乙都不去追，才能保有这种可能性。

然而，这种自由其实是一种消极的自由。为了这种看似有的无限可能性而放弃了更多的可能性。男生如果什么也不做，固然有无限的可能性，但却什么也得不到。如果他选择去追某一名女生，虽然会丧失一部分可能性，却可以从某一名女生那里得到更多的可能性。总的来说，消极的自由表面上是一种绝对的无限的自由，但由于其存在的否定性，导致最终走向自由的反面，生活在无限可能性中的人们反倒是始终受到束缚。

卢梭曾说：如果自由仅仅只是一种排除外力意义上的抽象自由，依然没有办法让人能够在没有引领的条件下，自己引领自己，安好地活着。他的意思就是：你可能不会沦为他人的奴隶，但你完全有可能沦为自己欲望的奴隶。

在消极的否定自由中，人有无限的可能性，在经验的肯定自由中，则是凭借着经验和感情作出选择，选择某一种可能性。然而，这种选择只听命于自己的欲望。在这一种自由之下，人完全受欲望和情感的支配，人们通常会作出很多非理性的行为。

所以，自由在这个层次上一定被下一个层次超越，即反思意义上的自由。黑格尔说："动物也有冲动、倾向，但动物没有意志；如果没有外在的东西阻止它，它只有听命于冲动。唯有人才能凌驾于冲动之上。"如何凌驾于冲动之上？就是从各种欲望中抽身而退，根据自己制定的理性规定行动，自己为自己立法，不受自己的主观好恶、欲望左右。

人在青春叛逆期，总是觉得我命由我不由天，这貌似是一种自我立法。但你叛逆的时候你自己无比高尚，你觉得自己远远超越周围的父母和师长，因为他们基本上被外部世俗生活所带坏，然后把那些世俗规则瓦解掉。但是，青春期的孩子万万没想到的是，他必须在这个世界生活，于是他的那些放大的主观理性就显得空洞无物，彻底没有具体的内容，于是在现实生活的一个个教训下，从高高在上的道德王国沉入曾经认为不堪的现实王国。但是下降不意味着沉沦，而是说，你有能力把握生活本身。

梁山伯与祝英台的爱情故事正是这种反思意义上的自由。他们挑战外部的规范和权威，自己为自己立法，但是这种超越性的行为无法在社会中生根发芽，最终必然是悲剧。

社会自由即创建了自己的规则也要思考在日常生活中实现。你实实在在地生活在人群之中，并在社会生活中实现了抽象自由和反思自由。你的行动不仅是外部世界赋予你的，而且也是你想干的。

在这种理性的自我决定的自由中，我能知道自己是普遍物，同时也是特殊物。我知道自己很特殊，但是自己的特殊不比任何一个他人更特殊。于是，能够跳出自我的束缚，从一个更高层次的旁观者的角度审视自由。

这样，我就能把自己设定为特定的个人，并使自己的与他人的意志区分开来，保持统一性，同时具有理智性和确定性。在这里，选择某种可能性已不再成为束缚。

黑格尔说："只有作为真正被规定的内容，才是真实的自由。"这也是这一层次的自由所要达到的目的。这个时候，它是自为的自由，是以自由为对象的。

孔子说，吾十有五而志于学，三十而立，四十而不惑。从十五岁到四十岁，人基本上在艰难地跋涉，逐渐让自己的主观理性有了客观的内容，于是不再迷惑了。

所以，人的自由就是在与他人的关系中实际展开的行动是你要的行动。

自由就是对动物本能的一种控制，情商是自由的刻度尺。法国哲学家萨特说：人到底是英雄还是狗熊，一念选择之间，没有自由就谈不上选择。自由不可能从欲望、激情之经验人性中推衍出来。自由是康德关于道德问题的第一个重要概念。

康德在他的道德哲学中讲的一个道理就是：这样的自由才是道德的基础。自由并不意味着任意，而是对于自己任意的反思性的超越。这时，人才真正成为自己的主人。

在康德看来，自由不是想干什么就干什么，是不想做什么就不做什么。功利主义者认为增加快乐、减少痛苦就是道德的，但康德认为痛苦和快乐不是我们至高无上的主宰。自然本性受法则支配，如因果法则。按照康德的观点，真正的自由是取经之后，猪八戒不愿回到高老庄，孙悟空无需紧箍咒。康德认为意愿被自然刺激（或饥饿，或食欲，或欲望）决定是"他律"行为而不是"自主"行为，因为你是自己本性的奴隶，你怎么可能是自由的呢？

考察一下为什么自由不应该等于为所欲为。你想想看，什么叫作为所欲为，为所欲为就是做你的愿望支持你做的事情。说到底你不是自由的，你是被你的欲望支配的，你是被你的欲望钳制着的，你是被你的欲望牵着鼻子走的。换句话说，你成为了自己欲望的奴隶。当你被别人奴役的时候，你认为自己不自由。但是你摆脱他人的奴役之后，用自己的欲望奴役了自己。这不是换汤不换药吗？都是不自由啊，因为你自己根本不是自己的主人啊！为所欲为是一种包裹自由外衣的一种放纵。奴隶还是那个奴隶，只是换了主人而已。获得自由只有一个确切的方法，那就是管理自己的欲望。换句话说，自由就是自律。

贪官在没受贿的时候是自由的，一旦受贿他就绝对不是自由之身。贪官与动物的区别在于，动物在面临诱惑的时候没有选择，只能按照本能行事。而贪官有选择，他可以选择按照本能行事，也可以自己给自己制定一个行为标准。所谓"无欲则刚"，我给我自己定法则，不是根据身体的自然法则或因果法则，而是根据自己制定的法则行动，这种自主行动就是自由的。因此，爱的自由不是"老鼠爱大米""跟着感觉走"，而是"有一种爱叫放手"。

在康德看来，仅当我的意愿是自主决定的时候才是自由的。人类有某种令我们自重的尊严的理由，起源于我们都是理性存在物，因而有行动和自由选择能力的存在。这意味着什么呢？如果我们有自主自由的能力，我们必须有能力根据我们给自己定的法则行动，我们必须有能力不根据自然法则行动，不根据强加于我们的法则行动。按照道德标准行事、超越动物的本能和倾向，是人类的本领。但是人类的这种本领是有差异的，因此，人类社会就是既有道德模范，也有流氓恶棍。

2015 年，河南一大学生上树掏了 10 只鸟，放在网上卖，获刑 10 年。其父亲哭诉望法院重审。有网友质疑，究竟是鸟重要，还是人重要？

这件事不是这样思考的。鸟和人比，当然是人重要。人重要并不意味着人可以随心所欲地做任何事情。你到四川峨眉山旅游，钱包被猴子抢走了。那猴子就不负法律责任，也不用负道德责任。《水浒传》中武松在景阳冈上打死了一只老虎，成为打虎英雄了。如果你现在跑到野生动物园，赤手空拳打死一只老虎，你有可能成为罪犯。为什么说人是万物之灵？不说老虎、狮子是万物之灵？这个万物之灵的“灵”在哲学意义上就是自由。人是有选择的，人有意志帮助自己做选择。人可以为了长远目标或集体目标主动来约束自己。所以，掏鸟窝要坐 10 年牢的问题想不开，是因为我们不懂法律。

在《西游记》中，有三种世界：神仙界、人界和妖魔鬼怪的世界。动物和妖魔鬼怪按照本能行事，而神仙则超越了饮食男女。基于本能的行为是动物的行为。神仙可以为自己的行为制定法则，而妖魔鬼怪则是自己欲望的奴隶。《西游记》中的猪八戒、孙悟空取经之前基本上受因果法则的支配，真正自由的是取经之后。猪八戒的行为离不开“食色性也”，孙悟空也是大闹天宫。他们是不自由的。

人在神仙和妖魔之间。人可以修炼成神仙，也可能堕落为妖魔鬼怪。老虎可以吃人，但是人不可以吃老虎。因为老虎是不自由的，受因果法则支配；人是自由的，人能自我立法。所以说：“人和猪的区别是：猪一直是猪，而人有时候不是人。”

柏拉图认为有三种人，一种人用“肾”思考，一种人用“心”思考，另一种人用“脑”思考。他们分别是普通人、武士和哲学家。由于“肾”“心”和“脑”在人体中处于不同的位置，哲学家应该是世界的统治者。按照康德的理解，哲学家是人类中的精英，是具备自我立法能力的代表。

电影《摔跤吧！爸爸》(*Dangal*，2016 年)采用艺术的手段对自律进行诠释。为了训练女儿们成为世界冠军，摔跤爸爸告知女儿的第一件事就是从此禁止吃油炸、辛辣食物，这对于爱吃辣的印度小姑娘犹如晴天霹雳。当然，控制饮食是运动员最基本的注意事项。饮食上的控制还只是成为摔跤手的第一步。接下来，两位姑娘要和男孩一起训练。她们稍有抱怨，就被勒令剪去长发。平日里要忍受全村人的冷眼和嘲笑。还因为是女孩而被禁止参与各种比赛。最为苛刻的是，女孩们从此和充足的睡眠绝缘，早晨 5 点起床训练成为每日的常态。对，5 点起床训练，而且是每一天。自律带来自由的意思是：想要取得成就，达到别人无法达到的高度，就必须要付出别人不曾付出的努力。

美国大兵杰克·威林姆曾经在美国海军海豹突击队（SEALs）服役二十年，并担任过指挥官。伊拉克战争后回到美国，负责西海岸所有海豹突击队队员的训练。他在退伍后跟人合开了一家咨询公司，专门向商界传授军队的领导力和管理经验。2015 年，他出了一本书，《极端所有权：海豹突击队的领导方法与制胜策略》（*Extreme Ownership: How U.S. Navy SEALs Lead and Win*）曾经在纽约时报畅销书排行榜名列第一。这位退伍军官，虽然已经不在军队，但依然保持着每天 4:45 起床工作的习惯，因为这种自律让他感觉自己获得了一种心理上战胜别人的感觉。威林姆的这种极度自律的精神，感染了很多人，以至于 Twitter 上有人专门组织了"4:45 起床俱乐部"（Twitter 标签 #0445club），就是这种自律使人充满力量。相比之下，我们身边的很多人就差了太多。比如三天打鱼两天晒网的健身模式，肯定是不行的。还有不少姑娘，天天吵吵着要减肥，可实际上大多数都只是嘴上说说。只有真的看到她们天天往健身房跑，才知道这回是玩真的了。真正有价值的东西，从来不是容易得到的。容易得到的，通常也不值得为之奋斗。

日本设计师山本耀司的箴言：我从来不相信什么懒洋洋的自由，我向往的自由是通过勤奋和努力实现更广阔的人生，那样的自由才是珍贵的、有价值的；我相信一万小时定律，我从来不相信天上掉馅饼的灵感和坐等的成就。做一个自由又自律的人，靠势必实现的决心认真地活着。因此，自由不是"Just do it"，而是"自律给我自由"（图 6-1）。如果连自律都做不到，怎么可能获得自由呢？

图 6-1　KEEP 健身 App 广告

什么是哲学意义上的自由？通常意义上，我们认为自由就是自由自在，不受约束。但哲学意义上的自由却恰恰相反。康德认为，自由就是理性的自律。因此，自由不是耐克的广告语"Just do it"，而是 KEEP 健身广告"自律给我自由"。

吴景华原本为硅谷初创科技公司 SiPort 的一名测试工程师。2008 年 11 月 14 日上午，他被公司宣布解雇，当天下午即持枪进入上司办公室，连开六枪将三名高管射杀。死者分别为 56 岁的公司总裁 Sid Agrawal、47 岁的运营总裁 Brain Pugh 和 67 岁的人事经理 Marilyn Lewis，均系头部中弹身亡。凶案发生后震惊硅谷，但吴景华入狱后以身患精神病为由辩称无罪，致使案件迟迟无法进入审理程序。

检方指出，吴景华杀人是有预谋的，他在上午得知被解雇后，便购买了

100发9毫米手枪子弹，下午3点回到公司，以与上司商谈为由将其射杀。吴景华聘请的是湾区一位知名的刑辩律师，律师坚称吴景华在少年时期遭遇心灵创伤，当天被解雇后诱发精神断裂，在无意识的情况下开枪杀人。吴景华本人也告诉陪审团他当时“大脑一片空白”，事后也想不起是如何开枪杀人，但这番说辞并未得到陪审团认可。检方也指出吴景华犯案时头脑清醒，在确认受害者已死后才离开了现场。

圣荷西法院一名法官于2013年8月2日下午宣布，现年52岁的华裔工程师吴景华因谋杀罪名成立，被判处终身监禁且不得保释。这桩当年震惊硅谷的杀人案，在历时近五年之后，至此终于尘埃落定。

总之，康德认为，只有自由的人，才是一个有道德的人。自由就是自己做主、自律，而不是做外界环境的奴隶。如果因为什么利益上的好处，或者是为了避免受到惩罚，甚至是为了满足自己的同情心而去做一件事，这都不是真正的道德，你都不是真正自由的。只有当你纯粹是出于责任和义务去做这件事，你才是真正自由的，这才是真正的道德。为什么要做个有道德的人？因为我不做任何人、任何东西或者任何感情的奴隶，我想做个主人。这个“自由、自主的行动”，其实是道德的关键。

柯维在他的《高效能人士的七个习惯》中说，高效能人士的第一个习惯就叫作“积极主动”。如果因为领导宣布“谁今晚加班就给谁发奖金”，你为了拿这个奖金而选择加班，你就不是积极主动，而是消极被动——外界怎么刺激，你就怎么反应。这是一种比较低级的行动，显得没有自由意志，跟奴隶或者细菌没区别。如果你做得更高级一点，在根本没有奖金政策的情况下“主动”加班，以期获得老板的好感，你是不是就算积极主动了呢？也不算。因为你加班的终极目的仍然是为了自身利益，你仍然是在对物质刺激作出反应。真正的积极主动，是你的行为完全取决于自身，而不被外界刺激所左右。你的自由意志独立于外界限制，在刺激和回应之间，你有选择与回应的自由和能力。

第二节　道德的本质：责任

【案例6-1】　陈光标是道德模范吗？

在汶川地震后的第三天，江苏黄埔再生资源利用公司的董事长陈光标即亲自率领自己公司的职员开着60台重型机械奔赴灾区参与救援，并随身带上百万余元现金，到灾区亲手给灾民发放。在此次地震救援中，陈光标共捐赠785万元现金以及大量的物资。

> 记者提问：你更像是一名行者。
>
> 陈光标：我做了好事，你不让我说，我心里憋得难受。
>
> 记者提问：你做了那么多的慈善，你自己获得了什么？
>
> 陈光标：我自己获得了快乐，晚上睡觉都笑醒了，就从床这边滚到那边，从那边滚到这边，有的时候都滚到地上了。

什么赋予行动首要的道德价值？康德认为，道德价值不是由结果决定的，也不是由行动引发的后果决定的，行动的道德价值取决事情的动机，重要的是人为了正确的理由去做正确的事情，这是道德的最高原则。如果任何行动要成为道德上的善，它不仅要符合道德法则，而且要为了道德法则去行动。这个概念就是动机赋予行动道德价值，而且唯一能够赋予行动道德价值的是责任动机。责任感的对立面是与我们爱好有关的动机和爱好，涉及欲望、所有那些偶然产生的欲望偏好、冲动和喜好。

康德认为，动机是道德的标志。但是穆勒认为：溺水者不会在意救生员救他的动机，他唯一关心的是有没有人来救他。功利主义者认为，动机只有在他们倾向于产生最大的善的时候才有意义。功利主义似乎也蕴含着这样的观点：地球上每个存在的幸福度相当要紧，而不仅仅是我的社会中的存在。生命价值无国界。康德动机说对生命伦理来说几乎就是天方夜谭。在医学实践中，更注重的是“效用”。

道德的评价标准是动机，主要是责任动机。只有出于责任动机的行为才是道德的。有一个心理学试验，是瑞典的心理学家皮亚杰做的，用于评价一名儿童是否形成了完善的道德意识。他让儿童听两段故事，第一段故事中，男孩在家里恶作剧，故意打碎了一个杯子；第二段故事中，男孩帮妈妈做家务，却不留神打翻了托盘，15个杯子全都碎了。之后心理学家让儿童判断哪个小孩更顽劣。研究表明，道德意识发展完全的孩子，才会判断前者顽劣。在心理学上，这种根据动机来对行为进行判断，是道德意识成熟的表现。因此，道德行为展现的是一种价值理性，而不是工具理性。

德国社会学家马克斯·韦伯（1864—1920年）把理性分成价值理性与工具理性这两种。前者关心目的，后者是方法和手段。2007年，邯郸市在11条公交线路上推出“文明乘公交，让座献爱心”活动，如果在公交车上主动给他人让座，就会得到一份纪念品，还有可能获得可乘50次车的公交IC卡。按照康德的观点，人只有抵制行为结果的诱惑而纯粹从理性角度选择行为，人才是自由的，也才具有道德意义。如果将给弱者让座这样的公民道德计次售价（每次5角），会辱没公民道德，因为用金钱能买到的道德良知就不再是道德良知了。所以，在康德看来，如果我们讲伦理是因为这对生意有好处，那么我们并不拥有严格意义的伦理关怀。穆勒和功利主义者之所以是错的，是因为他们把道德准则建立在利益之上。如果有人为了减税而进行慈善捐款，其施舍的动机并非出于善，因为赈济是一种义务。所以，如果一个人不是出于义务而行动，那么他就不是出于伦理关怀在行动。因此，如果你生财有道仅仅因为那会改善你的生意，你可能并没有做错什么，但你肯定不是出于一种道德动机在行动。按照道德动机采取行动是你的义务，是价值理性的体现（行为本身就是目的）。由此类推，“为了安全而不闯红灯”，“照顾你的顾客，顾客会照顾你的利润”，“为了拿到鲁班奖、白玉兰奖而努力搞好工程质量”等行为根本就无所谓道德。战略性的慈善也是一种工具理性。所以，道德行为是凤毛麟角，大多数人和企业是在追求利益而不是道德。孔子说：“吾未见好德如好色者也。”好色只是出于本能，而好德则需要压抑本能。

【案例 6-2】 美国之外

克拉克工程公司的质量控制工程师约翰·巴丁斯基(John Budinski)遇到了一个难题。克拉克工程公司与 USAWAY 公司签约，前者向后者提供一种产品，而该产品必须满足所有的零件都是在美国本土生产的要求。虽然最初的设计明确地指定所有零件必须满足这一要求，但克拉克工程公司的一位供应商没有注意到，其中一个零件有两枚是只有在他国才能生产的专用螺钉。如果要赶合同期，那么就来不及设计新螺钉了。USAWAY 公司是一家主要的客户，约翰担心延迟交货会给克拉克工程公司带来很糟糕的后果。

约翰意识到 USAWAY 公司发现这一问题的可能性微乎其微。在产品外表上是看不见这枚螺钉的。而且，那些从事产品维修的人也几乎不可能发现螺钉是外国制造的。根据合同，无论在什么情况下，都应由克拉克工程公司进行必需的维修。交货以后，再设计新的螺钉，这样就可以在维修时用新设计的螺钉替换掉进口的螺钉。①

约翰·巴丁斯基可以采取什么方案？你认为他应该怎么办？

康德认为：道德不看结果看动机，不是本能的动机，而是责任动机。这与管理的思想是相同的。一个经理的领导能力 80%在于是否肯负责任。管理者所犯的第一个毛病，就是拒绝承担个人的责任。当有人说我们做错事时，或者我们自己做错事时，最先说的一句话常常是“我以为”，我以为怎么怎么样。回想一下自己和周围的人，发现的确有这回事。当我们做错事时，基本上都快形成一种本能反应了，就是首先想替自己辩解一番，于是出现了“我以为……”。这是一种很不好的习惯，做错了事，首先应该说的是“我错了”。勇敢地认错，承担责任，天不会塌下来的，只会让人觉得你是一个敢于承担责任的人，是值得信任的。做错了事，需要的不是辩解，而是承认错误，然后改正它。这才是好的态度。

像这样的问题得读一本更畅销的书——史蒂芬·柯维的《高效能人士的七个习惯》。

---

① 周卓煇. 工程伦理：100 个案例故事[M]. 新北市：高立图书有限公司，2018 年，第 269 页.
查尔斯·E. 哈里斯，迈克尔·S. 普里查德，迈克尔·J. 雷宾斯. 工程伦理：概念与案例[M]. 北京：北京理工大学出版社，2006 年，第 269 页.

书中的一个最关键思想，也是"高效能人士"的第二个习惯，是以原则为中心去做事。柯维说你得有一种使命感，给自己的人生找个愿景和方向。这种愿景不是什么成功之后去找个岛退休之类的，而是个人的最终期许和价值观这种比较高级的东西，比如改变世界——或者说，将来盖棺定论时你希望获得什么评价。根据使命感给自己设定一套宪法般的原则，时刻谨记在心，一举一动都是为了这个愿景。以金钱为中心、以享乐为中心、以名利为中心，或者以工作为中心、以家庭为中心，这些都不如以"原则"为中心。

柯维举了个例子。比如你约好了晚上跟老婆去看演出，老板突然打电话让你回公司加班。以工作为中心的人会选择加班，以家庭为中心的人会选择继续陪老婆。而以原则为中心的人则会通盘考虑，不受任何冲动想法的影响，不管作出什么选择都是从使命感(或者说义务)出发的主动决定。一个以工作为中心的人决定回去加班可能是为了自己升职或者为了把同事中的竞争对手比下去，而一个以原则为中心的人如果决定回去加班，则是真心为公司着想。

总之，一个积极主动的人、一个负起责任的人、一个有自己行为准则的人，不仅仅是一个有道德的人，也是一个高绩效的人。

第三节　道德的形式：命令

康德认为道德行为是一种命令。什么叫命令？命令就像"立正""稍息"一样本身就是目的，而不是其他目的的手段。

【案例6-3】　　年年有人作弊，为什么不派老师监考？

詹姆斯·J. 佩洛西(James J. Pelosi)，1973年毕业，是第452届西点军校毕业生。1971年9月，由于有人指控佩洛西在电子工程考试中将一段铅芯藏在手指甲下面来作弊，之后佩洛西被送到西点军校的荣誉委员会中审理。无论他在审判及诉讼的答辩中呈递了多少证据，荣誉委员会最终仍然判处这个三年级的学生有罪。佩洛西的律师认为荣誉委员的处理过程过于严苛，但学院的督察长对此置之不理(图6-2)。

图6-2　詹姆斯·J. 佩洛西(James J. Pelosi)

西点军校的荣誉守则针对这些被认定有罪(尽管证据不足)的人制定了一项惩罚，称之为"沉默"。他先被转到他朋友称为"最古板守旧、最严厉冷酷"的连队里。每天，他一个人独自坐在十人桌吃饭，一个人睡在可以住2～3人的大卧室，走路时得忍受旁人的侮辱以及偶尔的言语攻击。他的信件和置物柜被任意破坏，而最糟的是，几乎没有人会在公开场合跟他说话。连听见他遭受沉默处分而替他抱不平的好朋友都不能跟他讲话。在这种情况下，大部分的学生都会申请退学。但是即使佩洛西因此体重下降了 26 磅（1 磅约为 0.45 公斤），他仍然决定坚持到最后，佩洛斯通过了这项军校生涯中最残忍、最令人难以忍受的考验，成为军校史上唯一一个接受沉默处分的毕业生。他 1973 年毕业，成为第 452 届西点军校毕业生。

西点军校考试没有老师监考，一旦发现学生作弊（通常是被举报），立即将其开除。

1951 年，包括 37 名橄榄球队员的 90 名军官，考试作弊。全部被开除！

1966 年，42 人考试作弊。全部被开除！

1970 年，西点军校修改荣誉守则，禁止军校生纵容他人不正当作为：A cadet will not lie, cheat, steal or tolerate those who do.

1973 年，21 人作弊或纵容作弊，全部被开除！

1976 年，152 人电气工程考试作弊，全部被开除！

有监考老师的情况下不作弊，这叫遵守纪律，不叫荣誉；没有监考老师的情况下不作弊，这叫荣誉。西点军校相信学生的人格，期盼学生注重荣誉。但是，一旦发现学生作弊，他们的做法并不鸵鸟，也不乡愿，而是忍痛全部开除。在西点军校，学生作弊是奇耻大辱，但是西点军校的厉害就建立在“坦然面对”这个作为上，人们对西点军校的信任就逐渐建立起来。

绝对命令只说：“去做某事。”没有条件、附加条件或托词。康德提出若干道德律令来帮助决定一个人的义务是什么。其中两道律令最著名：一种是假言命令，另一种是绝对命令。假言命令的目的是实现自己的利益，是有条件的，利用的是工具理性。只有通过 A，才能实现 B。只有不欺骗顾客，才有良好的商业信誉，有良好的商业信誉才能赚钱。这里就存在一连串的假言命令。绝对命令是为了履行责任，是不受条件限制的义务。根据准则行动，凭此你能同时将意愿变成普遍的法则。

绝对命令一：准则是你的意愿和你行动的理由，从而变成一条普遍法则。这条绝对命令的关键在于可普适性。一条行为法则，只有在行为人愿意将它变成普遍法则时，才是遵守绝对命令的，才是好法则。这种思想在许多古代思想中都存在。《新约・马太福音》第 7 章第 12 节中说：“无论何事，你们愿意人怎样待你们，你们也要怎样待人。”孔夫子说：“己所不欲，勿施于人。”康德在这里把这种可普适性的思想上升为了最高的道德准则。

绝对命令二：决不要把另一个理性人仅仅当作工具。绝对命令是这样的："这样行动，你永远对待人类不论是对自己或对其他人，不要简单地当手段，同时也当目的。"为改善社会而利用某人或剥削某人，这是不正当的。因此，雇主不该利用雇员。欺骗顾客是一种利用他们使推销成功并获利的方式，这是虚假广告行为。伪造账本以获得银行贷款是在利用银行。违背诺言是在利用他人，是违约行为。奴隶制和男尊女卑以及把地位低下的人类同胞变成让剥削者利用的一件物品或工具，这是丧失人性的行为。维护雇员、顾客和其他股东的权利的论点都是基于这种考虑。企业无权为了利润而利用股东。他们必须尊重顾客、雇员和其他相关者的权利。于是，出于正义、公正、尊严和权利等关心的伦理理由通常具有义务论的启示。

特蕾莎修女的诗歌，准确表达了绝对命令的道德内涵：

不管怎样……

人们不讲道理、没有逻辑、自我中心，
不管怎样，总是要原谅他们。
如果心存善良，人们可能还是会说你自私，别有动机。
不管怎样，总是要友善。
当你功成名就，你会有一些假朋友和真敌人，
不管怎样，总是要成功。
如果诚实和坦率，可能被人欺骗，
不管怎样，总是要诚实和坦率。
你多年来营造的东西，一夜之间被人摧毁，
不管怎样，总是要去营造。
如果你找到了平静和快乐，可能遭人嫉妒，
不管怎样，总是要快乐。
你今天做的善事，明天就被人忘记，
不管怎样，总是要做善事。
即使把你最好的给这个世界，也许这些东西永远都不够，
不管怎样，总是要把你最好的给这个世界。
你看，
说到底，它是你和上天之间的事，
而绝不是你和他人之间的事。

——特蕾莎修女(Blessed Teresa of Calcutta，
1910—1997年)，一条简单的路

【案例 6-4】 悬空的花旗银行大厦

A-1

坐落于纽约市中心曼哈顿区的花旗银行大厦(Citicorp building)的选址与圣·彼得教堂(St. Peter's Lutheran Church)有冲突,教堂不能动,但允许你在上面的空间盖楼。怎么办?

负责花旗银行大厦的建筑设计师是休·斯塔宾斯(Hugh Stubbins),但更重要的角色是结构设计师威廉·勒曼歇尔(William LeMessurier),他其实是个天才:地面一角不让用吗?好吧,他把柱子设计在正方形四边的中间,这样,大厦的第一层相当于普通建筑物的第 9 层,这样就为教堂留足了空间。幕墙 V 形的支撑系统采用连续的倒等腰三角形支撑传力到周围的梁柱并最终落于接触地面的方形结构支柱(以对角线支撑的设计将大厦重量分散到 4 根支柱上)。这样的话整栋楼显得头重脚轻,风荷载下的反应很大!好吧,他又添加了一个 400 吨重的调质阻尼器(tuned mass damper),这样解决了高层建筑中普遍的抗风问题。在这幢大厦的结构设计中,他以极富创造力的方式解决了一个令人困扰的设计难题。圣·彼得教堂坐落于街区的一角,在教堂之上再建造 59 层的大楼(图 6-4、图 6-5)。

图 6-4 4 根凌空支柱位于底边中点而非顶点,第一层相当于普通建筑的 9 层,为旁边的教堂留有足够的空间

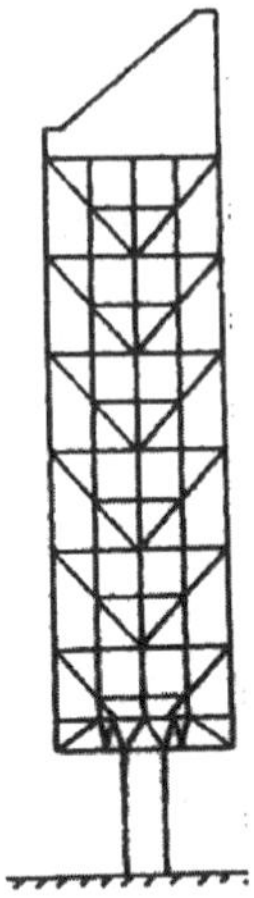

图 6-5 美国纽约花旗银行大厦结构简图示意

(图片来源:http://architecturelab.net/late-modernism-care/)

总之,这样的设计,虽说有点非主流,也有点难看,但确实是有新意的,并解决了小教堂所带来的一系列难题。房屋建好后成为纽约地标建筑之一。

问题：从工程师的专业角度如何评价该设计？

A-2

一切相安无事，一直到1978年6月，普林斯顿的一名本科学生Diane Hartley准备以花旗银行大厦为案例，然后打电话给勒曼歇尔的团队，根据设计图纸和相关数据，并经过多次测算，发现这幢楼在45°的风荷载作用下，可承受的风载荷相当小。这名学生百思不得其解，再次向勒曼歇尔的团队求助，在听了学生的询问和担忧后，勒曼歇尔团队的一名初级工程师给出了相应的回复，否认了危险的存在。他在论文的最后记录了自己对于演算结果的担忧，并附上工程师的答复。当然，这名初级工程师还是履行了自己的责任，将这件"小事"告知了勒曼歇尔本人，但由于勒曼歇尔觉得设计之初已经考虑过了各个方向的风荷载作用，并没有发现什么异常，创新的设计使得大厦更能抵抗从斜后方或对角方向吹过来的楼群风。不过，由于当时的纽约市建筑规章只要求计算以垂直角度吹过来的楼群风的影响，所以，没有人真正计算过从斜角方向吹过来的楼群风对大厦的影响(图6-6)。勒曼歇尔认为，让他的学生去攻克这个计算难题对他们来说将是有益的。

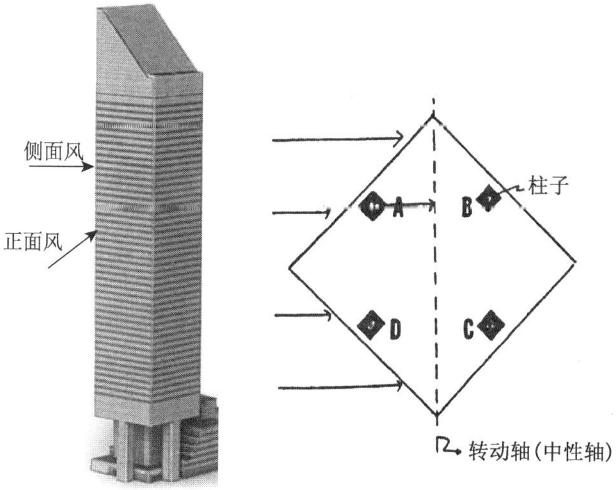

图6-6 美国纽约花旗银行大厦

(图片来源：http://www.buildyourownnewyork.com/Citicorp.html)

直到勒曼歇尔参与位于匹兹堡的一个项目时，施工方提出用螺栓(Bolted Connection)代替焊接(Welded Connection)，因为焊接工艺相较于螺栓更加费时费力。此时，勒曼歇尔突然联想到学生的质疑，因为花旗银行大厦在施工的时候也提出将焊接改为螺栓，当时设计团队同意了。勒曼歇尔想到这里心里咯噔一下，就急急忙忙赶回纽约并对相关问题进行了演算。结果发现，当承受对角线方向的强风时，几个V形支撑钢梁所承受的力相当于设计值的两倍，这对于钢梁本身没什么，如果是焊接节点也没什么，但螺栓就承受不了了。勒曼歇尔这下慌了，如果大厦某些部位遭遇“16年一遇的风暴”，那么大厦很可能会整体垮塌。此时，该地区就要进入飓风季节了。因为当时纽约马上迎来飓风Ella，市民的生命财产面临危险啊！

勒曼歇尔意识到，如实地公开他的研究结果将会把他公司的工程声誉和财务状况同时置于非常危险的境地。不过，他迅速而果断地采取了行动。他先拟定了一份补救计划，对所需要的时间和花费做了预算，并且立即把他所知道的情况通知了花旗银行大厦的业主，业主们的反应同样是果断的。勒曼歇尔提出的修复规划获得了认可，并立即得到了实施。

勒曼歇尔及其团队联合花旗银行、纽约市警察局(NYPD)、红十字会等组织，完善了一个救援方案。据说涉及10个街区的隔离区，有2 500名志愿者随时待命。但这一切是秘密进行的，公众尤其是花旗银行里面办公的所有人员都不知情。与此同时，修缮团队也进驻大楼，以常规改建的名义，焊工夜间工作，在破晓时退出，就像建筑物的居民一样。在接下来的3个月里，建筑工人在每个工作日之后的夜间来大厦工作，在大厦的200个螺栓接头上焊接了两英寸厚的钢板，几乎不为公众所知。

如果工期没赶上，或者哪里再出现差错，这事儿就大了。好在勒曼歇尔团队及时做好了结构修补，安全度过了当年的大风天。台风Ella突然掉转了方向，实际上根本没登陆，大家虚惊一场。碰巧的是，当时纽约出现了报纸印刷业的一次罢工，也在一定程度上导致此事被“淹没”，未见任何媒体。

虽然修复工程花费了数百万美元，但各方的反应却是迅速和负责的，面对责任保险率增加的威胁，勒曼歇尔让保险公司确信，因为他负责任的善后工作，防止了一个代价惨重的灾难发生。作为结果，责任保险率实际上是降低了。

纽约建筑评论专家、帕森斯设计学校的校长保罗·高德伯格表达了他对这幢建筑的感受。他说：“20世纪70年代纽约最重要的建筑就是花旗中心，不仅是因为它一流的让人难以忘怀的外形，更是因为它自然地与城市的融合。”如今花旗中心这幢914英尺高的摩天大楼的坡楼顶已经成为纽约城市的地平线。高德伯格认为花旗集团(Citigroup)是当今世界资产规模最大、利润最多、全球连锁性最高、业务门类最齐全的金融服务集团。它是由花旗公司与旅行者集团于1998年合并而成并于同期换牌上市的。换牌上市后，花旗集团运用增发新股集资于股市收购或定向股权置换等方式进行大规模股权运作与扩张，并对收购的企业进行花旗式战略输出和全球化业务整合，成为美国第一家集商业银行、投资银行、保险、共同基金、证券交易等诸多金融服务业务于一身的金融集团。合并后的花旗集团总资产达7 000亿美元，年净收入为500亿美元，在大约160个国家和地区约有2亿客户，信用卡发行量约6 000万张，成为世界上规模最大的全能金融集团之一。花旗集团在短短五年时间里，总资产规模扩大了71%，股东权益增加92%，资本实力不断提高；总收入提高72%，利润增长2.6倍，表现出不凡的盈利能力；其股票在进行一次送股(每3股送1股)和22次分红派息(每股分红共计$3.82)的情况下，每股净值仍提高了一倍，价格翻了一番。花旗股票是纽约股市著名的绩优蓝筹股，如其业务品牌一样著名。

所有这些，一直隐埋在秘密之中，直到一名叫Joe Morgenstern的记者在一次聚会中无意听到，并且采访了勒曼歇尔本人。17年后的1995年，《纽约人》(*the New Yorker*)杂志刊登了此事，围绕在花旗银行大厦的秘闻才为外界知晓。30页的文件概述了花旗银行大厦建筑中的结构性错误，称为“项目SERENE”。首字母缩写代表“没有人想象得到事件的特殊工程审查”(Special Engineering Review of Events Nobody Envisioned)。后来BBC制作了一档名叫“Citicorp Center Crisis”的纪录片，而其中一位观众Diane Hartley意识到他就是片子里最初发现问题的那名本科学生。

这个故事告诉我们：一名工程师做了正确的事情，但他也谈到了一个更大的问题，即专业人员应该如何行为。“你有社会义务，”勒曼歇尔提醒他的学生，“作为回报获得工程师执照和尊重，你应该是自我牺牲，并超越你自己和你的客户的利益，服务整个社会。”

问题：

(1) 运用美国土木工程师协会伦理章程评价勒曼歇尔在该案例中的行为。

(2) 责任有很多类型。对于勒曼歇尔来说，责任意味着什么？

第四节　对康德的评价

康德对伦理学的关键概念诠释有三个：自由、道德和理性。道德是一种自律而不是他律，所以自由是道德的前提。而道德本质是动机，是基于理性的行动法则。

自由 freedom	意愿决定 Determination of will	自律和他律 Attonomous vs. heteronomous
道德 morality	动机 motive	责任-本能 Duty vs. inclination
理性 Reason	命令 imperative	假言命令-绝对命令 hypothetical vs. categorical

基于理性的行动法则叫绝对命令，是康德表达普遍道德规律和最高行为原则的术语，其经典表示为：除非愿意自己的准则变为普遍规律，否则你不应该行动。康德绝对命令的三条原则是：

- 康德绝对命令的第一条准则："要只按照你同时也能成为普遍规律的准则去行动。"这是道德原则形式上的可普遍化要求。
- 康德绝对命令的第二条准则："无论是谁，在任何时候，都不应该把自己和他人仅仅视为工具，而应该永远看作自身就是目的。"这是道德准则质料方面的或内容方面的要求。它是依据第一条准则推演出来的。
- 康德绝对命令的第三条准则："全部准则通过立法和可能的目的王国相一致，如像自然王国一样。"这是从总整体上对全部准则做完整的规定。它所表达的含义实际上就是"意志的自律"。

康德确立的道德标准太完美了，以至于在现实生活中真正有道德的人凤毛麟角。例如"诚实，不撒谎"在康德那里是无条件的，即使面对敌人也不应该撒谎。大多数人奉行的是一种"非道德"。"不撒谎，除非……"是一种善意的谎言。不道德的谎言则是非善意的(图 6-7)。因为太完美，所以很多人做不到。根据"应该意味着能够"的法则，非道德行为就有广泛的"正当性"。"正当性"不同于"好"。"好"是专门对道德行为的评价，"正当性"是对不同于道德的价值评价。比如，人权就是一种不同于道德的正当性(图 6-7)。

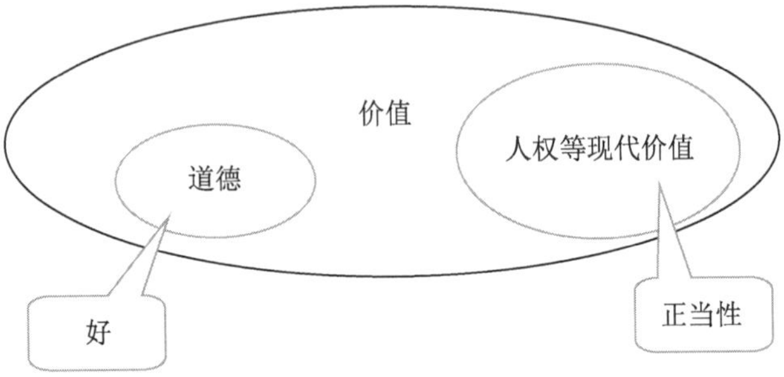

图 6-7　道德只是价值的一种

让我们设想一下：一个朋友正躲在你家里，而一个杀人犯来到你家门口找他。此时对杀人犯撒谎难道不对吗？康德说不对。无论结果如何，说真话的义务保持不变。

邦雅曼·贡斯当(Benjamin Constant)是一位与康德同时代的法国哲学家，他对这种决不妥协的臆断提出异议。贡斯当认为，说真话的义务仅仅适用那些应该得真相的人，而这个杀人犯肯定不应该知道真相。康德回应道，对这个杀人犯撒谎是错误的，并不是因为这伤害了他，而是因为违背了正当性原则："不能避免表达的真实性，这是每个人的正式义务，无论这会对他或任何他人产生怎样的不利。”

不可否认的是，帮助一个杀人犯去实现他的邪恶行为，确实是一种非常严重的“不利”。然而，请记住，对康德来说，道德并不是关于结果的，而是关于原则的。你不能控制自己行为（在这一情形下即为说实话）的结果，因为结果是与偶然性绑定在一起的。你可能不会知道，由于害怕这个杀人犯会过来，你的朋友已经从后门溜出去了。康德认为，必须说真话的原因并不在于这个杀人犯有权利得知真相，或者谎言会伤害他，而在于一个谎言（任何谎言）“都损害了正当性的真正来源……因此，在所有的陈述中都要真实（诚实），是一种理性的神圣的无条件的命令法则，它不允许有任何权宜之计”。

这似乎是一个奇怪而极端的立场。正如没有道德义务来告诉一个纳粹党突击队员，安妮·弗兰克（Anne Frank）及其家人正藏在阁楼上。似乎持康德论者坚持对门口的杀人犯说实话的要求要么是错误地应用了绝对命令，要么就证明了绝对命令很愚蠢。

假设你处于这样的困境中：一个朋友在衣柜里，而杀人犯就在门口。你当然不想帮助杀人犯实现他的邪恶计划——这是一个假设你不想说任何话语来引导杀人犯找到你的朋友，可是问题在于，你会说什么呢？你有两个选择：你可以直接扯个谎说：“不，她不在这里”；或者你可以作出一个真实的，然而却具有误导性的陈述：“一个小时之前，我在路那头的杂货店里看见过她。”从康德论的角度来说，第二种策略在道德上是许可的，而第一种则不是。你可能认为这有点吹毛求疵。从道德上来讲，一个策略性的真实且具有误导性的表述与一个直率的谎言之间到底有什么区别呢？在这两种情形中，你都是在希望能够误导杀人犯相信，你的朋友并不在房子里。康德相信这里有一个至关重要的区别。

让我们来考虑一下“善意的谎言”——那些我们有时候出于礼貌避免伤害感情而说的一些无伤大雅的假话。假设一个朋友送给你一件礼物，你打开盒子，看见了一条难看的、你一辈子都不会系的领带，你会说什么呢？你可能会说：“真漂亮！”

这就是一个善意的谎言。或者你会说：“你真是太客气了！”或者“我从来没见过这样的领带！谢谢你！”这些话会给你的朋友这样一个错觉，你喜欢这条领带。可是它们都不是真实的、康德可能会反对的善意谎言，因为这基于结果主义的理由而使得道德法则有了例外。体谅他人的感情是一种值得称赞的行为，可是我们必须以一种与绝对命令相符合的方式来追求这一目的，这就要求我们要愿意将自己赖以行动的原则普通化。如果每当我们认为自己的目的具有足够的说服力，因此就能够破例，那么道德法则的绝对性特征就被破坏了。与之相反，真实而具有误导性的表达，并没有以同样的方式威胁到绝对命令。事实上，康德自己在面临一个困境时，就曾援引过这一表达。

康德在与贡斯当交流的早期，发现自己与国王弗里德里希·威廉二世（Friedrich Wilhelm）之间有些麻烦。国王及其检察官认为康德关于宗教的著作贬低了基督教，并要求他答应不再就此话题发表任何意见。康德以一段措辞谨慎的陈述作了回应：“作为陛下忠实的臣民，我将彻底停止所有与宗教有关的公共演讲和论文写作。”

当康德作出这一陈述时，他知道这位国王不会活太久了。在国王驾崩几年之后，康德认为自己从这一承诺中解脱了，因为该承诺仅仅对“作为陛下忠实的臣民”的他而有所束缚。康德后来解释道，他在挑选这些措辞时“非常仔细，以至于我不会被永远地剥夺权利……而仅仅只是当陛下活着的时候”。借助于这一聪明的措辞，普鲁士的这位道德典范，成功地误导了检察官们且没有对他们撒谎。

有些吹毛求疵？可能是的。不过，在一个赤裸裸的谎言与一个精明的伎俩之间，确实是有着非常重要的差别。

康德认为在任何条件下都不应该骗人，这条准则对于儿童来说太不切合实际了。儿童为了保护自己欺骗坏人具有一种不同于道德的正当性。在商业行为中的情形也一样，有个公司为自己制定了一条伦理标准：永远不要欺骗顾客。老板在解释这条伦理准则的时候说：“出来混总是要还的。善有善报，恶有恶报。不是不报，时候未到。所以不要欺骗顾客。”你认为这个公司的不欺骗顾客的伦理准则有道德价值吗？康德认为没有道德价值！但是这不能否认此种商业行为的正当性。

总之，儿童可以奉行“老鼠爱大米”的道德准则，但是成人之间就变成“送我一支玫瑰花”。新疆民歌《送我一支玫瑰花》：你送我一支玫瑰花，我要诚恳地谢谢你。哪怕你自己看起来像个傻子，我还是能够看上你。你要骄傲地轻视我，我要看看你的本领。我要嫁上一个比你还强的，就会刺痛你的心。歌词展现了一报还一报的策略。这里没有道德，只有公平。只有当超我占主导地位时，才能做到“有一种爱叫放手”，爱情完全是出于责任而不是欲望(图 6-8)。

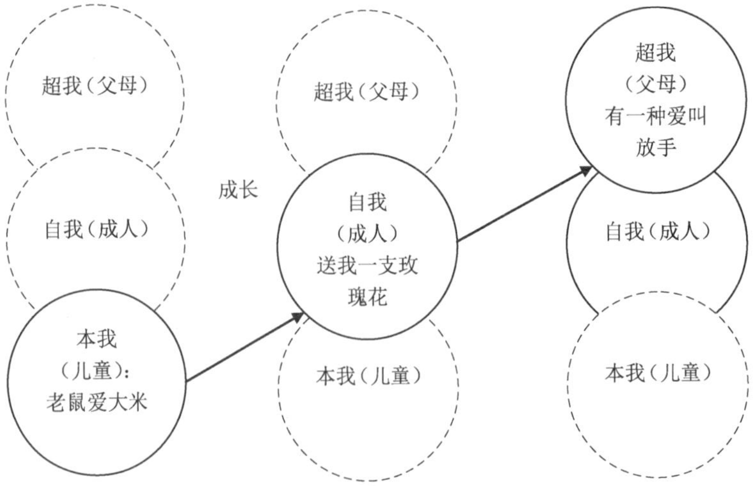

图 6-8　利己、利他与人格结构

亚里士多德认为，一种德性（virtue）就是人的一种值得赞扬的品质，要么是因为它对拥有它的人有好处，要么是因为对其他人有好处。一个有德行的人获得了一种习惯，在特定情况下以特定的方式行动的倾向。为什么要有德行呢？因为我们希望过一种美好幸福的生活。不同的人对幸福生活有不同的理解，为了鉴别正确的概念，我们需要发现人类的恰当功能。如果我们能发现人类区别于其他生物的独特之处，我们就能知道人类的功能了。活着不是我们的功能，因为植物和动物也有这个特征。感知事物也不是我们的功能，因为高级动物也可以这样做。我们的理性能力似乎是我们人类所有的。因此，幸福的生活就是要通过理性运用来获得。如果你不运用你的理性能力的话（不仅仅是将理性运用到科学领域，更是将理性运用到生活领域），你就没有发挥你的全部潜能。

课后练习

1. 判断题

（1）自然王国，就是必然王国。

（2）康德认为，诚信是金。

（3）如果想要X，于是就Y。这就是绝对命令。

（4）康德认为，人是目的，所以对日本侵略者撒谎在道德上是对的。

（5）康德认为，道德是一种实践理性，实践是检验真理的唯一标准。

（6）道德属于必然王国。

（7）康德认为，道德是一种社会契约，而不是人的自我立法。

（8）法国哲学家萨特说："人是不自由的，裁纸刀是自由的。"

2. 思考题

（1）康德断言，说谎是被明确禁止的。对他来说，这是一种道德责任，既然是道德责任，就不允许存在任何例外，即使在一个悲剧性事件中残酷的凶手追杀的无辜者藏在你家中，凶手来了，问你，受害者是否藏在你家。你也应该诚实，不能说谎。你是否同意康德的观点？分两组进行讨论。

正方：道德准则不应该有例外；反方：道德准则应该有例外。

（2）康德的绝对命令要求我们尊敬地对待每一个人，把他们当目的本身而加以对待。这与黄金法则（你们愿意人怎样对待你们，你们也要怎样待人）是不是非常相似呢？

（3）康德似是在暗示，对义务的回应与自律地行动是一回事。可是这如何可能呢？依据义务行动就意味着不得不遵守一项法则。可是，服从于一项法则怎么可能与自由相一致呢？

（4）如果自律就意味着根据我自己给定的法则而行动，那么，什么能保证每个人都会选择同样的道德法则呢？如果绝对命令是我的意志的产物，那不是很可能不同的人会产生不同的绝对命令吗？康德似乎认为，我们都会认同一样的道德法则，可是，他怎么能够确定不同的人不会不同地推理并得到各种各样的道德法则呢？

（5）康德认为，如果道德不仅仅是一种慎重的算计，那么它就必须采取一种对命令的形式。可是我们如何能够得知，道德独立于权力和利益的作用而存在呢？我们是否能够确定，我们拥有那种带着意志自由而自律的行为的能力呢？如果科学家们发现（如通过脑成像或认知等神经科学）我们根本就没有意志自由呢？这会不会否定了康德的道德学呢？

（6）为什么说真正的强大不是惩罚，而是饶恕？

（7）佛祖说："我不下地狱，谁下地狱。"为什么只有佛祖主动下地狱？

（8）萨特说："诞生是我自己的选择。"这句话是什么意思？

（9）欺骗坏人算不算骗人？欺骗坏人在道德上是允许的吗？"不撒谎"作为一种普遍的道德标准，在实践中会遇到什么困境？

（10）责任是否蕴含罪责之意？"我们对自己负责"这句话是什么意思？"我们对别人负责"这句话是什么意思？

第 7 章 工程师与环境

我们这个世界面临两大变革，即人同自然的和解以及人同人本身的和解。

——《马克思恩格斯全集》第一卷，人民出版社，1995 年，第 603 页

推荐电影：《中国综合征》(*The China Syndrome*，1979 年)

片名源自曾参与曼哈顿计划(1942—1946 年)的美国物理学家拉尔夫·拉普(Ralph Lapp)于 1971 年提出的“中国综合征”概念(China Syndrome)，大意为如果美国的核电厂发生不可挽救的炉芯熔解，灼热的核燃料熔液会熔解一切物质并穿透地壳、地幔和地心，直达在地球上位于美国“下方”的中国。

该片讲述了一名电视台记者和摄影师如何揭发被掩盖的核电站重大安全问题，却遭到欲掩盖真相的发电厂人员诸多责难、生命威胁，甚至一名资深工程师也因此被杀害的故事。记者金伯莉和摄影师、录音师一起去加利福尼亚州的一家核电站采访，在主控制室里参观时，赶上核电站出了事故，连地都震动起来，摄影师趁乱拍下了事故现场。后来他们找到专家分析拍摄的录像，专家说他们能活下来就是幸运。但后来核电站继续在事故隐患没有完全排除下发电，虽然金伯莉他们努力想促使核电站检修并把事实公之于众，但其间遇到种种阻力和意外，最终当大家都赶到核电站时，地下传来了隆隆的震动声。

电影上映 12 天后，而巧合的是当年的 3 月 8 日发生了美国三哩岛核电站事故，影片几乎预言了这件事。2011 年，日本东北地区太平洋近海地震后，重新唤回人们对这部预警电影的记忆与讨论。电影当年入围包括最佳男、女主角、最佳原创剧本和最佳艺术指导等数项奥斯卡金像奖，并于第 32 届戛纳电影节上获提名金棕榈奖，杰克·莱蒙荣获电影节的最佳男主角奖。电影入选美国电影学会的 AFI 百年百大惊悚电影。

问题：

（1）核反应堆的冷却水如果烧干，核燃烧有没有可能烧穿地球？核电最大的风险是什么？

（2）日本东京电力公司核泄漏就是因为冷却水被烧干，蒸汽发生爆炸，有害核物质可能流入大海、散入空气，最终流向世界各地。请思考哪些工程项目容易发生国际性影响？

课前测试：环保趣闻，是真是假？

（1）意大利星期天不开车，因为这里的车辆要“单休”。A. 真 B. 假

（2）在新西兰，放屁是一种“过错”。政府认为牛羊排放出的臭气中含有大量甲烷，会使臭氧层受到破坏，进而加速地球表面升温，所以政府开征“屁税”“打嗝税”及“污物税”，希望能减少温室气体排放。A. 真 B. 假

（3）法国政府会强制收垃圾，每户人每月必须上交生活垃圾 4 公斤。环保部门会将这些垃圾分类处理，综合利用。大概为了保量完成此项任务，大家都会将垃圾进行收集，从而避免乱扔垃圾。A. 真 B. 假

（4）加拿大松鼠繁多，蹦到身边索要食物是常有的事。如果有人随意将松鼠踢开，当地的小孩子就会化身为环保小卫士，要求他们向松鼠道歉。A. 真 B. 假

（5）为了保护旅游资源，巴西国家公园的公共开放区域不超过园区面积的 5%，并且每个星期一还会静园一天。A. 真 B. 假

第一节 工程伦理规范与环境

美国涉及环境问题的工程伦理规范有 4 部：美国土木工程师协会（ASCE）、电气和电子工程师协会（IEEE）、美国机械工程师协会（ASME）和美国化学工程师协会（AIChE）的章程。这些章程中直接涉及了环境问题。

ASCE 的章程（1977 年）第一次包含了“工程师应该负起改善环境以提高人类生活质量的责任”的陈述（基于伦理基本准则的实践指南 1. f）。1996 年修订的规范包含了更多地涉及环境的条款。其准则 1“工程师应把公众的安全、健康和福祉放在首位，并且在履行他们职业责任的过程中努力遵守可持续发展的原则”的 6 条解释中有 4 条是关于环境的责任。

> c. 工程师一旦通过职业判断发现情况危及公众的安全、健康和福祉，或者不符合可持续发展的原则，就应告知他们的客户或雇主可能出现的后果。

d. 工程师一旦有根据和理由认为，另一个人或公司违反了准则1的内容，就应以书面的形式向有关机构报告这样的信息，并应配合这些机构提供更多的信息，或根据需要提供协助。

e. 工程师应当寻求各种机会积极地服务于城市事务，努力提高社区的安全、健康和福祉，并通过可持续发展的实践保护环境。

f. 工程师应当坚持可持续发展的原则，保护环境，从而提高公众的生活质量。

规范关于环境的条款分为两类：要求和建议。通过“工程师必须……”这样的规范要求工程师遵守可持续发展的原则，告诉他们的客户或雇主忽视可持续发展原则可能带来的后果，以书面的形式将未能遵守可持续发展原则的信息提供给适当的机构，并且“应配合这些机构提供更多的信息，或根据需要提供协助”。通过“工程师应当……”这样的规范仅仅建议工程师寻找“通过可持续发展的实践来保护环境”这样的工作机会以及工程师应当“坚持可持续发展的原则，保护环境，从而提高公众的生活质量”。规范要求工程师在他们的工作中遵循可持续发展的原则，并提供违背这种原则的后果和违背者的信息。

IEEE 修订的章程（1990 年）也涉及了环境。准则 1 要求 IEEE 的成员：承担使自己的工程决策符合公众的安全、健康和福祉的责任，并及时公开可能会危及公众或环境的因素。

章程仅要求 IEEE 的成员“公开”对公众或环境可能存在的危害，应该将这样的危害仅仅提供给他的直接上司吗？如果他的上司就是问题的一部分，该怎么办呢？如果似乎没有内部补救办法，那么他是否应当将对环境的威胁向组织之外的人公开呢？作为一位专家工程师是否有权力拒绝参与严重违背他的环境立场的工程？这些问题都没有提及。

2003 年 1 月 27 日，欧盟议会和欧盟理事会通过了 2002/95/EC 指令，即“在电子电气设备中限制使用某些有害物质指令”（The Restriction of the use of Certain Hazardous Substances in Electrical and Electronic Equipment），简称 RoHS 指令。2006 年 7 月 1 日以后，欧盟市场上正式禁止六类物质含量超标的产品进行销售。

1998 年，ASME 成为第三个将环境准则引入章程中的主要工程社团。基本准则 8 提道：“工程师在履行职业责任的同时必须考虑到对环境造成的影响。”没有进一步的解释。

这个准则并没有要求工程师因为环境因素而修改他们的设计或改变他们的职业工作，只是“考虑到对环境造成的影响”。这当然不是说，对环境的考虑应该凌驾于所有其他的因素之上，然而，其隐含的意思是，允许机械工程师在他们的职业工作中对环境有一定程度的影响。

ASCE 的章程经常提到可持续发展（sustainable development）。这个术语在 ASCE

的另一份文件“工程师在可持续发展中的作用”中给予了定义。

可持续发展是一个变化的过程，在这个过程中，投资的方向、技术的导向、资源的分配、制度的改革和作用应直接满足人们当前的需求和渴望，同时不危及自然界承载人类活动的能力，也不危及子孙后代满足他们自我需求和渴望的能力。

依据这个定义，可持续发展有两方面的含义。一方面，正如发展这个词所指出的，经济和技术活动必须直接“满足当前的需求和渴望”。另一方面，正如可持续这个词所指出的，这种活动必须在如下的约束中进行：不超过“自然界承载人类活动的能力”，并且不“危及子孙后代满足他们自我需求和渴望的能力”。ASCE 的定义似乎反映了可持续发展概念的宽泛的性质。然而，土木工程师（以及一般的工程师）的特殊职责似乎是发展保护自然资源和保护环境的技术。但是，工程师应当认识到，可持续发展包含了政治的、社会的和道德的维度，而不仅仅是发明对环保更有益的技术。作为工程师，他们的职业贡献与社会其他单元的贡献是相辅相成的。

在考虑环境方面，ASCE 的章程比其他工程社团的章程略高一筹，因为可持续发展要求对环境的责任赋予更多的内容。有人甚至可能会主张，对可持续发展原则的遵循是一个考虑环境的必然的结果，在 IEEE 和 ASME 的章程中也都隐含了此种意思。

2003 年，在 AIChE 修订的伦理章程中包含了有关环境的陈述。该章程的第一条提道：其成员必须“在履行职业责任的过程中，将公众的安全、健康和福祉放在首要位置，并且要保护环境”。

第二节　人类、生物与环境

环境伦理理论大致分为三类：人类中心主义、生物中心主义和生态中心主义。

人类中心主义是要把人类的利益作为价值原点和道德评价的依据，有且只有人类才是价值判断的主体。

古希腊普罗泰戈拉的“人是万物的尺度”表达了最早的人类中心主义思想，它认为个别的人或人类是万物的尺度，即把人类作为观察事物的中心。文艺复兴时期以后的哲学家提出的大宇宙与小宇宙的学说把人看成小宇宙，认为人反映了整个宇宙，也是人类中心主义的表现。各种主观唯心主义认为人创造现实世界，人的精神或人的意志创造整个世界的观点也反映了这种以人为宇宙中心的思想。

“人是万物之灵”吗？以人为本是人类的自大吗？

把没有生命的岩石、土壤、空气和江湖河海当作自然并不奇怪，但是在一个很长的历史时期和很多地方，人们对自然的定义是“除了人以外，全部都是自然”。我们经常说“人是万物之灵”，要“以人为本”，背后隐含的假定就是：在自然界，只有人具有内在的道德价值，因此，判断一个决定是否道德，只有人的价值值得考虑。尽管大猩猩基因与人的基因有98%的相似，我们还是把大猩猩看成动物。这是因为，动物的价值是低于人的，是为人所用。植物则更是如此了。因此，整个自然生态系统最多只有工具价值，是增进人类利益的手段而已。把自然看作被动的这种观念清楚地反映在我们描绘自然界的语言中。土地正等待“开发”，“原始”土地正等待“改良”，自然资源正等待“开采”和“消费”，树木正等待“收获”，河流正等待“利用”来发电，荒野必须被“管理”，像其余的非人世界一样，自然正等待着为人类服务。

古希腊哲学家亚里士多德把自然看作这样一个等级序列：

> 植物为动物而存在，动物为人而存在：家畜旨在供人使用并为人提供食物，野兽（至少它们中的大部分）旨在为人类提供食物和做别的用途，如被制成衣服和各种工具。
>
> 自然绝非漫无目的或徒劳无功地做事，因此，不可否认的是，它创造的所有动物就是供人使用。

这就是西方基督教至少是诞生以后的最初的18个世纪里的主流思想。按照西方主流传统，自然界是为人的利益而存在的。上帝让人统治自然界，并不在乎我们如何对待它。人是世界上唯一具有道德重要性的成员。自然本身没有内在价值，因此对动植物的破坏就不能算是犯罪，除非这种破坏行为危害了人。

人类中心主义的观点实际上是人的一种自恋、自我麻痹、自我强化的一种荒谬的观点。这种观点导致人类产生了对周围的环境的那种强烈的控制欲、改造欲。人和世界的关系是世界万物除了被我们用以外就是被我们吃。强化的人类中心主义，以感性的意愿为价值参照系，把自然事物作为满足人的一切需要的工具，自然界也变成了供人任意索取的原料仓库。这种强化的人类中心主义，就是人类“主宰”“征服”自然的人类沙文主义。

尽管这个传统是如此无情，但它仍然可能关心对自然的保护，只要这种关心与人的福利相关。例如人们反对使用核能，其理由是核燃料（无论是核武器还是核电站）对人的生命是如此危险，以至最好还是把铀元素保留在地下。与之类似，反对污染、使用破坏臭氧层的气体、化石燃料导致全球变暖，等等，都是从给予人类利益方面来考虑的。

彼得·辛格（Peter Albert David Singer），一位提倡保护动物福祉的功利主义者，将西方伦理学中的人类中心主义称为物种歧视（speciesism）。辛格认为，正像种族歧视和性别歧视一样，物种歧视是专断的，在道德上是不公正的。种族歧视是基于肤色和其他种族特征而把一些人排除在道德考虑的范畴之外，性别歧视是基于性别而把一些人排除在道德考虑的范畴之外；物种歧视是基于生物所属的物种而将一些生物排除在道德考虑的范畴之外。辛格并不否认,有正当的理由相信人类的利益通常超过动物的利益。毕竟,人类也许有能力经受更大的苦难,因为他们有更强的自我意识和预测未来的能力。但是,如果人类所经受的苦难和动物所经受的苦难在程度上是相等的,那么人类所经受的苦难就不值得比动物所经受的苦难获得更多的关注。

除了人类以外,其他生命也有其内在的价值。虽然这一信念普遍地出现在近来的环保思想中,但对这些生命在道德上应考虑到何种程度,却是有不同意见的。不过,我们不必准确地回答自然界的哪些部分具有内在价值。从人类的可持续发展来看,指出以下一点就足够了:对非人类世界的关注与人类福祉相关联。减少可利用的农田或抽干地下水的活动将会严重地影响到人类的生存能力。从长远看,一个健康的自然环境对人类的生存是重要的,于是,它就在人类生存这一最基本的意义上与人类福祉相关。

人类的各种项目开发有时会破坏动物的栖息地和生存条件,制造的产品有时会在动物身上以非人道的方式进行实验。在这些情况下,也许就有必要要求决策者在对待动物的合适态度作道德上的思考。

敬畏生命是工程师的优秀品德。泰勒深入讨论了四种义务:

(1) 不伤害,这是不杀害其他生命的义务;

(2) 不干预,这是不干预其他生命自由的义务;

(3) 诚实,这是不违背野生动物信任的义务(如设陷阱);

(4) 恢复,这是在违反上述三种义务作出的补偿。

【案例 7-1】　大坝和小鱼

田纳西流域管理局诉讼案(Tennessee Valley Authority v. Hill):该案是美国最高法院受理的第一起依据美国《濒危物种法》(*the Endangered Species Act*)起诉的案件,是《濒危物种法》在 1973 年通过后首次被司法检验。

地区法院审理认为,泰利库大坝建设在先,驳回起诉。上诉法院 1977 年推翻地区法院的判决,命令地区法院永久性地禁止工程完工,直到国会立法免除泰利库大坝遵守《濒危物种法》的义务,或者将小鱼蜗牛镖鲈从濒危物种名单中删除,抑或是它重新有了栖息地。联邦最高法院 1978 年维持了上诉法院的判决,认为泰利库大坝建设行为未受《濒危物种法》第 7 条的豁免。

问题:为什么要保护小鱼?为保护小鱼放弃大坝建设的理由是小鱼有受保护的权利吗?

2001 年,美国环境法教授在网上票选最著名的十大环保案件,田纳西流域管理局诉讼案以绝对优势拔得头筹。这一堪称环保史上的经典之作,导火索实际上是一种新发现的小鱼蜗牛镖鲈,而就是这种小鱼,使得耗费庞巨的大坝建设项目功亏一篑。

本案最关键的争议在于经济发展与生物多样性保护之间的利益衡量，法院和行政机关以及美国国会事实上是两方利益的代表。很明显，美国国会、美国总统都支持大坝建设完工。但最高法院却认为，国会制定《濒危物种法》的意图就是将濒危物种置于绝对优先保护的地位，不论付出何种代价，都要扭转物种继续灭绝的趋势，因为濒危物种的价值是无法估量的，所以，我们作出停止修建大坝的禁令(injunction)正是根据这个意图，并且也符合联邦宪法所确立的权力分立原则。至于停止修建大坝的禁令是否恰当，最高法院认为，这涉及牺牲大坝建设与牺牲小鱼各自所带来的损失的衡量，但《濒危物种法》和联邦宪法都没有规定联邦法院有权对二者进行功利的比较。让法院在一亿多美元和国会在立法意图中所表明的"无法计算的"价值之间作出抉择，显然勉为其难。法院的任务只是严格执行法律程序，对于国会深思熟虑决定的一项工程，法官在司法过程对此决定是否明智不做考虑，一旦法律的合宪性被确定，司法过程便随之结束。所以，法院无权审查国会的行为，包括无权撤销国会继续向大坝拨款的决议，法院的任务就是根据《濒危物种法》将生物多样性保护置于要求的首位，颁发大坝停建的禁令。

显然，美国法院、国会及行政机关奉行了不同的环境价值观，而这两种价值观也正是世界各国都普遍存在的，可以说在本案中得到了充分的体现。环保优先不光是一句口号或一项政策，一旦严格执行起来，将不可避免地带来与经济发展的对立，这时候，选择何种利益其实并不像本案那么简单。

【案例7-2】 **天　花**

天花这种疾病的历史至少有三千年了，有些古埃及木乃伊的脸上就有天花痘疹的痕迹，仅在20世纪就有大约3亿人死于天花。这种可怕疾病的罪魁祸首就是天花病毒，其中最明显的病症就是遍布全身的水泡，就连口腔里和喉咙里都会有，不过主要是在面部和双臂。感染天花病毒者约三分之一会因此丧命。

虽然天花无药可治，但是这种疾病已经在1979年正式绝迹。不过天花病毒至今仍然存在，被保存在俄罗斯和美国两所保安措施极其严密的机构内。世界卫生组织在根除天花的战役中起了关键性的作用，过去几十年内世界卫生组织一直呼吁俄美两国彻底摧毁天花病毒。

世界卫生组织的呼吁引起了不少人的关注。有人认为如果将该病毒彻底摧毁，这将会是地球上被人类有意识、有针对的行为彻底铲除的第一个生命形式，这是不考虑、不尊重自然的行为。美国自然保护主义生物学家戴维·艾伦菲尔德(David Ehrenfeld)认为应该保留这一物种，应让它们"存在"，因为"这种存在本身就表明了无穷的古老与庄严绵延至今的历史过程"。

请问：

(1) 蓄意灭绝某个物种以及彻底铲除某种生命形式，这是一个道德问题吗？

(2) 是否应该将天花病毒彻底摧毁？应该像保护濒危动物那样保护天花病毒的样本吗？

(3) 天花病毒是否拥有权利？权利的基础是应该不应该吗？有害的东西不应该享有权利吗？有权利灭绝某个物种吗？

(4) 天花病毒该灭绝吗？所有生命体从本质上说是否都是有价值的？

(5) 病毒必须依附在活的细胞上才能移动、生长或者繁殖，那么病毒是生物吗？

思想实验：出去郊游

我周末离开房间去郊游，先后做了以下事情：(1)摘了一片树叶；(2)折了一根树枝；(3)在公园里折了一大根海棠花的花枝；(4)砍掉了一棵人行道上的大树；(5)野餐时不慎烧掉了山上大片树林；(6)森林大火烧死了大量野生动植物。

问题：

从哪一刻开始我的行为是错误的？还是我一直都没有错？砍倒一棵树是谋杀吗？所有的生物都是神圣的吗？是否仅限于有感知能力的生物有权利？某些东西是否比其他东西拥有更多的权利？如果树木没有权利，那还有什么别的理由判定伤害树木是不能的呢？

【案例 7-3】　树有诉讼权吗？树木能站到法庭上为自己辩护吗？

矿金峡谷(Mineral King)位于美国加利福尼亚州图拉里的内华达山脉，是国家森林的一部分。由于位置偏僻、地形险峻又无其他开发，这片被废弃的矿区逐渐恢复了“原野”面目，“原野”面目成为荒野爱好者、户外运动者喜爱的休闲之地。美国林业局从 20 世纪 40 年代开始考虑对该峡谷进行娱乐性开发。1965 年，林业局招标在矿金峡谷建设和经营滑雪场，迪士尼公司中标该娱乐项目，计划在峡谷建设一个包括汽车旅馆、饭店、游泳池、停车场等娱乐设施在内的大项目。为此需占地 80 英亩，并要修建一条穿越美洲杉国家公园的长达 20 公里的高速公路，以及一条高压线。迪士尼公司的开发活动受到以荒野保持为目标的塞拉俱乐部(Sierra Club)的反对并向加利福尼亚地区法院提起诉讼，要求法院确认开发计划违法。地区法院支持了塞拉俱乐部的请求，但上诉法院推翻了地区法院的判决。案件被上诉到最高法院。1969 年 6 月，塞拉俱乐部依据《行政程序法》的司法审查条款，以对“保护和合理维护国家公园、禁猎区以及国家森林”有特殊利益的社团组织的名义向加利福尼亚州地区法院提起诉讼，要求法院确认开发计划违法，并申请法院发布禁令，禁止联邦批准与工程有关的项目或向他们发放许可证。地区法院支持了塞拉俱乐部的请求，但上诉法院推翻了地区法院的判决，认为塞拉俱乐部缺乏诉讼资格，并且缺乏受害证明。案件上诉到最高法院，引起了广泛的社会争议。联邦最高法院的七位法官以4：3的投票结果维持了上诉法院的判决，塞拉俱乐部败诉。但同时，此案例却将环境资源的生态价值、美学价值以及娱乐价值等确认为一种法益，并应当受到法律的保护。

迪士尼公司的开发活动受到以保持荒野为目标的塞拉俱乐部的反对。

持环境伦理学观点的南加利福尼亚大学教授克里斯托夫·斯通为影响法院判决，匆忙写就了《树木能站到法庭上去吗？》的论文，从法律的角度"论证"了自然物的权利，并将之投到《南加利福尼亚法律评论》。凑巧该案主审法官之一道格拉斯是该评论的特邀编委，为该杂志特辑撰写序言，他在文章发表前就仔细阅读过，并受到深刻影响。

塞拉俱乐部有没有诉讼资格？他们诉讼能够获胜吗？他们有"自然物的权利"吗？

1972年4月19日，最高法院终审驳回塞拉俱乐部的诉讼请求，但道格拉斯在判决书中明确表明了反对意见，并多处采用了克里斯托夫·斯通论文的观点和思路。这一判例常被自然体权利论者引为对自己主张的证明。所谓自然体权利论，即认为非人自然物，包括动物、植物甚至生态环境、地球本身都拥有像人一样的生存权利并可以作为法律主体得到保护的观点。虽然在这一案件中，代表自然体权利的塞拉俱乐部并没有胜诉，而且法院的判决书清楚地表明了美国法院对自然体权利诉讼的否定态度，即不仅所谓自然体权利不受法院认可，公民或社团也不能随意以自然体权利代言人的身份自居。但由于塞拉俱乐部的主张在初审中曾受到地区法院的支持，在终审判决中也是仅以一票之差的微弱劣势而险败，似乎离胜利只有一步之遥；而在案件审理过程中，克里斯托夫·斯通发表的支持自然体权利的论文曾经产生了广泛的社会影响，对塞拉俱乐部持同情态度的道格拉斯法官更是在判决书中以极其"动情"和"雄辩"的语言表达了对判决的"谴责"，从而给自然体权利论者以莫大的信心。在他们看来，该案至少证明在法律上承认自然体权利的现实可能性，如果对终审判决投票的法官中有一位动摇，历史可能就会被改写；失败只是持不同意见的法官之间"政治角力"的偶然结果，甚至可归咎于塞拉俱乐部的运气不佳，谁让凑巧碰上这样的审判组合呢；而那些持反对意见的法官之所以拒绝，则是固守传统伦理的顽冥不化甚至是对新权利的"打压"，而非依法律逻辑的合法结果。在这样的理解下，尽管面临的是一份否定判决，自然体权利论者还是喜欢将其作为对自己主张的支持案例。

在自然体权利论者的解读中，人们可以强烈地感受到他们(包括塞拉俱乐部)对所欲保护的峡谷的深厚感情，但却似乎很难感受到对于一个判例分析来说本该必不可少的法律分析。支持他们的结论和主张的，更多的是一种道德上的义愤而非逻辑一致的法理。如果抛开这种环境主义式的强烈情感，从法律的视角审视，该案判决的正当性到底如何呢?

该案最大的争议焦点在于原告的诉讼资格。联邦最高法院的七位法官意见不一。做出肯定上诉法院意见的四位法官认为:依据传统的法律观念和原则,能够提起诉讼的主体应当是受到损害的人。而矿金峡谷所造成的环境精神利益的损害,并非损害了所有人的利益,只有那些真正利用矿金峡谷和美洲杉国家公园的人,像在那里生活、消遣娱乐的人们,才能真正感受到在那里修建公路和滑雪场会使矿金峡谷和美洲杉国家公园的美学价值和休闲价值减损。但是塞拉俱乐部并未主张其自身或其俱乐部成员的任何活动或娱乐会受到迪士尼开发项目的影响。

而另外三位以道格拉斯为首的法官们认为当代公众对保护自然生态平衡的关注应当趋向于授予环境对象以诉讼资格,让它们可以为自己的保存而提起诉讼。在诉讼中,无生命的物有时也可以成为当事人。环境问题上的诉讼资格应当由自然物自身来享有,这样就可以确保它代表的所有形式的生命都可以站在法庭上。所以,虽然那些生态系统中不善于表达的成员无法自己表达意见,但是那些熟知它们的价值和奇迹的人可以为整个生态社区代言。

虽然,最终法院以 4∶3 的投票结果维持了上诉法院的判决,塞拉俱乐部以败诉告终。但同时,此案例却将环境资源的生态价值、美学价值以及娱乐价值等确认为一种法益,并且应受到法律的保护,这也是历史上浓墨重彩的一笔。美国联邦最高法院在意见中对“损害事实”的范围进行了新的解释,经济利益的损害不再是损害的唯一内容,环境资源的美学、娱乐消遣等环境精神方面的非经济价值的威胁与损害同样属于“实际损害”。认为美学以及环境方面的利益和经济生活一样,都是我们生活中不可缺少的组成部分,虽然说环境利益作为公共利益由许多人共同享有,而不像私有财产一样由少数人享有,但并不能因此就认为其不受法律的约束,从而将其排除在司法保护之外。这里的环境美学和环境利益就是环境人格利益。

这意味着肯定了环境人格利益的存在。如果承认环境人格权,我们也无需再大费周章去延伸传统的诉讼资格的概念。以自然物的名义可以在法院提起诉讼,一切问题也就简单得多了。不利于生态的行为更可能被法律及时有效地阻止。

工程项目更多考虑对人的影响,哪怕是视觉审美趣味。上海延安路高架外滩下匝道设计的工程师并没有违反任何工程师的职业规范。但是,其最终的建造成果凸显缺乏人文素养,缺乏超越工程师的经济责任、职业责任之外来为上海人民创造建筑之美的价值[图 7-1(a)]。因此,2008 年 2 月 23 日被拆除。

卢浮宫是一个历史建筑,原入口小到观光客进不去的地步,所以法国政府决定重新打造一个入口,但是又不能破坏原有的建筑。卢浮宫增加新入口是由贝聿铭完成的。当时法国总统找到贝聿铭,请他替法国的卢浮宫做一个新入口。他的回答是:“总统先生,请给我半年时间,我考虑考虑。如果可以我就答应接下这个工程。”所以他就在卢浮宫附近的酒店住了半年，早上去看，黄昏去看；白天去看，晚上去看；下雨天去看，刮风天去看，甚至有时半夜也会去看。最终决定把它做成一个三角形的金字塔，入口从地下上去，这样既不会破坏卢浮宫的景观，又用玻璃来衬托后面的景观，从地下进去来把地下入口打开，不会损坏原来的门[图 7-1(b)]。贝聿铭的设计非常专业，这个工程赢得了大家的赞叹。

(a) 延安路高架外滩下匝道

(b) 卢浮宫新入口

图 7-1 建筑“应该”是什么样子？

人类、动物等生命体具有道德主体的地位，但是无生命的自然界呢？大自然美景的内在价值是否需要进一步考虑呢？人类对溪流、瀑布和峡谷负有道德上的责任吗？

我们属于自然，而不是自然属于我们。自然是野性的和自由的，而绝不是以“奉承”我们为目的的被动的物体。自然是在土壤、植物和动物之间循环流动的能量之源。把自然看作相互依赖的生物群落，这叫作“生态中心的伦理”。它的道德标准是：“当一件事试图去保护生物群落的完整、稳定和美丽时，它就是正确的；反之，它就是错误的。”按照这个宽泛的道德视野，一些环保主义者觉悟到必须重新评估人类的重要性。哲学家保罗·泰勒(Paul Taylor)对此给出了一个生动的和极端的阐述：

> 当最后一个男人、女人和小孩从地球表面消失时，对野生动物和植物不会有任何严重的不利的影响。相反，对许多动、植物也许还会有极大的好处……于是，如果我们人类最终完全灭绝，并且我们不与其他生物一同灭绝，那么不仅地球上的生物群落将继续存在，而且很有可能它们的“安康”会得到进一步保障。简而言之，我们的存在不是必需的。如果我们站在群落的立场上，并聆听它们的心声，那么我们就会发现，我们人类……时代的结束将会受到欢迎，它们或许会说：“真是谢天谢地。”

生态中心的伦理学观点认为：环境跟人类之间的关系至少是平等的，在很多时候环境是要高于人类的。过去我们认为人是大地的主人，海德格尔认为人只是一个护林人，人可以在这片森林里生存，但只是一个管家，而不是这个家的主人，没有权利去生杀予夺。生杀予夺的权利是人类膨胀以后产生的一种幻觉。人类过去认为自己有生杀予夺权利，于是发展到胡作非为的状态。最后发现环境的力量要比人的力量大得多得多，人类最终会遭到环境的惩罚。现在，气候危机成为一种全球性的共识，这是因为人们已意识到环境开始对人类进行报复了。现象学关于人和食物的关系的理论跟佛教的那种众生平等的世界观和道家的理论是比较接近的。海德格尔读过老子的《道德经》译本，深受东方人与自然和谐相处思想的影响。

“西雅图酋长的宣言”是人与自然关系的理想状态。工程伦理关注更多的是人与人之间的关系，即工程项目对人类的负面影响以及这种影响在不同群体之间是否公平。在全球以城市化为手段的经济发展是不可逆的，因此，经济发展必然影响生态环境。问题是将这种影响尽量控制在可以接受的范围。例如，纽约中央公园就是以法律形式划定的“工程项目”（房地产）与“自然生态”的红线。

【案例 7-4】　西雅图酋长的宣言

1851 年，美国政府打算以 15 万美元购买 200 万英亩一大块印第安人的土地，并且承诺给印第安族人一块保留区。

1854 年，苏夸密西跟其他印第安部落的酋长西雅图(Seattle)，发表了一篇堪称史上最美最具深度的环境声明之一，即西雅图酋长的宣言：大地不属于人类，而人类属于大地。美国西雅图市，就是以这位酋长名字命名的城市。

图 7-2　西雅图酋长的思维

您怎么能够买卖天空与大地的温暖热情呢？多奇怪的想法啊！

如果我们并不拥有空气的清新与流水的闪耀，您怎能买下它们呢？

对我的人民而言，大地的每一部分都是圣洁的。每一枝灿烂的松针、每一处沙滨、每一片密林中的薄霭、每一只跳跃及嗡嗡作响的虫儿，在我的人民的记忆与经验中都是神圣的。树中流动着的汁液，载负着红人们的记忆。

当白人的先人在繁星之中游荡时，他们早已遗忘他们出生的家园。

但我们的先人从不曾忘怀这片美丽的大地，因为她是红人的母亲。

我们是这片土地的一部分，而这片土地也是我们的一部分。

芳香扑鼻的花朵是我们的姊妹，鹿儿、马群和雄鹰都是我们的兄弟。险峻的山峰、芳馨草原上的露水、小马暖暖的体温以及我们人类，都是一家人。所以，当伟大的领袖①自华盛顿传话来，说他想要买我们的土地时，他对我们的要求实在太多了。他会为我们保留一片土地，让我们得以舒服地过日子。他将成为我们的父兄，而我们将是他的子民。

因此，我们得考虑你们的要求。但，这并不容易呀！因为这块土地对我们而言非常神圣。

银波荡漾的河水不只是水，而是我们先祖们的血液。倘若我们把土地卖给你们，你们必须要记住，这是神圣的土地。而你们也必定要教导你们的子孙，它是圣洁的，每一片清澈湖水的朦胧倒影里，都述说着故事以及我们生活中的点点滴滴。

那河水呜咽的低徊，是我们先祖的声音。

河，是我们的兄弟，满足了我们的干渴。

河，载负着我们的独木舟，并养育我们的子孙。如果我们将土地卖给你们，你们必定要教导你们的子孙，它是我们的手足，也是你们的兄弟，因此，你们一定要善待河，一如你们善待你们的兄弟一样。我们知道，白人不能体会我们的想法。每一片大地对他们而言，都是一样的。

因为他是个异乡客，夜晚偷偷来袭，并从土地上拿走任何他想要的东西。大地不是他的兄弟，而是他的敌人，当他征服之后，便又离去。他无视父祖的坟地，他不在乎。他剥夺了子孙的土地，一点都不在乎祖先们的劳苦与后代生存的权利。他对待他的母亲——大地及兄弟，就如同绵羊与耀眼的首饰一样，可以随意地买卖与掠夺。他的贪婪将毁灭大地，而最后留下来的，将只是一片荒芜。我真的不懂。我们之间的生活方式是如此的不同。

你们城市的景象刺痛了我们的眼睛。在你们的城镇里找不到宁静。没有一个地方能听到春天枝叶迎风招展的声音，或是虫儿拍翅的欢鸣。但也许因为我是个野蛮人而无法理解吧！这些喧闹声在我们看来只会污损我们的耳朵。假如不能听到夜鹰孤寂的叫声，或是夜晚池畔青蛙的争鸣。那将会是怎样的生活呢？所以我们不明白。

印第安人喜欢微风拂过池面的轻柔细语，以及被午后阵雨所洗净，或是被松翼所熏香的风的味道。大气对我们而言是珍贵的，因为野兽、森林、人类及万物都分享着同样的气息。你们似乎不在意我们所呼吸的空气。就好像死了几天的人，已经对恶臭毫无知觉。

① 指当时的美国第十四任总统富兰克林·皮尔斯（Franklin Pierce，1804—1869年）。

但是，倘若我们将土地卖给你们，你们一定要记住，大气对我们而言是珍贵的，它与它所养育的万物共享着这份灵气。

风，送来了我们祖先的第一口气，也带走了他们最后的一声叹息。假如我们将土地卖给了你们，你们务必维持它的独特与圣洁，使它成为一块即使是你们也可以品尝被花草所熏香的风的地方。因此，我们得考虑你们的要求。假如我们接受的话，我有一个条件，那就是你们必需对待大地上的野兽如自己的兄弟一般。我只是个野人，并不了解其他的想法。

我曾经目睹被过路火车上的人们所射杀的千万头野牛，它们的尸体被弃置于大草原之上任其腐烂。我只是个野人，无法明白这冒着烟的铁马居然会比我们为了生存而杀死的野牛更为重要。

人没有了动物会变得怎么样呢？倘若所有的动物都消失了，人类将死于心灵最深处的空虚寂寞。现在发生在动物身上的事，很快地就会发生在人类的身上。所有的一切都是相互关联的。

你们必须教导你们的子孙，在他们脚下的土地，是我们先民的遗迹。因此，他们才会尊敬这块土地。告诉你们的孩子们，因为有着我们生命的存在，才使得大地更加地丰富。让你们的孩子知道，大地是我们的母亲，我们向来如此教育着我们的子孙。任何发生在大地上的，都会同样地降临在大地孩子身上。

假如人们唾弃了大地，其实他们就是唾弃了自己。我们知道，大地不属于人类，而人类属于大地。我们知道，每一件事物都是有关联的，就好像血缘紧紧结合着一家人。所有的一切都是相互有着关联的。现在发生在大地上的事，必将应验到人类的身上来。人类并不是编织生命之网的主宰，他只不过是其中的一缕丝线而已。他对大地做了什么，都会响应到自己身上。

虽然你们的上帝与他并肩齐步，和他交谈一如他的朋友，但你们也无法豁免于相同的命运。毕竟，我们都是兄弟。我们知道一件事：终有一天我们会看到，你们必将发现我们的上帝是同一位！

你们现在也许认为，因为你们拥有神，所以也可以占有我们的土地，但是不能这样。它是众人的神，它的慈悲平等地分享给我们与你们。大地对它而言是珍贵的，对大地的伤害，是对造物主的轻蔑。你们也终将灭绝，甚至有可能比其他种族还快。如果你弄脏了自己的环境，总有一天会窒息在你所丢弃的垃圾之中。但即使你们死了，上帝也会给你们荣耀，因为他带领你们到这片土地来，又不知为何给了你们统治我们与土地的权力。这样的命运对我们来说真是难以理解。尤其当野牛被屠杀，野马被驯服，当森林中最隐秘的角落也充满了人味，原始的山林景象被电话线所破坏时，我们真是不明白啊！

> 丛林哪儿去了？消失了！
> 老鹰哪儿去了？不见了！
> 美好的生活已经结束，残喘求生的日子开始了！①

如果人类福祉包含着对自然世界体验的需要，而这个自然世界是完全不同于人类生活的世界，它以神秘和“另类”为特征，那么这就有了关注自然的基础，而这种关注超出了仅仅对人类健康的关注。从这一点来讲，荒野和其他环境资源的消失将会损害人类的福祉，即使这种消失不会直接影响到人类的健康。

综上所述，在环境问题上存在三种伦理观：人类中心主义、生物中心主义和生态中心主义。这三种伦理观有一个历史的时间顺序。我们究竟应该用哪种伦理观对待自然呢？

我们认为，人类中心主义体现的是利己主义价值观，如果有一个两难选择：杀害动物还是杀害人类？你怎么选？一般我们选择杀害无辜的动物。因为人类是有自主意识的，可以规划未来，和其他人之间存在有意义的关系。而动物一般不具备这些特征，因此杀死动物损失更小。这个理由虽然不那么令人信服，但你可以给出其他你喜欢的理由，只要这个理由不是“因为他是人类”。利己主义的合理性源于两个方面：一是现实世界的隐秘秩序，他决定了人类道德的底线；二是基于权利，素食主义者可能不吃肉，但是当一只蚊子在他身上吸血的时候，是一巴掌拍死它，还是像赶自己的宠物狗一样温柔地将它轰走呢？二者都是他的权利，是个人的自由选择。

生物中心主义是功利主义观点在环境问题上的体现。人类可以吃狗肉吗？彼得·辛格(Peter Albert David Singer)提出的平等原则要求平等考虑人类与动物的利益，但不要求平等对待动物和人类。例如我们平等考虑男性和女性生育的权利，但不会赋予男性堕胎的权利，因为男性不能怀孕。我们平等考虑动物和人，这不是说要赋予动物选举权和被选举权，因为动物不能理解人类政治。平等原则要求平等考虑人类与动物的利益指的是快乐与痛苦。人们应该平等考虑动物和人类的快乐与痛苦。所以，生物中心主义者的诉求是尽可能减少动物的痛苦。

生态中心主义体现的是更加宏大的责任与关怀。例如对后代的责任、自然生态的审美价值等。当森林被砍伐时，森林的可持续性被打破了。树木随着时间的推移可能会再生，但森林无论如何也做不到与之前的完全一致。砍伐树木获得的利益是短期的，如就业安置、企业利润、出口创汇、更便宜的木材以及造纸。一旦树木被砍伐或由于筑坝被淹没，森林过去的生态环境已经一去不复返了。现在因为真正的荒野的稀缺性而倍受珍惜。基于这个原因，环保学家认为荒野应成为世界遗产。我们从祖先那里继承了荒野，而且必须作为世界遗产为我们的后代保存好。这种观点并不意味着就没有合理采伐树

① Chief Seattle's speech was submitted by Dr. Glenn T. Olds at Alaska's Future Frontiers conference in 1979.

木的任何理由，但是从可持续发展的角度来看，任何此类理由确实意味着一定要把森林对子孙后代的价值进行充分考虑。

反对者认为，荒野几乎没有价值，因为它仅仅具有审美的价值。但人们应竭尽全力保全美丽的东西，如毕加索、高更、伦勃朗、梵高等人的伟大画作。当一个人走进大自然，从岩石顶上驻足远眺，或坐在长满苔藓的巨石的潺潺流水旁，这对于某些人来说可能是一种奇妙的审美体验，甚至是一种精神体验。当自然环境遭到破坏，子孙后代都否认其是美丽的。因此，以人为本的伦理可以成为对环境价值有力的论据基础。

第三节　环境问题的外部性及解决方法

君住江之头，我住江之尾。你的下水道，我的自来水。

重庆人在江边洗衣服、洗澡、刷马桶，上海人在家里用长江的水喝茶烧饭。环境问题基本上出现在产权不明确的地方。

1968 年，美国生态经济学家哈丁在一篇论文中探讨这样一个情境：有许多牧民共用一块公共草场放牛。这时候有一人想多养一头牛来增加自己的收入，但是他也知道，草场的承载能力是有限的，如果再增加牛的数量，这块草场会逐渐退化。但是经过一番理性的权衡，他还是决定多养一头牛。因为一头牛对草场的影响是有限的，而且草场退化的代价是由全体牧民共同承担的，可多养一头牛的收益却是他一个人的，这样算下来他还是赚了。问题是其他牧民也是这么想的，于是大家都开始偷偷多养牛。牛越来越多，终于有一天，草场的资源耗尽了，这群牧民也全部破产。这种情况，就被形象地称为“公地悲剧”：不受规范保护的公共资源一定会被自私的个体过度消耗。这个源自生态学的概念逐渐被多个学科采用，并且能解释很多日常情况。比如公共游泳池人越多，气味就越刺鼻。这种刺鼻的气味是泳池中氯制消毒剂与人体尿液发生化学反应的结果。那为什么总有人会往公共游泳池尿尿呢？其实他们也是抱着这样一种心态，池子这么大，我尿一点点马上就会被稀释的。如果大家都这么想，公共游泳池就遭殃了(图 7-3)。

如果你经常在公共游泳池游泳，也许你有发言权。但是你绝对想不到，有这么多人不讲公德！

工业发展碳排放导致全球变暖，多个国家的航天竞争导致太空垃圾越来越多等，这些都是公地悲剧在人类社会中的体现。

在哈丁公地悲剧的情境中，第一个选择多养一头牛的牧民未必是一个自私自利的坏人。但是由于规矩的缺失，所有人都不得不参与到这场公共资源的争夺中来。因为越是守规矩的好人，最后反而会成为最吃亏的人。也许可以说，如果要走出公地悲剧的困境，

图 7-3　公共游泳池

就必须建立起一套清晰而有力的规则。毕竟，如果侵占公共资源的人不必付出任何代价，那最终受损的将会是整个社会。

公地悲剧很难解决，因为既然每个人都知道，过度使用会导致公共资源枯竭，但是任何参与者都无法阻止事态的继续恶化。因为总有人会抱着就算我不这样做别人也会这样做的心态去为自己牟取更多的利益，加剧事态的恶化。从这个角度看，公地悲剧其实也是一种囚徒困境。每个参与者都从自己的个人利益出发作出选择，结果所有人的利益都受损了。

类似的“公地悲剧”在这世界上比比皆是。例如全球的渔业、发展中国家的农地、巴西的雨林以及酸雨和温室效应。曾经有一段时间在美国“波士顿共有地”的草地上几乎看不到原本到处成群的牛羊。在所有这些情况中，都是由局部正确的决策，造成无法弥补的集体大灾难。

不过公地悲剧也并非完全无解。哈丁就提出可以将公地私有化的方法来解决问题，比如把公共牧场分块划分给个人。那每个人就都有了保护牧场的动机。或者也可以在维持共有的前提下，对人们进入这块公地的权利进行限制和分配。

但是，空气、河流、废弃物的排放等无法确定产权关系，必须通过法律制度、行政措施、经济惩罚等强制手段来限制人们破坏公共利益的行为。比如对图书馆的存包位进行收费，就可以减少随意占用柜子的行为。也有学者提出，利用舆论压力来倒逼大家守规矩，并对遵守规则的人给予一定的奖励。

第一，采取商业手段。美国搞了一个再生银行，也就是说，你把垃圾交给再生银行，银行给你张银行卡，往里充钱。你拿这张银行卡可以在指定的合作商家消费。这是一种新颖的商业模式，这种商业模式在中国有一个妇孺皆知的名字，叫作收废品。美国再生银行的广告牌呀，写了这么一句：你离星巴克只差十磅垃圾。这广告做得好啊，说得好像星巴克是垃圾回收站一样。所以，从某种程度上讲，如果你叫了外卖，你让外卖小哥顺手把你家垃圾带走，那说明你在请他喝咖啡呀。

第二，税收和排污费。新西兰什么多呀，牛羊多，畜牧业发达。新西兰有这么一个规定，他们认为牛羊放屁所产生的甲烷损害了地球的臭氧层，造成了环境污染，所以勒令这些农场主必须交放屁税。

第三，行政手段。法国对于环境的整治(包括对于垃圾的分类)有着极苛刻的要求。法国政府要求每户居民每个月必须上交四公斤垃圾。

第四，利用非政府环保组织的力量。在加拿大，一个松鼠如果被车压到了，并被压死了，这会上当地电视台的头条。加拿大松鼠特别多，遍地都是，经常有松鼠到你身边。如果你抬起脚驱赶松鼠，你会被当地的环保组织勒令道歉，不是向环保组织道歉，而是向松鼠道歉。

法律法规是伦理的基本底线，如果只遵守环境保护的法律法规是远远不够的。

从伦理角度看，工程师有责任注意两个重要的区别：与健康相关的问题以及与健康非直接相关的问题。例如：伤害度标准指的是当污染对人类健康构成了一个确切而紧迫的威胁时，必须将它降低到合理的危害阈值之下。此时，成本不应该作为一个重要的考虑因素。《中华人民共和国环境保护法》提出保护优先，正是由于深切感受到环境问题对人的伤害。对于不确定的危害(可能的)，或不能量化的危害，可以考虑经济因素。如果危害不能挽回，应该赋予它以更高的优先考虑权。

【案例 7-5】　废物处理

ABC 公司的化学废物贮存在一个偏远的仓库里。在检查仓库时，工程师斯科特·刘易斯(Scott Lewis)注意到几个正在泄漏的桶。他叫来 ABC 公司化学废物部门主管汤姆·特里霍恩(Tom Treehorn)。汤姆回答道："我会叫一批员工把这些泄漏的桶从这里搬走。"但是，公司对化学品处理有经验的工程师出差了，要到明天才能回公司上班。工程师斯科特·刘易斯建议出钱让其他人来处理这些化学废物，但是汤姆对斯科特说，他将亲自处理这个问题，ABC 公司也因此节省了一大笔钱。在这个问题上，斯科特应该怎么办？是工程师汤姆组织人员当场处理化学废弃物，还是等明天相关专业人员到公司后再由专业人士来处理？

我们通常所说的危险废物的转移是指产生单位将危险废物交由有资质的经营单位处理的过程。《危险废物经营许可证管理办法》规定，在我国境内从事危险废物收集、贮存、处置经营活动的单位必须持有危险废物经营许可证。也就是说，危险废物的产生单位只能将其危险废物交由持有危险废物经营许可证的单位收集或处理。

我国危险废物经营许可证按照经营方式分类，分为危险废物收集、贮存、处置综合经营许可证和危险废物收集经营许可证两类。其中，持有危险废物收集经营许可证的单位只能从事机动车维修活动中产生的废矿物油和居民日常生活中产生的废镉镍电池的危险废物收集经营活动。

危险废物产生单位在转移危险废物前，需按照国家有关规定报批危险废物转移计划，经批准后，产生单位应当向移出地环境保护行政主管部门申请领取联单。

联单一共分为五联。第一联在产生单位填写完后，加盖公章，交由运输单位签字核实，随转移的危险废物交由接受单位，最终接受单位核实验收后，填写相应的栏目，并加盖公章后，返还产生单位存档。第一联副联在产生单位填写完，加盖公章，交由运输单位签字核实后，自留存档。

第二联在产生单位填写完加盖公章、运输单位签字核实后，交由当地环境保护行政主管部门存档。第二联副联操作如同第一联，由产生单位交由移出地环保部门存档。

第三联操作如同第一联，由运输单位存档。

第四联操作如同第一联，由接受单位存档。

第五联操作如同第一联，由接受地环保部门存档。

确定的和不确定的危害举例

- 废弃物：爆炸性、易燃性、腐蚀性、化学反应性、急性毒性、慢性毒性、生态毒性和传染性等特性中一种或几种特性的生产性垃圾是确定性危害，如废料、废渣、废水和废气等。生活性垃圾为不确定性危害，如废食、废纸、废瓶罐、废塑料和废旧日用品等。
- 臭氧层破坏物质(Oxygen-Doped Carbons，ODCS)为确定性危害。
- 法规已经明确规定的确定性危害，如RoHS限制使用铅、汞、镉、六价铬、多溴联苯(PBB)和多溴二苯醚(PBDE)等6种有害物质。

2000年，荷兰在一批市场销售的游戏机的电缆中发现了镉。事实上，电气电子产品在生产中大量使用的焊锡、包装箱印刷的油墨都含有铅等有害重金属。2003年1月27日，欧盟议会和欧盟理事会通过了2002/95/EC指令，即“在电子电气设备中限制使用某些有害物质指令”(The Restriction of the use of Certain Hazardous Substances in Electrical and Electronic Equipment)，简称RoHS指令。RoHS指令发布以后，从2003年2月13日起成为欧盟范围内的正式法律；2004年8月13日以前，欧盟成员国转换成本国法律/法规；2005年2月13日，欧盟委员会重新审核指令涵盖范围，并考虑新科技发展的因素，拟定禁用物质清单增加项目；2006年7月1日以后，欧盟市场上正式禁止铅、汞、镉、六价铬、多溴联苯和多溴二苯醚共6种物质含量超标的产品进行销售，并重点规定了铅的含量不能超过0.1%。

欧盟法规《化学品的注册、评估、授权和限制》(*REGULATION concerning the Registration, Evaluation, Authorization and Restriction of Chemicals*, REACH)是欧

盟建立的，并于2007年6月1日起实施的化学品监管体系。这是一个涉及化学品生产、贸易、使用安全的法规提案，法规旨在保护人类健康和环境安全，保持和提高欧盟化学工业的竞争力，以及研发无毒无害化合物的创新能力，防止市场分裂，增加化学品使用透明度，促进非动物实验，追求社会可持续发展等。REACH建立了这样的理念：社会不应该引入新的材料、产品或技术，如果它们的潜在危害是不确知的。此标准要求任何一种年使用量超过1吨的高度关注物质（SVHC）在商品中的含量不能超过总物品总重量的0.1%，否则需要履行注册、通报、授权等一系列繁琐的义务。有下列之一的物质，可以被视为高度关注物质（SVHC）：①CMR类，如致癌物，致突变物，对生殖系统有毒的物质；②PBT类，如持久性，生物累积性的有毒物质；③vPvBs类，如永久性和高生物累积性物质；④可能对人类健康环境产生严重影响的物质。

美国有毒物质控制法案（*Toxic Substances Control Act*，TSCA），由美国国会于1976年颁布，1977年生效，美国环保署（EPA）负责实施。该法案旨在综合考虑美国境内流通的化学物质对环境、经济和社会的影响，预防对人体健康和环境的"不合理风险"。对于输美产品属于TSCA监管类别的企业来说，TSCA合规是进行正常贸易的先决条件。TSCA并不像其名字所指把物质分为"有毒物质"和"无毒物质"，而是把物质分类为"现有物质"和"新物质"来进行管理，是否属于"新化学物质"以物质是否被收录在TSCA名录中为准。食品、药品、烟草等物质受美国其他法规管理，免于TSCA申报。TSCA名录为一动态名录，共收录约83 000多种化学物质，分为公开部分和保密部分。列入TSCA名录的物质为现有物质，未列入的则为新物质。现有物质与新物质在美生产商和进口商须履行相应的法规义务。对于未列入TSCA名录的物质，即新物质，在不满足豁免条件的情况下，该物质的生产商或进口商须进行预生产（PMN）申报。对于列入TSCA名录的物质，即现有物质，该物质的生产商或进口商须确认自己的物质与相应的用途是否符合重要新用途规则（SNUR）和化学品数据报告（Chemical Data Report，CDR）要求。属于TSCA监管或豁免范围的产品，在产品入关时必须提供TSCA遵循或豁免声明。

TSCA法规适用于中国企业在美国的分公司，也适用于从中国进口化学品的美国公司。合规要点：企业须判断产品是否属于TSCA监管范围，并判断产品中的物质是否为新物质；如果是新物质并符合相应的豁免条件，则可直接豁免或进行预生产豁免申报，若不可豁免，则须提交预生产申报；如果是一般现有化学物质，则须做TSCA遵循或豁免声明；如果涉及TSCA重点关注物质，需要采取进一步措施。

《巴塞尔公约》的正式名称为《控制危险废料越境转移及其处置巴塞尔公约》（*Basel Convention on the Control of Transboundary Movements of Hazardous Wastes and Their Disposal*），1989年3月22日，联合国环境规划署于瑞士巴塞尔召开的世界环境保护会议上通过，1992年5月正式生效。已有近百个国家签署了这项公约，中国于1990年3月22日在该公约上签字。

《关于消耗臭氧层的蒙特利尔议定书》(以下简称《议定书》)是为实施《保护臭氧层维也纳公约》,对消耗臭氧层的物质进行具体控制的全球性协定。于1987年9月16日在加拿大的蒙特利尔通过,向各国开放签字,1989年1月1日正式生效。其宗旨是:采取控制消耗臭氧层物质全球排放总量的预防措施,以保护臭氧层不被破坏,并根据科学技术的发展,顾及经济和技术的可行性,最终彻底消除消耗臭氧层物质的排放。按照《议定书》的规定,各缔约国必须分阶段减少氯氟烃的生产和消费,在1990年使生产量和消费量维持在1986年的水平;到1993年,生产和消费量要比1986年减少20%;到1998年,保证使氯氟烃的年生产量和消费量减少到1986年的50%。《议定书》还规定在其生效后一年内,每个缔约国应禁止从《议定书》非缔约国的任何国家进口控制物质;从1993年1月1日起,任何缔约国都不得向《议定书》非缔约国出口任何控制物质。该《议定书》还就控制量的计算、发展中国家的特殊情况、控制措施的评估和审查、数据汇报、不遵守情形的确定、资料交流、技术援助等作出了安排。但是,该《议定书》回避了发达国家破坏臭氧层的责任,包含有不利于发展中国家的歧视性条款,且科学论证不够,规定的限控物质范围太小,难以达到防止臭氧层继续恶化的目的,遭到了许多国家的批评。此外,《议定书》虽于1989年1月1日起生效,但直到当年5月130个发展中国家中只有10个国家加入《议定书》。再加上缔约国也普遍认为《议定书》存在明显缺陷,于是决定对《议定书》进行修改。经过1989年3月的"拯救臭氧层伦敦会议"、1989年5月的赫尔辛基第一次缔约国会议、1990年6月的伦敦第二次缔约国会议,终于在1990年6月29日通过了对《议定书》的修正。修正后的《议定书》在许多方面有了重大改进,基本上反映了广大发展中国家的愿望和要求,并建立在更加科学的基础上。因此,预示着全球保护臭氧层的步伐大大加快。我国于1991年6月13日加入修正后的《议定书》。

《联合国气候变化框架公约》(*United Nations Framework Convention on Climate Change*, UNFCCC,以下简称《框架公约》)是1992年5月9日联合国政府间谈判委员会就气候变化问题达成的公约,于1992年6月4日在巴西里约热内卢举行的联合国环发大会(地球首脑会议)上通过。《框架公约》是世界上第一个为全面控制二氧化碳等温室气体排放,以应对全球气候变暖给人类经济和社会带来不利影响的国际公约,也是国际社会在对付全球气候变化问题上进行国际合作的一个基本框架。1994年3月21日,该公约生效。1995年起,该公约缔约方每年召开缔约方会议(Conferences of the Parties, COP)以评估应对气候变化的进展。1997年,在日本京都召开第三次缔约方通过的国际性公约《京都议定书》,规定了各国二氧化碳排放标准,即2008—2012年全球主要工业国家二氧化碳排放量比1990年低5.2%,使温室气体减排成为发达国家的法律义务。按照2007年通过的《巴厘路线图》的规定,2009年在哥本哈根召开的缔约方会议第十五届会议将诞生一份新的《哥本哈根议定书》,以取代2012年到期的《京都议定书》。2014年12月9日,在秘鲁首都利马出席《框架公约》第20轮缔约方会议(COP20)的中国政府代表表示，2016—2020 年中国将把每年的二氧化碳排放量控制在 100 亿吨以下。中国承诺其二氧化碳排放量将在 2030 年左右达到峰值，有推算认为最高将达到 150 亿吨。作为全球最大的二氧化碳排放国，预计中国发布数值目标将对今后的气候变化国际谈判产生影响。

对于全球变暖等气候问题，似乎是不确定的危害。因为关于全球变暖的科学研究存在争论。全球性变暖威胁是真实的还是虚构的？20 世纪 70 年代，许多科学家警告的不是全球变暖而是全球变冷的危险。然而，今天最广泛传播的警告是有关全球变暖。例如，美国气象学会资深研究员鲍勃·考瑞尔(Bob Corell)注意到地球的冰川以惊人的速度后退，北极周围的冰原显著收缩。总计约有一亿零五百万英亩的冰区在过去的 15 年中消融掉了。他相信这些变化的起因是人类活动，特别是使用矿物燃料所创造的二氧化碳。他预言，100 年后海平面最终将升高 3 英尺，在地球上每个国家的低海岸地区泛滥成灾。

然而，并非所有科学家都赞同这个观点。比如麻省理工学院的大气科学教授理查德·林岑(Richard Lindzen)坚持认为，全球性变暖的主张是“垃圾科学”，是给“对警报充满兴趣”的人大肆宣传机会的骗局。林岑争辩道，即使这些人所发表的数据是准确的，这些数据也不支持所得出的结论和所作出的可怕预言。而且他宣称，敢于挑战关于全球变暖的官方观点的专家被恐吓保持沉默，特别是受到中断研究资金和限制出版的威胁。为了支持这个主张，他援引了他自己和其他国家的几名科学家的经验。

作为好莱坞的商业娱乐片，电影《2012》是想象力虚构的产物，那么支撑哥本哈根会议的全球变暖理论，难道也只是一个童话故事吗？

有一派观点认为，气候大战是一个骗局。地球变暖也是一个商业骗局。有研究发现，地球变暖与二氧化碳之间的关系是相关关系，因果关系还要看谁是因，谁是果(图 7-4)。

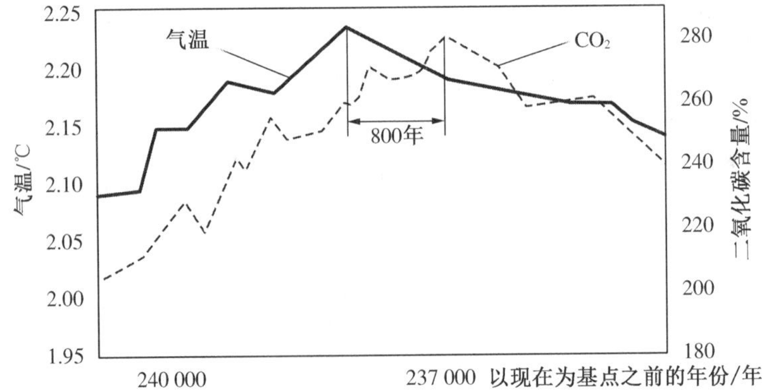

图 7-4　地球气温与二氧化碳含量关系图

图 7-4 给出的是 24 万年前的数据，气温是实线，二氧化碳是虚线。当你没有受过严格的统计训练时，你看到这个图，你的第一个反映就是气温与二氧化碳含量是相关关系！二氧化碳含量上涨了，气温也上升了，两个是一样的，因此这几十万年来真正驱动气温上升的是二氧化碳含量。①

美国克林顿时期的副总统阿尔·戈尔（Al Gore）就是凭这幅图拍了影片《难以忽视的真相》（*An Inconvenient Truth*），并因此获得诺贝尔和平奖。

但是，受过严格统计训练的人都知道，相关关系不一定是因果关系。在图 7-4 中，假设气温上升与二氧化碳含量有因果关系，你怎么知道二氧化碳是原因、气温是结果呢？有没有一种可能是气温上升导致二氧化碳增加呢？图 7-4 中间 800 年这段时间的数据，气温的数据线向下，二氧化碳数据线向上。气温达到最高点之后 800 年二氧化碳才达到最高点。这说明真正驱动的是气温，气温先达到最高点，然后带动二氧化碳到达最高点；气温下跌 800 年之后二氧化碳才跟着下跌。也就是说，是气温带动二氧化碳，而不是二氧化碳带动气温。所以，公鸡一叫就知道天快亮了，公鸡不叫天也会亮！公鸡叫不是天亮的原因，天亮才是公鸡叫的原因。麻省理工学院的一位教授说："二氧化碳脱离大气之后会进入海洋，也可以脱离海洋进入大气。如果你加热海洋的表面，二氧化碳就会出来；如果冷却海洋的话，二氧化碳就会进入到海洋里去。"由于二氧化碳是可溶的，所以地球上的海洋是二氧化碳最大的吸收者。人类活动产生的二氧化碳其中一半都被海洋吸收了，海洋被称作地球二氧化碳的存储器。按照物理学的原理，温度越低，二氧化碳在水中的溶解度越高；温度越高，二氧化碳在水中的溶解度越低。因此当海水温度升高时，二氧化碳就会从水中跑到空气中，这就像啤酒、可乐在温度升高时，气体会从里面跑出来一样。

因此，有观点认为，数以百万计的工作机会（尤其在欧美）是依赖于全球变暖产业。欧美各国已经搞出了碳交易市场。你生产一吨钢就会产生碳，你们只要制造出二氧化碳就是不道德，因此你们就要来赎罪。怎么赎呢？你就到欧洲的碳交易中心把你排出的碳换成现金给他们。只要你多排放碳，你就付钱吧！怎么付钱呢？一吨碳多少钱呢？在哪里交易呢？在欧美交易。谁在交易所里面做操盘手呢？华尔街！还有碳关税。以后你不能再用火力发电来炼钢了，所以你们都不要再发展了，如果你们再不听话的话，下次你们国航的飞机飞到欧洲来，我们就要收税！收碳排放税，因为坐飞机，飞机会排出二氧化碳，因此要收税。还有你们中国出口的衣服都要收税，1 件衣服 5 公斤碳，我们就收 5 公斤碳的税，所以以后中国对欧美的出口全部要收碳关税。为了不缴碳关税就必须减排碳，因此你就必须去向欧美购买碳减排的设备。

① 郎咸平.郎咸平说：新帝国主义在中国 2[M].上海：东方出版中心，2010 年，第 83-101 页.

【案例 7-6】 **可持续发展**

格林一家认识到，他们兴旺的机械化耕种事业要付出高昂的代价。因为他们的乡村农舍既做家用，也做商业宅基地。然而，当他们的耕种事业创造了丰厚利润的同时，由耕地上笨重机械带来的震动却破坏了房屋结构。如果他们继续下去，五年之内房子将成为危房，他们也将被迫迁移。而他们获得的利润，却不足以修建新的宅基地，也不足以对房子进行必要的修缮和结构改善。格林夫妇决定为孩子们保住这个家，因此，他们决定减缓机械生产，这也意味着减缓农用机械振动对房子的破坏速度。

十年后，格林夫妇去世，孩子们继承了这份家产。然而，农舍已摇摇欲坠了。建造商来了，一边摇头一边说，要把农舍修好的话，需要花一百万英镑。格林的小儿子(他曾多年担任自家会计)听后愁眉紧锁，双手掩面："如果我们不为担心房子而全力生产，我们在五年前就有足够的钱维护好房子了，可现在，经过十年的低效率生产，我们将为修房子而变得分文不名。"他父母当年试图保住这份家产，可事实上，他们却毁了它。

资料来源：本卓恩·龙博格，《环保论者有问题》，剑桥大学出版社，2001 年。

这个故事可能只被当作关于商业中预先计划的一个教训，为了减缓不可避免的局面，牺牲了经济增长，而这却剥夺了后代需要用来解决他们接过手的问题的资金。如果牺牲经济增长来延缓全球变暖，只是让我们在将来没有足够好的装备来应付变暖所带来的危害，那么，更好的选择是把全球变暖问题搁置在一旁。美国可能认为，许多绿色运动人士试图不惜一切代价来避免环境破坏和格林家不惜一切代价来减少对房屋破坏的做法一样短视。

课后练习

1. 判断对错

(1) 根据欧盟 REACH 法案，如果产品中 SVHC 含量超过 0.1%，年产量超过 1 吨，就要履行繁琐的备案、登记、许可等手续。

(2) "外部性"出现于甲乙双方的交易未经许可影响到第三个人丙。

(3) 经济学家科斯认为，"外部性"的一个重要原因是产权不清。

(4)《环境保护法》确立了"先污染后治理"的原则，于 2015 年 1 月 1 日实施。

(5)《环境保护法》确立了“按日计罚,上不封顶”的违规处罚方法。

(6) 我国《环境保护法》规定:每年 6 月 5 日为环境保护日。

(7) 碳交易就是碳排放额度交易。

2. 思考题

(1) 如果一件事符合市场原则,却不符合社会伦理与社会公正,你会不会去做。就像贵屿镇,被美国《60 分钟》称为“电子废弃物的切尔诺贝利”,靠原始方式回收美国等地的电子垃圾,导致当地孩子体内的含铅量超过正常水平很多倍,妇女流产率高得离谱,癌症发病率也已经高得惊人。绝望的人做绝望的事,但贵屿镇的贫困村民们是否就该通过这样的方式“致富”呢?这时是否需要政府介入改变这种局面呢?(摘自《一沙一世界:郭凯经济学札记》,中华工商联合出版社,2011 年)

(2) 针对全球变暖问题,价格机制作为决定社会偏好的关键机制是完美无缺的吗?为什么?

(3) 威廉·巴克斯特(William Baxter)在《人患失企鹅》一书中如此解释因 DDT 污染而导致企鹅面临的威胁:“我的原则是以人为本,而不是企鹅。对企鹅甜松(Sugar pines)或地质学奇观的危害至少是与人不相干的。以我的原则来看,人们必须进一步说:企鹅是重要的,因为人们喜欢看它们在岩石上蹒跚的姿态……我对未来保护它们的目的没有兴趣。”[①]你同意这种说法吗?这是人们应当保护企鹅的唯一理由吗?

(4) 胡适曾经有句名言:“少谈些主义,多研究问题。”这种观点是否可以应用到环境保护上?为什么?

(5) 人类发射到外太空的一个小型探测器回望地球,从 64 亿公里回望地球(从地球到太阳 40 倍远)拍下一幅照片。用显微镜去找它就是这个圈里的一个小小的灰点而已,就是宇宙中的一粒尘埃。站在这个距离再去回望地球,你会发现在地球这样一个星体上搞环保完全没有必要。因为当我们面对这么广袤的空间的时候,我们还有必要去把这一粒沙粒上弄得特别干净吗?因为资源如果从宇宙这种尺度上看它几乎是无限的啊。你认为呢?

(6) 人是万物的尺度吗?保护环境应该以人为本还是以自然为本?

(7) 古希腊哲学家普罗泰戈拉说“人是万物的尺度,是存在者存在的尺度,也是不存在者不存在的尺度”。而当代伦理学家辛格却说“偏好人类利益重于其他直觉动物的利益,这是一种偏执的物种歧视”。你支持谁的说法,为什么?

(8) 花了几百万造了一辆据说几乎是零排放的电动车,当然被认为是环保的典范,应该加以推广。难道就真的什么问题也没有吗?

(9) 针对下列四幅图(图 7-5)的环境问题,收集在对公司进行环境审计中出现的典

---

① 戴斯·贾丁斯.环境伦理学[M].北京:北京大学出版社,2002 年:第 54-55 页.

型问题。

(a) 雨水口

(b) 河边化工厂

(c) 化学空桶存放点

(d) 应急废水收集池

图 7-5　典型的环境问题

第8章 安全与健康

先其未然谓之防，发而止之谓之救，行而责之谓之戒。防为上，救次之，戒为下。

——荀悦《申鉴·杂言》

推荐电影：《公民行动》(*A Civil Action*，1998年)

《公民行动》[1]是由畅销作家强纳森哈尔的名作 *A Civil Action* 改编，为一真实故事，由派拉蒙影业及镇金石影业共同出品。有毒废品案例伍本(Woburn)癌症地带的故事在美国广受关注，并且在技术文献和文学作品中得到很好记录。《公民行动》就是反映该主题的电影。

位于波士顿北方的伍本镇，15年内8名孩童死于血癌，居民认为与水源被污染有关，造成污染的是美国两大企业集团：葛瑞斯和毕翠斯工厂。大部分的律师不愿承接如此棘手的案子，但当红律师许立建看见了背后的庞大和解金以及他事业的另一高峰，便着手调查。他砸下大笔经费，花费无数精力研究此案，然而却不如预期。为此他失去了名利，失去了朋友，失去了一切。在一无所有的情况下，他才看清楚法律的价值及人性的真义，不屈不挠继续上诉。长达八年的诉讼，终于胜诉，为满足受害者家属期望，两大集团赔偿6 940万元作为清理伍本镇水源的经费，并创下新英格兰州史上金额最巨大的环保案件。

问题：

(1) 如果律师对当事人负责的态度可能会和一个人的良心背道而驰。那么，律师是应该为当事人负责还是听从良心的召唤？

(2) 企业利润与健康安全、个人利益与社会利益，这些二元体的对立在影片中如何展现？作为一个普通人，我们应该如何选择？

---

① 编者按：将 *A Civil Action* 翻译成《公民行动》是一种望文生义式翻译，片名比较确切的翻译是《民事诉讼》。本书中沿用习惯译法。

课前测试：标签的问题

在安全审计中发现外包装上标签有问题，有什么问题？如图 8-1 所示。

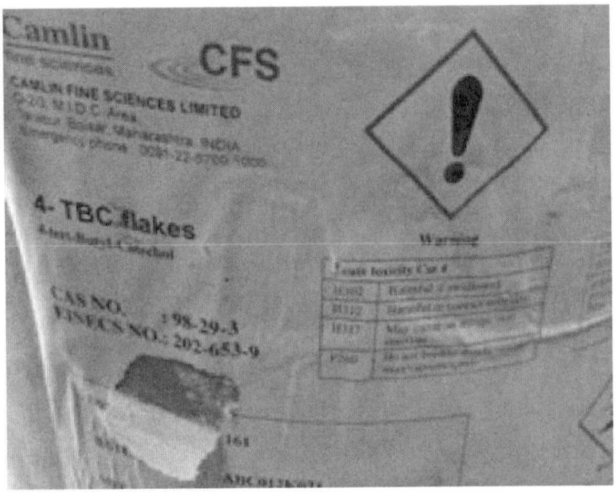

图 8-1 原材料包装上的标签问题

第一节 什么是风险

健康与安全的核心问题是风险管理，什么是风险呢？

所谓风险，是一种含有负面效果或伤害的可能性和强度的一种测量。一个完整的安全管理系统包括三部分：事前要知道风险在哪里，事中要知道风险控制方法，事后是万一发生风险如何处理。俗话说，“老虎屁股摸不得”。讲得很对，但是一定要知道老虎的屁股在哪里，这就是风险识别。对风险的评估有两个维度，一个是后果的严重性，一个是发生的概率。这两个维度组合的矩阵（表 8-1）就是所谓风险评估。安全管理的第一步就要求我们对所有的程序进行评估。

核电站、飞机和处方药在引进之前、之中和之后的预估中都呈现出极端化的特点，由此引发的相应的失败、事故和不良反应都被圈入“低可能性，高灾难性”的事件范畴。然而这种影响巨大的事故也时有发生。尽管汽车安全性能得到了极大提高，但是汽车交通事故仍然夺走众多生命。汽车使用可以被合理地归为“高可能性，高灾难性”的范畴，这还不算它对化石燃料的使用导致的全球变暖和对气候变化的影响。相对而言，从梯子和自行车上摔落、割草机故障或者热水管故障导致的烫伤等都不是致命事故。即使每年会造成几个不幸的个人严重受伤甚至是死亡，但是整体上给社会带来的苦果较低。并且，人们在家里爬梯子、割草坪、拧开热水龙头时知道他们使用的工具可能会发生什么。因此这类事件被看作是“高可能性，低灾难性”的代表。它们和“低可能性，高灾难性”的事件不同，除了发生频次和社会经济影响不同之外，用户对所用工具的潜在熟悉程度也不同。

表 8-1　　风险的分类表

灾难性	可能性	
	低	高
低	短暂停电	从梯子上掉下来
高	核电站事故	交通事故，美国的枪击死亡

【案例 8-1】　永不沉没的泰坦尼克号

泰坦尼克号(RMS Titanic)，是英国白星航运公司下辖的一艘奥林匹克级邮轮，于1909年3月31日在北爱尔兰贝尔法斯特港的哈兰德与沃尔夫造船厂动工建造，1911年5月31日下水，1912年4月2日完工试航。

泰坦尼克号是当时世界上体积最庞大、内部设施最豪华的客运轮船，有“永不沉没”的美誉。然而不幸的是，在其处女航行中，泰坦尼克号便遭厄运：她从英国南安普敦出发，途经法国瑟堡-奥克特维尔以及爱尔兰科夫(Cobh)，驶向美国纽约。1912年4月14日23时40分左右，泰坦尼克号与一座冰山相撞，造成右舷船艏至船舯破裂，五间水密舱进水。次日凌晨2时20分左右，泰坦尼克号船体断裂成两截后沉入大西洋底3 700米处。2 224名船员及乘客中，逾1 500人丧生，其中仅333具罹难者遗体被寻回。泰坦尼克号沉没事故为和平时期死伤人数最惨重的一次海难，其残骸直至1985年才被再度发现，目前受到联合国教育、科学及文化组织的保护。

图 8-2　1912年4月3日“泰坦尼克号”抵达英国南安普敦港准备10日首航

为什么相信泰坦尼克号是不会沉没的？

1911年，《造船家》(*The Shipbuilder*)发表一篇文章声称，泰坦尼克号“永不沉没”，是航海技术史的里程碑。1911年6月1日，《爱尔兰新闻》和《贝尔法斯特晨报》刊载有泰坦尼克号船体启动的报告，描述了水密舱和电子水密门系统，并认为泰坦尼克号是不会沉没的。

“上帝也弄不沉这艘船！”(God himself could not sink this ship!)当问及泰坦尼克号是不是真的不会沉没的时候，甲板手所给的就是这个答案。

“我搭乘泰坦尼克号，是因为我认为这是一艘安全的船，我听说它不会沉没。”乘客玛格丽特德瓦尼说。

“我们正在换船，在回家的路上，在一艘新的不沉之船上。”另一位乘客汤姆逊碧迪写信回家说。

“我们对泰坦尼克号有绝对的信心，我们认为那船是不会沉的。”当白星航运公司纽约办事处获悉泰坦尼克号有了麻烦，副董事长富兰克林如此宣称。讽刺的是，当他这样说的时候，泰坦尼克号已经沉入海底。

泰坦尼克号残骸再现后，科学考察队采集了金属样本进行分析，结果发现了导致泰坦尼克号沉没的重要细节：造船工程师只考虑到要增加钢的强度，而没有想到要增加其韧性。把残骸的金属碎片与如今的造船钢材对比试验，发现在泰坦尼克号沉没地点的水温中，如今的造船钢材在受到撞击时可弯成V形，而残骸上的钢材则因韧性不够而很快断裂。由此发现了钢材的冷脆性，即在－40～0℃的温度下，钢材的力学行为由韧性变成脆性，从而导致灾难性的脆性断裂。用现代技术炼的钢在－70～－60℃的温度下才会变脆。一个海洋法医专家小组对打捞出的泰坦尼克号船壳上的铆钉进行了分析，发现固定船壳钢板的铆钉里含有异常多的玻璃状渣粒，这使铆钉变得非常脆弱、容易断裂。这一分析表明：在冰山的撞击下，可能是铆钉断裂导致船壳解体，最终使泰坦尼克号葬身大西洋海底。

千里之堤，毁于蚁穴，20世纪末泰坦尼克号被打捞出，通过对其铆钉和钢板蒙皮样品分析显示，它们无法承受事故中的碰撞。而且，令设计者和船长颇为自信的保护措施，实际无法有效确保如此规模巨轮的安全，这也令灾难损害更严重。造船工程师菲利普·西姆斯(Philip Sims)最近指出，泰坦尼克号是威廉皇太子号的3倍大，航速快30%，因此，其舷板遭受的冲击能量是后者的5倍。在海难中，巨大的船体加剧了损害。乘客通道的长度使一些乘客无法及时到达救生艇位置，不少救生艇有一半都是空的。因此，即使泰坦尼克号上救生艇足够多，究竟有多少人能够获救，依然是不确定的。

事后分析事故原因时，发现一个主要原因就是一再忽视冰山警讯(至少6次)。根据英国历史学家蒂姆·马尔丁的新研究，一个非同寻常的光学现象：海市蜃楼，是让泰坦尼克号撞上冰山且未能获得附近船只援救的原因。1992年，英国政府的一项调查显示，泰坦尼克号沉没可能与超折射有关，但这种可能性一直未加深究，直至马尔丁研究了天气记录、生还者证词以及长久以来被遗忘的航海日志等资料，马尔丁发现，当天晚上，事发海域的大气光线发生异常的弯曲状况，容易形成超折射，从而形成了海市蜃楼。当时同在附近海域的几艘轮船也都记录了这一现象。马尔丁表示，海市蜃楼使泰坦尼克号上的瞭望台人员没能及时发现冰山，导致加利福尼亚号货轮无法识别出泰坦尼克号并与之取得联系。

船速太快是另一个事后分析的事故原因。在冰山出现季节，在冰山警告屡屡捎来的情况下，船长坚持原来的航行速度。有人争辩说，但事实的速度并不太快(21 节，39 公里/小时)，但是航海日志里看不出船只减速的迹象，特别是在多次收到冰山讯息之后。

把沉船悲剧归结为钢材和铆钉的质量，只是一种“后见之明”，而不是一种客观的、公正的、历史的态度。当时谁也不知道，为了提高钢的强度而往炼钢原料中加入大量硫化物会大大增加钢材的脆性，以致酿成了泰坦尼克号沉没的悲剧。给我们的教训是技术风险的最大特征是具有不确定性。不会沉没的巨轮最终沉没了就是这种风险的生动演绎。

泰坦尼克号的悲剧促使了船舶业的改良。美国国会开始要求船只随时监控广播，1913 年，国际海上人命安全公约要求，必须携带能够装载所有乘客的救生艇，还成立了国际冰情巡逻队，来监控冰山情况。但是灾难还是一再发生。技术准备的报复效应又以乖张顽皮的方式出现了：增加的救生艇降低了一些船只的稳定性，1915 年，东陆号邮轮(Eastland)因为搭载了附加救生艇，导致船身失去平衡在芝加哥港倾覆，造成 844 人死亡。惊慌的乘客在这艘超载的船上左奔右突，直至惨剧发生。

歌诗达协和号的从业者似乎重蹈了覆辙。从 1980 年起，客运轮船业大力推广浅吃水大型船舶，这种轮船现已成为美国移民潮期间跨大西洋大众旅游航线的标志。歌诗达协和号搭载了 4 200 名旅客及船员，其船长经验丰富，备受同行尊重。但是，正如泰坦尼克号撞上冰山一样，长期的成功不代表不会犯错。与泰坦尼克号的史密斯船长一样，歌诗达协和号的船长也延误了乘客疏散，遭到批判——也许是因为过于信任船只性能，在邮轮侧倾 1 小时后才开始疏散游客，此时已经有一半救生艇不能使用了。

目前还没有证据表明，歌诗达协和号的船体像博伟的大教堂或者泰坦尼克号那样，在特殊压力下存在结构缺陷。但很有可能的是，船只的设计者与建造者绝没有料到，礁石会在船壳上留下一道 160 英尺(约合 49 米)长的裂缝。风险总是以意想不到的方式出现。与泰坦尼克号一样，歌诗达协和号的规模，也造成了不曾预见的问题。与之前一样，这艘船上的疏散路线困扰着许多乘客。该船的设计者或许希望借助先进的疏散动力学软件，来安排船只内部的路线，以令最远端舱位中的人也能有秩序地撤离。但苏格兰斯特拉斯克莱德大学的海上安全专家，德拉科·维萨罗斯(Dracos Vassalos)在《今日美国》上指出：“邮轮的内部建筑过于复杂，即使经过实验、计算机模拟或者现实事故的检验，每次模拟事故时都有可能得到不同的结果。”

威廉·H. 麦克尼尔(William H. McNeill，1917—2016年)于1989年撰写了论文《人类事务中的灾难与管控》。其初衷在于探讨肇始于1873年的一连串财政和货币崩溃的原因。何以致管理者未能更好地管理经济系统：每轮金融恐慌之后，政府都会进行改革，然而无论如何精细谨慎，这些改革总会在某个时候一溃千里，重入经济危机的轮回。麦克尼尔认为，问题不在于改革方案不够好，相反，正是由于改革进行得太好了：改革完全达到了管理者的目的，但却是通过转移风险到欠缺组织性的地方来实现的。就好像人类在合作上每精细一点儿、在生产效率上每提高一些，都会对应产生一个新的崩溃临界点；如果的确如此，就像能量守恒一样，有个“灾难守恒”定律存在。

泰坦尼克号悲剧中的工程技术表现为一种“报复效应”。美国普林斯顿大学历史学家爱德华·泰纳在他很著名的科学史书《技术的报复：墨菲法则与事与愿违》中指出，技术具有极大的“报复效应”。所谓报复效应，不是技术人格化地对人类报复，而是复杂系统中技术常常具有的一种特征。

1949年，一位名叫爱德华·墨菲的美国上尉工程师和他的上司斯塔普少校，在做一次火箭减速超重的试验时，因仪器失灵发生了事故。作事故分析时，墨菲发现是测量仪表被一个技术人员装反了而导致了这起事故。他是这样总结这一教训的：如果做某项工作有多种方法，而其中有一种方法将导致事故，那么往往就有人会按这种错误的方法去做。事后，他的上司斯塔普将墨菲的话称为“墨菲法则”，并以简洁得多的方式作了重新表述：“凡事可能出岔子，就一定会出岔子(If you think something wrong can happen，it will)”。他依据的最经典的话是：“面包往下掉的时候，抹了白脱一面冲下的概率和地毯的价值成正比(The chance of the buttered side of the bread falling faced own is directly proportional to the cost of the carpet)。”墨菲法则在技术界道出了一个铁的事实，那就是：技术风险能够由可能性演变为现实性，而且表现形式上还往往是突发性的。

墨菲法则看上去有点调侃的味道，但其背后却隐含着某些深刻的道理。一方面是概率分析的结果常常与直觉不一致，使人们低估了倒霉事出现的机会；另一方面是“蝴蝶效应”会骗人，使人不太相信小事故会在一定的条件下迅速演变成大事故的现象，从而忽略了对小事故的防范。当事故发生时，我们又都以为这是坏运气导致的，便有了倒霉的感觉。

我们所说的注意力问题，正是墨菲法则的一个方面。我们关注什么，是有选择的，世界呈现在我们面前的信息是非常丰富的，但我们通常以我们的内心需求与认识、接受能力做有限的选择，并通常是线性的、片面的、主客观不协调的。所以有时事情发生后，我们才意识到并开始后悔。因此我强调墨菲法则的目的主要是打破我们内心认识世界的自我屏障，尽可能让注意力发散、流动，观察到全局的变化。它像一个风险的守护神，让你备好逃路，然后坐享收获的喜悦；又像黑暗之中的探照灯，照亮你心灵的死角，让你发现常人遗忘的机会。墨菲法则指出了人类的困境，人性的弱点或所遇的悖论，它的指向往往是物极必反后的方向或出常人意料之外的方向。墨菲法则重视的是可能性，包括那些小概率事件，强调事物的变化及不确定性，拓展我们思维或观察的视野，防患于未然。它在冥冥之中提醒我们，面对任何事情，应该考虑得更周到、更全面，要采取一定的保险措施，防止偶然失误给我们带来的灾难和损失。

根据墨菲法则，我们很难保证核电站、转基因技术、人工智能等新技术的发展是绝对安全的，技术似乎是以一种"递弱代偿"的方式演化。它为工程技术哲学探讨提供无限可能的遐想空间。

中世纪教堂的建设为技术的"报复效应"提供了另一类证据。当营建人员搞明白如何建造更加高大、宏伟、充满神圣气息的教堂时，以前建造低矮建筑时不会发生的危险也随之产生了。比如，13 世纪，法国准备建造一个史上最高大的教堂圣彼得大教堂(Cathedral of Saint Peter in Beauvais)。建筑师们使用了当时首屈一指的先进技术：飞拱。这种轻质拱是一项光耀千古的创新，但是它们高耸的设计造型，也带来了前所未有的结构缺陷：在建造完成多年之后的 1284 年，一场暴风雪引发了圣彼得大教堂局部坍塌(图 8-3)。

图 8-3　法国博伟的圣彼得大教堂(法语：Cathédrale Saint-Pierre de Beauvais)
(来源：217.115.252.254)

类似地，600 年后，另一个地标建筑也败在自然力量之下：华盛顿州塔科马海峡吊桥(Tacoma Narrows Bridge)。其倒塌的原因是桥面厚度不足，在受到强风的吹袭下引起卡门涡街，使桥身摆动；当卡门涡街的振动频率和吊桥自身的固有频率相同时，引起吊桥剧烈共振而崩塌。这次事件成为研究空气动力学卡门涡街引起结构物共振破坏的活教材，也被记载为 20 世纪最严重的工程设计错误之一。但是，这种共振破坏也是这时候才认识到的，有关人员在支柱上安装摄录机，以便观测摆动。同时也吸引了不少驾车人士慕名而来，感受其振荡威力的刺激，一些大风的日子，其桥面摆动幅度甚至可达五英尺之多，这种共振是横向的，沿着桥面扭曲，桥面的一端上升，另一端下降。司机在桥上驾车时可以见到另一端的汽车随着桥面的扭动一会儿消失一会儿又出现的奇观。因为这种现象的存在，当地人幽默地将大桥称为“舞动的格蒂”(Galloping Gertie)。他们不知道这是黑色幽默。

工程建造得过于成功，不仅是适应环境，如果到了把环境都改变了的地步，也往往会引发灾难。为了控制北美洲密西西比河的洪水，工程师在河岸附近建造了大坝。以往通过宽阔河面的洪水，如今汇入一条高而窄的通道。这一设计大部分时候是奏效的，但狭窄的河道加快了河水流速，一旦堤坝破裂或洪水漫过大坝，不可避免地，洪灾会快速扩大，受害更广。与此类似，为了防止森林大火，森林管理者广植灌木，但这些灌木更易燃，最后导致灾害无法控制。

可见，工程技术的灾难，主要原因是一种隐藏的技术的报复效应和人在当时历史条件下的认知缺陷。导致灾难的技术不是太落后，而是很先进。在大多数的工程事故里，事故的发生，通常不单纯是技术上的计算错误所导致，而是涉及不当的设计过程，尤其是不当的管理文化。当然，并非所有的工程事故，都涉及工程师个人的伦理问题，就像塔科马海峡吊桥的崩溃、火星极地登陆器和火星气候卫星的损失。灾难往往在哲学层面给人类提出警告：系统越复杂、技术越先进，就越需要配套的管理系统和更加谨慎的心态。

以下这些工程事件，都很难直接寻找到某一个工程师的责任：

2011 年福岛核能灾难(Fukushima Daiichi nuclear disaster)。
2003 年哥伦比亚号航天飞机灾难(Space Shuttle Columbia disaster)。
1986 年挑战者号航天飞机灾难(Space Shuttle Challenger disaster)。
1985 年放射性治疗机 Therac 25 事故(Therac-25 accidents)。
1986 年切尔诺贝利核电站事故(Chemnobyl disaster)。
1984 年博帕尔毒气事故(Bhopal disaster)。
1981 年凯悦酒店走道坍塌事故(Hyatt Regency walkway collapse)。
1980 年爱运河事件(Love Canal)。
1979 年三哩岛核电事故(Three Mile Island accident)。
1978 年花旗集团中心大楼工程危机(Citigroup Center)。
1972 年福特平托汽车安全问题(Ford Pinto)。
1956 年水俣病(水银中毒)(Japan Minamata disease events)。
20 世纪 60 年代雪佛兰科维尔汽车安全问题(Chevrolet Corvair)。
1919 年波士顿蜜糖灾难(Boston molasses disaster)。

1907 年魁北克大桥倒塌(Quebec Bridge collapse)。

1889 年约翰斯敦洪水(Johnstown flood)。

1879 年泰桥灾害(Tay Bridge Railroad disaster)。

1876 年阿什塔比拉河铁路灾害(Ashabula River Railroad disaster)。

因此,灾难给我们最有用的教训就是:灾难是风险的累积,风险是不确定性的累积。风险管理、安全管理的重点是消除不确定性。如果无法消除不确定性,就必须要加倍谨慎。

第二节　复杂系统的特性与工程师的责任

所谓复杂系统,最典型的特征是反馈的延迟和扭曲。延迟是指一件事情 A 发生之后不立即导致事情 B 的发生,比如我们淋浴时冷水和热水的调节,刚打开水龙头出来的是冷水,几秒钟后出来的才是热水,这个过程有几秒钟的延迟。延迟是复杂系统的重要特征。但是我们的大脑又不善于处理延迟的反馈。如果行动和反馈时间或空间上距离比较远,我们学习起来比较困难。比如今天扔的垃圾袋可能几十年以后才能产生对环境的影响,我们就不容易重视环境问题。这就是为什么考试、提问是最好的学习方法,因为它们能够提供及时反馈,及时反馈就便于改进。就拿水龙头调节冷热水的事情来说,仅仅几秒钟的延迟就会带来很大的不便。我们很多人都有这样的经验,就是很长时间才能够调准。刚刚发现温度适合了,立即就觉得水太烫了;于是加冷水,刚舒服了又开始冷了,要反复好多次才能调到一个准确的位置。

切尔诺贝利核电站每名工作者都兢兢业业,非常小心操作,但是核电站还是爆炸了。其中一个最主要的原因就是对于核反应堆的功率反馈存在数秒钟的延迟,于是很难把功率调整到实验所要求的数值,最终由于超调燃料棒而烧毁堆芯。因此,报复效应与副作用不是一回事,副作用是简单系统的线性反馈,而报复效应则是复杂系统存在的延迟或扭曲的正负反馈。

在海难中也能看到类似的三大类趋势:

(1) 更安全的系统有时令船员错估风险;

(2) 更好的设计暴露了过去未有之缺陷,但是在当时的历史条件下又难以认知;

(3) 新型船只令人叹为观止的吨位和复杂程度,加剧了灾难发生时的危害。

复杂系统的信息反馈几乎都不是线性的、及时的,这又使人们看不见复杂系统中隐藏的风险。正是因为泰坦尼克号的设计者和船员是当时最有才华、最富经验的行家里手,这艘船的事故也充分诠释了以上三大类趋势。1907 年,泰坦尼克号船长爱德华·史密斯宣称"我无法想象这艘船会沉没"。尽管如今其豪言已然成为悲剧的谶语，但在彼时，他当时确实有理由如此自信。钢铁巨轮当时确能独自对抗冰山，就在泰坦尼克号遇难的同一年，一艘德国超级客轮"威廉皇太子号"(Kronprinz Wilhelm)，在类似的碰撞中得以幸存，仅略微受损。

【案例 8-2】　北京东方化工厂卸油安全分析

北京东方化工厂隶属北京化工集团总公司，地处北京市通县，该厂原是一个生产丙烯酸酯的化工厂，1996 年，新建成为年生产能力 15 万吨的乙烯裂解装置和相配套的公用系统工程，厂区占地面积 1 800 亩，职工 4 500 人，是一家大型化工企业(图 8-4)。

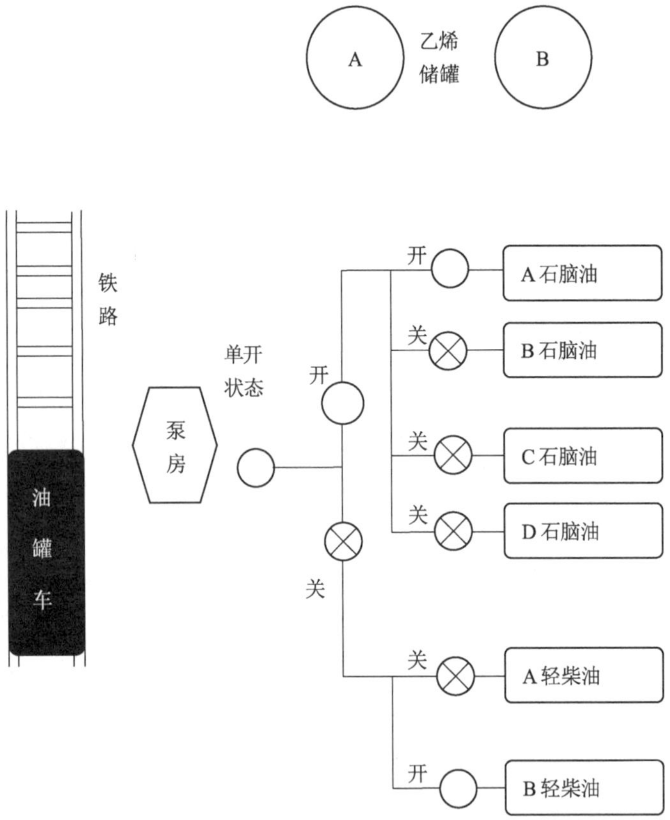

图 8-4　卸油操作区示意图

1997 年 6 月 27 日上午，原料罐区进行石脑油罐装作业。在 20 点前，石脑油 A 罐(ABCD 共 4 个万立方米罐)已经装满。液面已达到 13.7 m。20 点交接班后，上班的工人打开阀门，向原料区的 B 罐灌装轻柴油。21 时许，现场作业的工人闻到一股强烈的油气味，正当操作工走出操作室在罐区查找泄漏时，21 时 27 分，突然一声突如其来的巨大爆炸声响彻天空，瞬间火光四起，通县上空火光冲天。油罐区的罐顶和管架都燃起熊熊大火。15分钟后，21点42分，乙烯B罐发生了解体大爆炸，又一团火球升入天空，火焰高达数百米，火舌向外翻卷达五六十米。浓烟像原子弹爆炸后形成的蘑菇云，不断向上翻滚着。烈火的啸叫声，沉闷的爆炸声接连不断，大火映红了北京城东半个天空。接连不断的爆炸声把人们从睡梦中惊醒，惶恐的人们不知发生了什么，尽力向安全地带逃离。数公里内民房玻璃被震成碎片，远在30千米外的河北省三河县有震感，当时宝坻地震台测定，爆炸威力相当于一级地震。

这次事故损失巨大，后果惨重，事故中有9人死亡，39人受伤，直接经济损失1.17亿元。事故中共烧毁油罐10座，其中万立方米原料罐6座，轻柴油罐4座，乙烯B罐解体成7块残片飞出，其中最重的一块为46吨，飞出234米，另一块13吨，飞到厂外840米远的麦田里。乙烯A罐被炸倒在地，顶部爆有裂口，乙烯C、D罐出入口管线均已烧毁，其余10多个油罐和球罐都有不同程度的烧损。油罐和球罐保温材料脱落，铁皮被炸飞，半地下油泵房爆炸倒塌。火车卸油站台的油罐车烧损，铁轨移位变形，多处管线管架倒塌烧毁。操作室天花板、门窗和表盘被炸塌炸损。罐区周边的房屋及建筑物部分被炸毁，强烈的辐射热将罐区四五平方公里内的树木全部烤焦。

北京市公安消防部门紧急出动，天津市消防队亦赶赴现场扑救大火，共有百余辆消防车、1 500多名消防指挥员投入了灭火战斗。经过40余小时的奋力扑救，控制了大火的蔓延，保住了余下的球罐与油罐，防止了再次爆炸。大火于6月29日12时基本被扑灭，6月30日6时残火被扫清。

6月30日，受北京市人民政府的聘请(部分专家由劳动部推荐)，以北京航空航天大学教授钟群鹏为组长的一行9人组成的专家组赶赴北京东方化工厂。专家组在现场进行了详尽的调查，对火灾现场进行勘查，对爆炸物及B罐的残片、断口进行测定、拍照、取样；搜集生产运行中的所有参数和操作记录，察看和搜集现场有关人员的谈话笔录；并进行现场专题讨论会等。

为了查清事故原因，还临时聘请了空军第一研究所、空军飞行事故和失效分析中心、航空总公司621所、北京航空航天大学、北京科技大学、清华大学、劳动部锅炉检所等9个单位20多名专家参加事故原因的分析试验工作。在大量调查分析的基础上，专家组拿出了“6·27”事故原因分析报告的初稿。分析原因表明，6月27日上午，料罐区进行石脑油卸油作业，到晚上8时前交接班后，铁路油罐车开始向料罐区卸轻柴油。由于操作工开错了阀门，把该送到轻柴油B罐中的轻柴油送到了已装满石脑油的石脑油A罐中了，因为石脑油A罐已装满，所以，导致大量的石脑油冒顶外溢，冒顶溢出的大量石脑油挥发成可燃气体，很快整个罐区弥漫着高浓度的石脑油油气，遇到明火发生爆炸，随后又引起乙烯的爆炸及整个罐区大火。

问题：根据风险的等级管理思路，这次事故的主要责任人是谁？

帕布斯·海因里希，基于其自身的丰富工程经验，提出了如下法则："每起严重事故的背后，必然有29次轻微事故和300起未遂先兆，以及1 000起事故隐患。"1931年，海因里希在《工业事故预防》一书中，阐述了工业安全理论，该书的主要内容之一就是论述了事故发生的因果连锁理论，后人称其为事故三角形理论。事故三角形理论揭示了安全管理中关注行为的重要性。这是安全管理系统中的一个重要环节。

帕布斯·海因里希认为人员伤亡的发生是事故的结果，事故的发生是由于：

(1) 人的不安全行为。指那些曾经引起过或可能引起事故的人的行为，例如，在起重机的吊荷下停留、不发信号就启动机器、工作时间打闹或拆除安全防护装置等都属于人的不安全行为。人的不安全行为或物的不安全状态是由于人的缺点造成的。它包括鲁莽、固执、过激、神经质、轻率等性格上的先天缺点，以及缺乏安全生产知识和技能等后天缺点。人的缺点是由于不良环境诱发的，或者是由先天的遗传因素造成的。

(2) 物的不安全状态。指那些曾经引起过或可能引起事故的机械、物质的状态，它们是造成事故的直接原因。例如，没有防护的传动齿轮、裸露的带电体或照明不良等属于物的不安全状态。工业伤害事故的发生、发展过程就是有一定因果关系的事件的连锁反应过程。多米诺骨牌系列中，一块骨牌被碰倒了，则将发生连锁反应，其余的几块骨牌相继被碰倒。如果移去连锁中的一块骨牌，则连锁被破坏，事故过程被中止。海因里希认为，企业安全工作的中心就是防止人的不安全行为，消除机械的或物质的不安全状态，中断事故连锁的进程而避免事故的发生。

海因里希法则指出的是："问题成堆，但是我们又看不到。"我们在自己的工作与生活中，也都有这样的经验：每起事故，不发生则已，一发生，则往往都是经不起检查的。只要一认真检查，问题必然不止一个，而是"成堆"。事故因果连锁中一个最重要的因素是管理。大多数企业，由于各种原因，完全依靠工程技术上的改进来预防事故是不现实的，需要完善的安全管理工作，才能防止事故的发生。如果管理上出现缺欠，就会使得导致事故的基本原因出现。

要让事故不发生，"事故三角形理论"要求我们遵循3E原则：Engineering(工程技术控制)是运用工程技术手段消除不安全因素，实现生产工艺、机械设备等生产条件的安全。Education(教育控制)是利用各种形式的教育和训练，使职工树立"安全第一"的思想，掌握安全生产所必须知识和技术。Enforcement(强制手段)：借助于规章制度、法规等必要的行政乃至法律的手段约束人们的行为。3E原则可以发展为风险的等级管理模式(图8-5)。

可以把风险比作老虎，有老虎存在，老虎总要咬人的。但是防止老虎咬人的可选择方案有很多种。第一种可选择的方案是待在家里，哪里都不去，这对大多数人来说是不可能的，所以我们还要对风险有良好的管理措施。第二种是把老虎换成猫，猫跟老虎长

危险或风险　消除　替代　工程控制　行政控制　个人防护用品

图 8-5　风险的等级管理(Hierarchy of Controls)

得差不多,养肥一点就更像啦,但是它不咬人。这种方法叫替代。比如使用某种化学品作为溶剂,假如可行,能否用水作溶剂?用风险低的东西替代风险高的东西。氟利昂作为制冷剂破坏臭氧层,能否用其他的东西来替代?第三种是给老虎打一个笼子,就是工程控制,如煤气熄火保护、空气断路器等。如果化学品挥发对人有影响,就把它密闭起来。第四种是驯兽员对老虎进行训练,即采取管理控制的手段。最后一道防护,个人防护。之所以叫风险等级管理,就是越到后面,风险越大。消除、替代减轻后果,工程控制、管理控制和个人防护是减少接触的机会,所有这些加起来,既减少了危害,又降低了概率。但是,因为人的能动性和追求自由的天性告诉我们:人是极其不可靠的。对人行为的管理除了"教育"以外,就是要依靠"强制手段"。这两种手段都不可能保证百分之百的奏效。因此,工程技术控制是行为控制的必要前提。

【案例 8-3】　麦道 DC-10

1966 年,美国航空提出 20 世纪 70 年代需要一种经济性好、对机场配套设施的需要符合当时普遍水平,载客量 300 人左右的大型客机。制造商麦道公司将设计货舱门业务转包给康瓦伊尔(Convair)飞机制造公司。当对第一架麦道 DC-10 进行测试时,飞机货舱门爆裂,地板弯曲变形,控制线路也因此受损。高级工程师阿普尔盖特(Dan Applegate)向公司副总裁写了一个备忘录,详细列举了设计可能导致的危险。他准确地描述了客机舱门可能在飞行过程中敞开、使货舱失压因而造成客舱头顶板断裂的几种情形。因为控制线路从客舱顶板经过,这就意味着完全失去对飞机的控制。阿普尔盖特建议重新设计舱门和加固客舱顶板。他表示,若没有这样的改变,一些 DC-10 货舱门会在空中打开,从而造成坠机。由于担心经济处罚和一旦发生事故将要面对诉讼,康瓦伊尔飞机制造公司没有将这一信息告诉发包方麦道公司。两年后,1974 年,在巴黎郊区上空发生了第一起满载的 DC-10 大型喷气机坠毁事故。346 人丧生,飞机坠毁原因在阿普尔盖特的备忘录已经讲过。阿普尔盖特事先就知道坠毁是注定要发生的,因为这种喷气飞机设计存在缺陷(图 8-6)。

图 8-6　麦道 DC-10 客机货舱门

麦道 DC-10 客机由于货舱门导致的空难实际上是工程控制的失效。大多数客机的舱门都是向内开的，而且舱门比门框略大一些。随着机舱内部压力增加，这种门紧紧嵌入飞机的框架。这种设计保证了舱门的绝对安全。但是麦道 DC-10 客机货舱门是向外开的。这样做的目的是增加飞机的储存空间，舱门关上后用锁扣扣紧门闩。但是这种控制方法难免会出现问题。更严重的是舱门没有关紧的情况下，飞机驾驶员看到的显示仪是关闭的。因此，飞机在飞行中由于内外压力的作用，飞机舱门突然打开，最终导致飞机失压坠毁。

面对复杂的系统，工程师应对安全问题有三大责任：

(1) 风险识别，让风险看得见；

(2) 工程控制，让风险不发生；

(3) 应急预案，让风险最小化。

为了让危险看得见，风险数据显示仪器(温度、压力、液位)的正常运行非常重要。印度博帕尔毒气事故的一个重要原因就是这些仪器几乎全部失灵。航运单中也应该有毒有害的信息。总之，凡是有危险的地方，都应该清楚地标示出风险。如果风险透明了，它就不再是风险了。

安全分析(JSA)工作是让风险看得见的一种手段，由美国葛玛利教授 1947 年提出。它是能有序地对存在的危害进行识别、评估和制定实施控制措施的过程。组织者可以指导岗位工人对自身的作业进行危害辨识和风险评估，仔细地研究和记录工作的每一个步骤，识别已有或者潜在的危害。然后，对人员、程序、设备、材料和环境等隐患进行分析，找到最好的办法来减小或者消除这些隐患所带来的风险，以避免事故的发生。JSA 工作的深入与推广和有效使用，可以帮助企业快速识别运营过程中的各类风险，并及时采取有效的控制措施，从而避免一些重大安全事故或职业伤害事故的发生，提升企业安全管理方面的绩效。

图 8-7 是施工现场的路口，图 8-8 是一个人进入受限空间作业。这两个现场有问题吗？图 8-7 中材料摆放尽管比较整齐了，但仍然不是一个安全规范的现场。材料占据了人行通道和消防通道。图 8-8 中进入容器内作业人员穿戴好防护品，但是因为工作起来比较热，甲摘掉了防护面具。一起工作的同事乙是否会提醒他？也许他也会模仿甲摘掉防护面具，也许他心里想：别弄得尴尬了，他经验丰富，我还是不要提醒他了。作为同事，如果你提醒他人的不安全行为，会阻止不安全行为被模仿，会挽救他的生命，你的善意提醒会得到意想不到的回报。作为员工，同样应该树立这样的观念：健康、安全和环境三位一体的管理体系（Health，Safety and Enviroment，HSE）工作是我的责任，我的地盘我做主，我执行的工作我负责。所以，不论是管理者，还是员工，每个人都需要实施 HSE 观察，帮助员工或承包商提高他们的安全作业能力。只有这样，企业才会拥有更安全的工作场所。

图 8-7　施工现场的路口

图 8-8　进入受限空间作业

正是因为“常人”对风险的判断经常出现误差，所以，我们必须依赖专家对风险做理性的、科学的评估，然后用通俗的语言、形象化的图标把风险告诉大家，最好是“常人”看到这些信息也能了解风险所在，这就是危险品标签的作用。在课前测试中，你也许会认为问题是它“破损”了。你知道这种产品有什么危险吗？我猜你可能不知道。你看得出标签上有一个“感叹号”，大概是警告的意思吧。警告我们什么呢？许多人不知道。不知道有什么风险就是最大的风险。不知道是谁的错呢？是贴标签人的错。因为标签让人看不懂。

9·11 事件发生后,金融机构聚集的世贸大厦里的大量数据化为乌有,这是对所有金融机构的重大挑战。德意志银行(Deutsche Bank)早在 1993 年就制订了严谨可行、可信的业务连续性计划(BCP),当灾难发生后,德意志银行调动 4 000 多名员工及全球分行的资源,短时间内在距离纽约 30 千米的地方恢复了业务运行,得到了客户和行业的好评。摩根士丹利(Morgan Stanley)在 25 层办公场所全毁,3 000 多名员工被迫紧急疏散的情况下,半小时内就在灾备中心建立了第二办公室,第二天就恢复全部业务,可谓金融灾备的典范。与之相反,纽约银行(Bank of New York)在数据中心全毁,通信线路中断后,缺乏灾备系统和有力的应急业务恢复计划,在一个月后不得不关闭一些分支机构,数月后不得不破产清盘。据统计,金融业在数据系统遭到破坏的两天内所受损失为日营业额的 50%,如果两个星期内无法恢复信息系统,75%的公司将业务停顿,43%的公司将再也无法开业,没有实施灾难备份措施的公司 60%将在灾难后 2～3 年破产。9·11 事件后,全球金融业都认识到金融灾备的必要性和重要性,这是金融业在灾难发生时合理避险、快速恢复、稳定运行的关键。

除了应急预案,对已发生事故的记录也很重要。丰田公司从 1937 年成立至今,已经有七十多年了。这七十年里丰田汽车公司发生了很多事情,而丰田就把这七十年所发生的问题、事情、状况、困难、瓶颈、错误、缺失、赔偿等,统统编进了公司辅导教材。丰田公司的管理者有这么一个习惯,一旦发现员工犯错,就会讲一句半开玩笑半认真的话:“真不容易啊,先生,居然能犯一个我们没有出过的错误。”当然,这句话很少讲,因为他们实在想不出还会有什么错误可犯。七十多年来的 2600 多个错误都被编进课本了,就再想不起来还会犯什么错误了。最显著错误的例子就是:丰田公司有一位车间主任把一杯咖啡放在机器上之后,就跑到一边和一名员工说话。由于发动机的振动,结果咖啡就从机器上掉下去了,掉到了传动轴上,结果传动轴里面的线圈被烧坏了,损坏部位的价值为 100 万日元。所以,课本里就有了这样一句话:“一杯咖啡一百万。”从那之后,丰田公司不准任何人把液体的东西摆在发动机上,不论是一杯白开水、一杯汽水、一杯可乐,还是一杯咖啡,一律不准。这个错误是丰田公司的员工在五十年前犯的,五十年来丰田公司不准任何人把饮料摆在发动机上,因为曾经有一杯咖啡价值一百万日元。什么是不简单,把简单的事重复做好就是不简单。

PDCA(Plan, Do, Check and Act)的理念:管理就是有标准、有记录、可追溯和能改进。有句话说:菩萨修因不修果,凡人修果不修因。菩萨更能看到事情的根本,明了事情的因果关系,做事情就是有智慧。事故发生有三个阶段:结果、行为、基因。管理的重点是基因。什么是基因?基因就是导致行为的最核心的因素。比如说,一个搞卫生的阿姨,她工作的结果就是她把家里搞得很干净;行为表现就是她做事情有自己的程序和方法;基因呢?就是她有洁癖。有洁癖的阿姨活干得好,还不在乎钱少。一个人有哪种思想,就会有哪种行为;有哪种行为,就会有哪种结果。结果是目标,行为和思想才是方法。一个只会向下属要结果而不能提供方法的经理人,不是一个无能的人就是一个缺德的人。所以,我们说,“一流公司做文化,二流公司做制度,三流公司做考核”。

出事故以后,责任人在看守所里一定会反思:也许他们觉得自己的命不好,那个事故是他们命里的一个劫难,怎么自己这么倒霉。其实人的命不是一种原因,而是一种结果。是你的思想、行为习惯不好。因为一个人没有那种思想,就不会有那种行为;没有那种行为就没有那种习惯;没有那种习惯就没有那种性格,没有那种性格,哪会有那种命运呢?所以,一个人命不好就是因为性格不好;性格不好就是因为习惯不好;习惯不好就是因为行为不好;行为不好就是因为思想不好。那么从今以后,会不会告诉人家:“我只要结果,不要告诉我过程。”我真希望你的下属马上顶你一句,我就是不知道过程,才不会有你希望的结果。愚蠢不是智商低,而是运用它的聪明才智努力犯错误。

对于大多数组织来说,改进安全绩效越来越困难。其中部分原因是组织过去成功的安全记录。2000年统计数据,美国平均20万工作小时发生伤害事故3起,即33年1次。也就是说,员工一般从工作到退休平均只碰到1次伤害事故。就某一个员工来说,他受伤害的结果与他的工作行为之间的因果联系不是很紧密、鲜明的。一个人在伤害概率很小的情况下,很自然地认为百分之百执行安全规程没有必要。对他们来说,事故发生概率的降低没有投机取巧行为的方便、舒服、省时。也就是说,当因果关系模糊时,人们会低估风险。

随着时间的推移,我们的行业变得更加安全,进步的余度很小。你变得越安全,获得安全改进就越困难。通过绩效考核和个人防护来提升安全体系是非安全体系。安全管理的下一步目标就是标准化安全管理,达到较安全的目标。真正的安全提示是通过公正的文化和事故报告制度来提升安全。所谓公正的文化,第一就是拒绝谎言;第二就是安全责任在上层而不是下层。如果安全事故是底层员工责任,谁敢报告事故?在安全体系中,事故征候报告是很有价值的,因为构成事故征候的因素(预演)很有可能在事故中出现。

在一个超安全体系中告知人们需要更多规范加以约束,需要更严格地遵守规范,并不会使体系更安全,这种做法仅适用于安全程度比非安全体系略高的系统。超安全体系的风险是整个体系逐渐改变了对安全和可接受风险的认知,缓慢滑向失败是这里最大的风险源。这意味着事故征候报告(在上一个层次还是有效的)对于预防和阻止事故已经不再起作用,因为人们对于什么事件属于事故征候的认知已发生了改变。在事故中出现的因素已经不可能被当作事故征候加以报告,因为它们没被当成事故征候。这意味着,提出的安全建议必须聚焦于真正了解什么是人们眼中的“正常”,包括日常遇到的挫折、变通方法和工作中采取的正常化的做法。超安全体系要求要真正了解员工的应变能力:

他们是如何在面对生产压力、设计问题、机构条件和日常干扰时仍然能够完成工作的(图 8-9)。

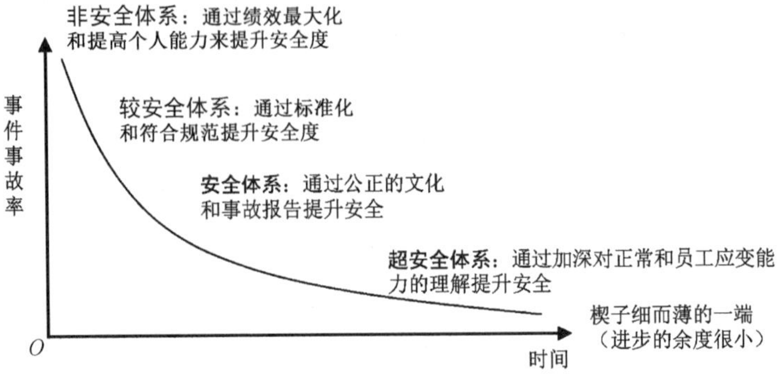

图 8-9　安全措施的意义取决于安全系统是怎样的安全

很多行业在过去一个世纪中已大幅度提升了安全水准，很多企业现在跻身于超安全或接近零事故的范围。对他们而言，就像处于楔子细而薄的那一端，提升的余度很小。强调标准化和符合规范，以及对事故报告体系的投入，有助于企业保持安全水准，然而对提升安全却收效甚微。提升一个超安全或接近零事故体系的安全度无疑是巨大的挑战，几乎没有什么理论可以作为指导。在这些行业里，安全进步曲线已日渐平缓。

同时，超安全或接近零事故的企业仍然偶尔会遭受重大事故。这些事故的原因似乎无从追溯：安全数据、事故报告、安全管理体系诊断出的漏洞或薄弱环节都无法对发生的事情作出预测。

第三节　管理者的决策与工程师的决策

【案例 8-4】　　接口件损坏与温度之间有没有相关关系

“泰坦”火箭每次发射中有 A、B 两只助推火箭(Solid Rocket Booster，SRB)，每只助推火箭上有 3 个连接件，共有 6 个连接件。工程师罗格·博伊斯乔利(Roger Boisjoly)把“泰坦”火箭 24 次发射的数据罗列了出来，以研究在航天发射中助推火箭上的连接件的硬度是否受发射温度的影响。24 次发射中有一次发动机遭到了永久性破坏，这次的损坏数据不算。图 8-10 给出了在该航天飞机的 23 次飞行中，损坏的连接件的个数和发射时的温度。其中 7 次故障情况如表 8-1 所示。

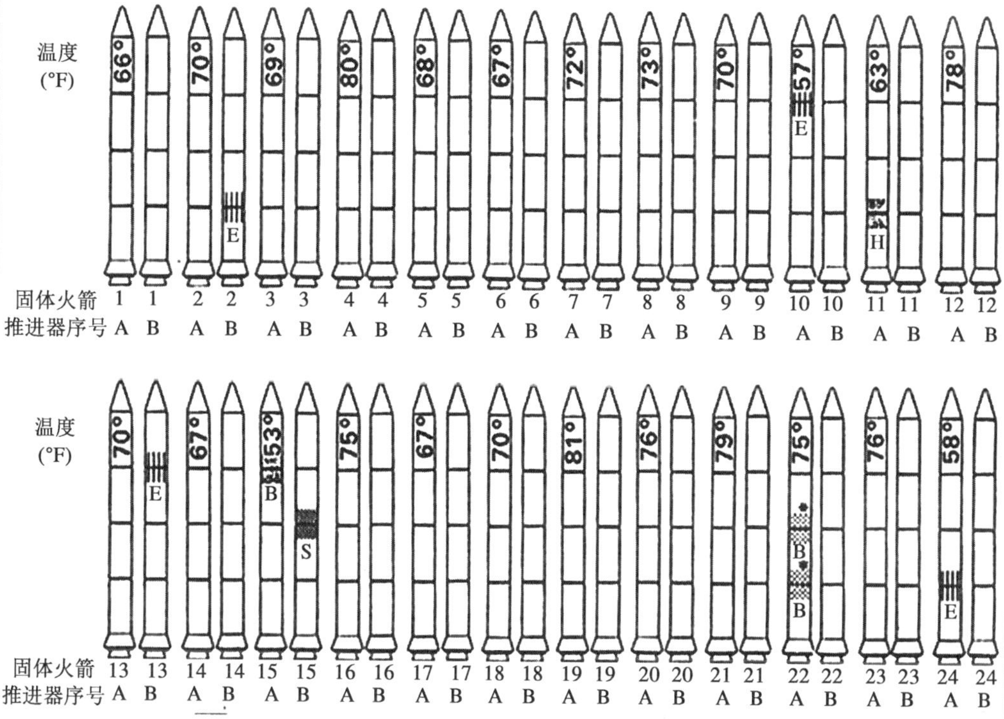

图 8-10 某航天器 24 次发射结果图示

表 8-1 **接口件损坏情况下的环境温度**

次	型号	日期	温度/(°F)	接口件损坏
2	2	1981.11.12	70	1
10	41-B	1984.3.2	57	1
11	41-C	1984.6.4	63	1
13	41-D	1984.8.30	70	1
15	51-C	1985.1.24	53	2
22	61-A	1985.10.30	75	2
24	61-C	1986.1.12	58	1

问题：

根据以上数据材料，请判断接口件损坏与温度之间有没有相关关系。

在“挑战号”航天飞机发射前一天下午，火箭发射场的气温骤降，发射小组需要听一听专家们的意见。18 点左右，电话打到犹他州火箭制造商瑟奥科尔公司的专家们：“是否对零下 5℃发射火箭存有疑虑?”专家们的回答是“是”。接着，发射小组又把电话打到亚拉巴马州马歇尔太空飞行中心的宇航局火箭专家那里。那天晚上，马歇尔太空飞行中心的专家们的确认真地听取了火箭制造商的工程师们关于推迟发射的分析，但他们感觉，他们听到的都是一些情绪化的东西，理性的东西太少。虽然工程师们也出示了一些数据，但都不是决定性的。

瑟奥科尔公司的底线是，它不希望依据它的数据库之外的数据飞行，也就是说，气温低于零下12℃绝对不能发射，这是迄今为止记录的火箭发射时的最低气温。工程师博伊斯乔利也表示，一年前他检查的连接件遭到破坏，主要原因就是气温太低。

讨论进行了近5个小时，美国国家宇航局(NASA)终于表示不会不听火箭设计者的建议而强行发射。就在这个时候，瑟奥科尔公司副总裁杰里·马森(Jerry Mason)请求暂停会议5分钟。在休会期间，杰里·马森找到监理工程师伦德(Robert Lund)，并告诉他说："放下你的工程师姿态，拿出你的经营管理气概。"随后的表决(只有经理参加)形成了公司的官方判定，即不能表明连接件是不安全的。工程师的判断没有被给予足够的重视。这些工程师不能证明发射不安全，这被美国国家宇航局(NASA)看作是瑟奥科尔公司同意发射。接着，杰里·马森就开口说："我们必须拿出一个可操作的决定。"博伊斯乔利马上意识到，公司主管为了取悦最主要的客户——美国国家宇航局，态度已从"不要发射"变成了"可以发射"。公司内部的讨论持续了不是5分钟而是30分钟，包括博伊斯乔利在内的工程师被排除在外，4名高级经理投票赞成发射。博伊斯乔利站起来，抓起那张被烧毁的"O形圈"(接口件)的照片，放到4名高级经理面前的桌子上，但他们连看都不看。老板随即接通了电视会议，通知美国国家宇航局，瑟奥科尔的态度有了变化，"挑战者"号可以发射。在随后的一段时间里，宇航局一直在询问瑟奥科尔公司关于发射的问题，但就是没有问一问瑟奥科尔高层为什么突然改变了主意，他们只是请瑟奥科尔公司把他们改变主意的原因写成文字。当载着新建议的传真在午夜时分传到卡纳维拉尔角时，美国国家宇航局已经下定了在第二天上午发射"挑战者"号的决心。

1986年1月28日，美国"挑战者"号航天飞机在升空后73秒爆炸，全世界的人们在电视机前目睹了这一悲壮的情景。这一事件不仅再次向世人表明人类科学技术进步的艰巨与困难，也揭示了复杂组织内部正式的传播系统是何等脆弱。总统特别委员会开始调查，请参与该项发射计划的人估计一下，像这样发射失败的机会有多大？部分直接参与的工程师说，大约是百分之一的机会。管理部门说，大概10万次才会发生一次。在听到后面这项估计之后，委员会成员之一的物理学家费曼就问："你们的意思是说，如果连续300年每天发射一次火箭，你们预期只会失败一次？"费曼的心算很棒：假如不考虑闰年的话，300年等于109 500天。

在案例8-4中，基于7个数据的样本统计，我们无法得出温度与"O形圈"之间的相关关系。当时没有工程师认识到这是一个认知的心理陷阱，正确的数据分析应该是23个飞行数据样本而不是7个。

"挑战者"号灾难揭示了管理者与工程师之间的分歧与冲突，所有人都卷入"弱信号的困境”：没有统计数据，没有证据！工程师无法把隐形的知识（如经验）转换为显性的知识（让管理者能够理解），航天飞机的爆炸的确是在非常巧合的条件下由小的原因经逐级放大而导致的。基于当下的数据，无法得出温度与“O形圈”故障之间的相关关系。所以，“挑战者”号灾难给安全管理两点启示：第一，应该区分管理者的决策与工程师的决策；第二，组织需要建立一个管理者与工程师之间的沟通平台。

管理者与工程师的观点是不同的。管理者倾向于将所有相关的因素都先列举出来，然后，在它们之间相互平衡并得出一个结论，而不是根据职业实践和标准来思考问题。为了降低成本，管理者可能会认为工程师有时候为了追求安全而走得太远，以致牺牲了诸如成本和市场的考虑。与此形成对比，工程师则倾向于把与设计相关的各种因素做一个序列排列，在考察任何因素之前，必须首先满足安全和质量的最低要求。尽管工程师在某种程度上可能也愿意在安全、质量与其他因素之间谋求平衡，但是，在与管理者的协商中，他们更倾向于认为他们拥有一种坚持安全和质量标准的特殊责任。他们通常强调：一个产品或工艺绝对不能违反既定的工程标准，并且误差不能是累积式的。

这些考虑表明了两种决策之间的区别，一种是“工程师决策”（Proper Engineering Decision，PED），这种决策应该从工程的立场给出；另一种是“管理者决策”（Proper Management Decision，PMD），这种决策应该由管理者从管理的立场作出。二者的“特征”如表8-2所示。

表8-2　　两种不同的决策

工程师决策（PED）	管理者决策（PMD）
一项应该由工程师作出，或者至少受职业工程实践支配的决策，这是因为：（1）它包含了需要工程专家意见的技术事务。（2）它服从于工程章程中的伦理标准，尤其那些要求工程师保护公众健康和安全的标准	一项应该由管理者作出，或至少受管理因素支配的决策，这是因为：（1）它涉及与组织的生存状况相关的因素，诸如成本、计划、营销、员工士气和福利。（2）该决策并不会强迫工程师（或其他职业人员）作出有悖于他们的技术实践或伦理标准的违心的妥协

管理者决策和工程师决策区别的依据是在决策过程中占支配地位的标准和实践。当两种标准处于实质性的冲突时，管理标准不应该超越工程标准，尤其在事关安全甚至事关质量的问题上。即使决定权完全取决于管理者，但人们通常希望听到工程师给出的建议。许多管理决策可以从工程师的建议中获益。即使在安全方面不存在问题，但在诸如设计、比较设计方案以及在如何使产品更具吸引力方面，工程师可以作出重要的贡献。

假设林工程师参与一家化工厂的设计。她必须在阀门A和阀门B之间作出选择。阀门B是由林工程师的上司的一个朋友推荐的，但它不符合项目的最低要求。事实上，这种阀门曾造成过几起悲剧性的人身事故，林工程师也很奇怪它居然仍然在市场上销售。与此形成对比，阀门A是一款艺术级的产品，它有一个更快速地切断装置，并且在紧急状态下发生故障的可能性更小。尽管阀门 A 贵了 5%，但贵出的部分是化工厂建设方能够轻易承担的。因此，在质量和安全方面，选择阀门 A 是一个正确的和恰当的选择。

因为技术知识、安全应该属于工程师决策，成本、时间安排、市场营销等属于管理者的决策。这里，决策显然应该由林工程师和其他工程师作出，或者至少应以工程的考虑作出。这是因为(1)决策涉及可接受的技术标准问题，并且(2)决策以某种重要的方式与公众的安全问题相关，因此，也就与工程师的道德标准相关。在阀门 A 与阀门 B 之间的抉择就是一工程师决策。

我们修改这一案例，使之成为一个管理者决策的典例。假设阀门 A 与阀门 B 在质量和安全性能上是相同的，但是，阀门 B 的供货速度比阀门 A 快多了，还便宜了 15%，而且它是由一家林工程师的公司的某些产品的潜在的客户生产的。然而，阀门 A 是由一家林工程师的公司的某些产品的更大的潜在的客户生产的，培养与这家客户的关系需要长期的承诺，而且花费更大。如果不存在其他需要考虑的因素，那么购买阀门 A 还是阀门 B 的决策就应该由管理者作出，或者至少依据管理的考虑作出。比较管理者决策的两个标准，我们可以认为：(1)管理考虑的因素(比如，供货的速度、成本以及应该培养与哪一位客户的关系的决策)是重要的；(2)管理决策并不会违背工程的考虑。

【案例 8-5】　　德国 ICE-884 高速城际特快列车

德国城际特快列车(Inter City Express)是德国这个以工程技术闻名的国家的一个杰作。它于 1991 年 6 月 2 日投入运营，一时间举国欢庆。此时柏林墙刚刚倒塌 2 年，先进的城际特快列车象征着统一德国的光明前景。城际特快列车很快就受到了乘客的欢迎。投入运营 2 年后，每天约有 6.5 万人乘坐城际特快列车。它快速、舒适而且方便，从航空公司那里吸引来很多乘客。

德国城际特快列车的速度相当高，常规时速达到 250 千米，大大缩短了旅程时间。同时，它拥有先进的安全设施，包括加强铝制造的车架和计算机控制的车上监控系统。但速度和安全并非城际特快列车的所有卖点，它还非常豪华。车厢内配备了空调，座椅上设有耳机，可以选择收听音乐。有的车厢甚至安装了电视。它就像飞机的商务舱一样舒适豪华，这正是设计人员希望的效果。列车采用了镇静钢车轮，即整体车轮。传统的整体车轮又叫一片式车轮，由一块钢铁制成。但不久，经营城际特快列车的德国铁路局发现，这些车轮磨损存在技术问题。车轮磨损的方式非常奇怪，尤其是在列车高速运行时，噪声和震动情况更加严重，乘客在车厢里就能感觉到。这种情况在餐车里最明显，盘子会晃动，眼镜都会掉下来。德国铁路局需要解决这个问题。为了消除“餐厅的隆隆声”，他们必须采取措施，保全城际特快列车平稳的名声。

运营两个月后，德国铁路局决定采用组合车轮代替原来的整体车轮。组合车轮，或者叫“两片车轮”，由一个外轮缘包着一个内车轮，中间还夹着橡胶(图8-11)，这种设计能够帮助减轻震动，使列车行驶更加平稳。1992年8月31日，新的064型组合车轮应用于城际特快列车，立刻改善了旅途质量，餐车上的锅碗瓢盆再也没有叮叮当当地响了。

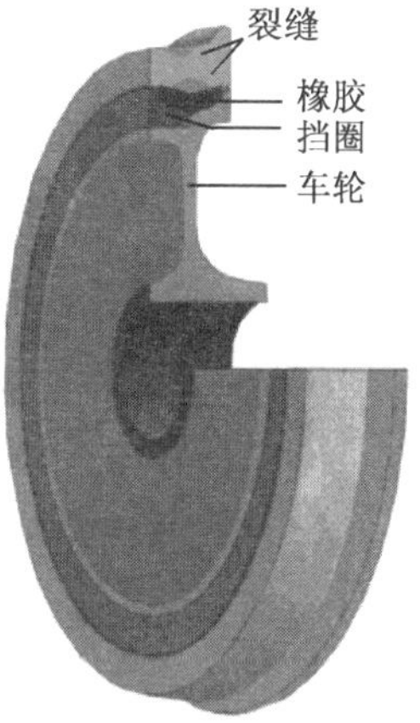

图8-11　组合车轮示意图

工程师应该考虑诸如车辆的美观、乘客的舒适性等要素吗？应该不应该将一片式车轮改为组合车轮？为什么？管理层和工程师在车轮改动问题上有哪些不同的关注点？

初看起来，064型车轮似乎是个很大的进步。直到其中一个车轮出现问题，并引发了一连串可怕事件，最终酿成列车脱轨事故。

1998年6月3日凌晨5点47分，ICE-884城际特快列车从德国慕尼黑启程。ICE-884行程850千米，中途停靠7站，目的地汉堡。这列列车有12节豪华车厢，车上有400多名乘客。

6月4日上午10点56分，ICE-884列车已经运行5小时了。再过40分钟，车上400名乘客就可以到达目的地汉堡了。旅途中一切正常。意想不到的是，第一节车厢猛然发出一声巨响，一个金属板突然插入两个座位扶手间。巨大的金属板在车厢地板上戳出个大洞。听到这声巨响，第一节车厢的人都跳了起来，不知道发生了什么事，但是，这之后一切又短暂地平静下来了，列车走得还很平稳，于是，大家又坐了下来。没有人把这当回事，更不知道灾难要来了。

上午10点57分。受损的ICE-884列车仍在以200千米的时速在乡间穿行。列车开始左右摇摆，像人喝醉了酒一样，乘客在车厢里根本无法站稳。上午10点58分，载有400名乘客的ICE-884列车正以200千米的时速向埃舍德镇飞驰而去，逼近埃舍德镇的路桥。ICE-884列车脱轨了，朝着路桥直撞了过去(图8-12)。

图8-12　ICE-884列车事故现场

11点5分，紧急救援人员赶到事故现场，看见列车车厢堆在一起，向上扭曲，堆了有五六米高，正好在那个堤坝顶部的位置。整座混凝土路桥已经不见了，塌在了地上(图8-12)。破坏情况触目惊心。这辆城际特快列车的8节车厢被挤成一节车厢的长度。数百名乘客仍然被困在废墟之中。事故发生3天后，救援工作终于结束了。101人死亡，105人受伤，这是历史上最严重的列车事故。

第一条线索并非来自事故现场，而是6千米开外的铁道上。调查人员在近4.8千米远的地方发现了受损的铁轨……调查人员在第一节车厢又找到了一个证据。他们发现一截钢板插进了车厢的地板。调查人员意识到，插入车厢的那截巨大的钢板和插在第一节车厢地板上的钢板是同一根。但是它是从哪里来的呢？对车轮进行进一步的检查后，调查人员取得了重大突破：第一节车厢其中一个车轮损伤严重，钢圈已经断了。调查人员得出结论，第一节车厢地板上的那根金属条实际上就是断裂开来的钢圈。它和车轮分离后，扎进了车厢地板。断裂的车轮有一部分变直了，正好挂在列车的下方。就这样，列车以200千米的时速沿着轨道前进，这个车轮也被带着前进。断裂的轮缘一直在和铁轨发生摩擦，并溅起火星，正是这样，才造成距离事故现场接近6千米处的铁轨受损(图8-13)。

图8-13　ICE-884列车损毁的车轮

图片来源：《重返危险现场之德国高铁惊魂》视频截图

科学家们发现，这种车轮有造成事故发生的内在缺陷——轮缘断裂，其主要原因是金属疲劳。简单来说，当不停地重复一个动作时，车轮就会发生金属疲劳，最终导致金属的某个薄弱点产生断裂。在埃舍德事故中，车轮的轮缘就是这样断裂的。车轮转动的时候会轻微弯曲，因为支撑运动的列车要承受很大的重量。这些虽是小动作，但如果经常这样弯曲，使用到一定程度，就会因为金属疲劳导致车轮损坏。

组合车轮的车轮和轮缘之间有层橡胶。相比整体车轮，柔软的橡胶能大大减小外侧轮缘的弯曲度。随着轮缘在使用中受到磨损，弯曲程度增大了。如果不彻底检查，轮缘就可能被磨损得很薄，之后就会产生一道裂缝，并最终出现断裂，导致外面的轮缘和内轮分离，造成严重的后果。但金属疲劳造成的车轮断裂通常要几个月或者几年才产生，为什么德国铁路局的技术人员没能在日常检修中发现这个问题？

事实证明，铁路局慕尼黑维护部门的工程师们对城际特快列车车轮进行安全检查时，使用的并不是精密金属疲劳监测设备，而是手电筒。这对检测出组合车轮轮缘内部的潜在裂缝毫无用处。然而，在埃舍德列车事故发生前1周，后来导致事故的车轮曾在3次自动化检测结果中被认定存在缺陷。随后，调查人员又发现，在4月，也就是事故发生的2个月前，列车长和其他列车员提出过8条意见，其中提到带动缺陷车轮的负重轮噪声过大，并伴有振动。

德国铁路局没有及时更换这种车轮。这种车轮已经使用了40年，但铁路局的组合车轮以前是用在速度最慢的铁路交通工具——有轨电车上的，之前从未在高速列车上使用过。

1997年7月，也就是埃舍德列车事故发生前1年，德国汉诺威经营有轨电车网络的公司发现，组合车轮即使以24千米的时速行驶，也会出现危险的金属疲劳裂缝。他们决定频繁更换组合车轮，确保不会因金属疲劳导致严重后果。这家电车公司联系其他使用组合车轮的铁路运营商，告知他们金属疲劳问题以及简单的解决办法。

1997年秋，埃舍德事故发生前1个月，这家电车公司通知了德国铁路局。但德国铁路局称，他们从未出现过金属疲劳问题。调查人员开始质疑德国铁路局对新的064型组合车轮的检验步骤。

但是，失去一个车轮从技术上来讲，并不会导致先进的ICE-884出现如此重大的事故。由于列车在脱轨前还行进了6千米，因此，一定还有其他技术故障引起这次灾难。调查人员把目光转向了埃舍德镇路桥前面的这段铁轨。他们在这里找到了新的关键性证据。铁轨的损伤表明，列车在距离路桥200米的地方就已经脱轨。此地恰是当地铁路支线穿过干线的地方。

有两组转辙器，可以把列车从干线转到支线。为了引导列车安全通过这些转辙器，还有铁轨导杆，也就是护轨。调查人员对脱轨地点的铁轨进行了搜查，结果有了重大发现。其中一条和钢板长度相当的护轨不见了，它被完全撕离了轨道。在第一节车厢仅仅几米外的走廊里，调查人员发现了那条失踪的护轨，护轨把地板和天花板都戳出了大洞。有了这个发现，他们就能把列车最后几分钟的情况串接了起来。

事故发生 3.6 秒前，ICE-884 列车在靠近埃舍德镇路桥时的时速仍为 200 千米，轮缘在不停地和铁轨发生摩擦。列车通过第一组转辙器时，轮缘的尾部铲起了护轨，护轨扎进了 1 号车厢的地板。就是这次大碰撞，导致第一节车厢后部的 2 个车轮脱轨了。但是，调查人员认为，ICE-884 列车即便脱轨，也不应该造成埃舍德事故这么惨重的灾难。实际上，在很多脱轨事件中，列车会慢慢停下来，损失很小。

调查人员重回事故现场，寻找线索。他们对紧挨路桥的第二组转辙器进行了检查，有了特别的发现。有证据表明，在通过这组转辙器之后，ICE-884 列车实际上开始在两组不同的铁轨——干线和支线上行驶。调查人员推断，事故发生 1.44 秒前，也就是 ICE-884 列车经过第二组转辙器时，第一节车厢的 2 个脱轨轮子中的 1 个撞上转辙器并使其打开。这意味着，第一节车厢之后的其他车厢被带错了轨道，开到了当地的支线而不是干线上。前面的电力机车还保持着 200 千米的时速，但后面的车厢离开干线脱轨之后速度慢了下来，电力机车和列车其余部分的连接断开了。这时，列车的紧急空气制动机自动打开。第一节车厢内的约尔格和列车长被气流抛起。这个时候，第一节车厢是在干线上，其他车厢则朝着支线驶过去了。但即使是这样，也不会造成最终的事故。

事故发生 1.44 秒前，ICE-884 列车脱轨了，但本质上没有受到太大的损伤，车上的紧急空气制动机应该能让这趟列车安全停下来。但实际情况并非如此，而且，从列车残骸挤压的情况来看，调查人员认定，这是一场非常离奇的事故。他们检查了埃舍德镇路桥的残骸，看是否跟这次事故有关。这座桥由混凝土柱支撑，这些柱子距离铁轨约有 2 米。车轮断裂约 3 分钟后，ICE-884 列车以 200 千米的时速到达了埃舍德镇路桥。电力机车和第一节、第二节车厢从桥下通过时并没有碰到大桥，但是，在列车惯性作用下，第三节车厢径直朝大桥的柱子冲了过去。ICE-884 列车撞上了埃舍德镇路桥。第三节车厢摧毁了这些柱子后，路桥开始倒塌。第四节车厢过去了，但从铁轨上弹起，冲进了附近的树丛中。第五节车厢经过正在坍塌的路桥下方时，被数吨混凝土击中，后半部分完全被毁。路桥的废墟挡住了其余 6 节车厢，而此时，后电力机车正以近 200 千米的时速，向着这片废墟冲了过去。于是，数节车厢就乱七八糟地挤在一起了。

综上所述，事故的原因有三个：一是金属疲劳导致列车轮毂断裂；二是触动岔道开关时列车一部分行驶在干道，另一部分行驶在支线；三是倒塌的路桥。

> 问题：
> (1) 你为什么想到(没有想到)金属疲劳的问题？
> (2) 列车工程师不知道金属疲劳的问题吗？为什么会忽视这个问题？

许多案例是处于这两个极端之间的。许多与安全相关的问题也印证了在恰当的工程决策与恰当的管理决策之间出现的划界的困境。是管理者的考虑应当胜出，还是工程的考虑应当胜出，怀有良好愿望的理性的人又一次可能会作出不同的抉择。

课后练习

1. 判断对错

(1) 风险如果能够带来收益，我们可能低估风险。

(2) 最新的研究表明，生日死亡风险为一年中最高。人们在生日当天死亡的概率比平常高出14%。说明不良结果来自不良行为。

(3) 在其他条件相同的情况下，个体认为正面的结果(好事)发生的概率比负面结果(坏事)高。因此，普通人往往会低估风险。

(4) 质量、安全等问题属于工程师决策，而非管理者决策。

(5) 风险的等级管理(Hierarchy of Controls)告诉我们，工作场所个人穿戴的防护用品是最有效的安全措施。

2. 思考题

(1) 有人认为，三哩岛核电事故、博帕尔毒气泄漏事故和切尔诺贝利核电站事故是不可控的事故。你认为呢？

(2) 概率论作为风险评估的一种工具，有哪些局限性？

(3) 2000年统计数据显示，美国平均20万工作小时发生伤害事故3起，即33年1次。也就是说，员工一般从工作到退休平均只碰到1次伤害事故。就某一个员工来说，他受伤害的结果与他的工作行为之间的因果联系不是很紧密、很鲜明的。一个人在伤害概率很小的情况下，很自然地认为百分之百执行安全规程没有必要。对他们来说，事故发生概率的降低没有投机取巧行为来得方便、舒服、省时。也就是说，当因果关系模糊时，我们会低估风险。如何避免“生于忧患，死于安乐”的情形呢？

(4) 日本福岛核电站事故之后，世界上许多国家立即表示停止使用核电。但是几年之后，有的国家重启核电项目，有的国家继续执行“永久停用核电”计划。显然，对于核电项目的安全性存在差异。你如何从风险控制的角度评价这种差异？

(5) 图8-14中的四幅图是对某公司进行社会责任审计时拍摄的照片，请指出每张照片是否有问题。

图 8-14　对某公司进行审计时拍摄的照片

第9章 医学和生物技术

幸福是不是道德应当指向的目标——一定程度上应当是一个目标，而不应当受模糊的感觉或令人费解的内在信念的控制，应当成为理性与思考的问题，而不应当仅仅是情感——对道德哲学这一概念本身来说是本质……

——J. S. 米尔，《伦敦和威斯敏斯特评论》，1838 年

关键术语

希波克拉底誓言，过度医疗，知情同意，脱胎，安乐死辅助自杀，人体实验

推荐电影：《千钧一发》(*Gattaca*，1997 年)

未来的世界，科技的力量胜过一切，基因决定命运，这几乎成为金科玉律。文森特是一个基因不良的人，出生以来就决定了他近视和心脏病的缺陷，他只能活到 30 岁。于是父母为文森特增添了一个有着优良基因的弟弟。

文森特的梦想是漫游太空，然而恶劣的基因令他无法圆梦，直到他遇到了太空中心的杰罗姆。杰罗姆有优秀的基因，却在一次意外中半身瘫痪。二人决定调换身份，一方面，文森特千方百计隐藏自己的基因信息，每天都认真清洗掉自己的皮屑毛发，不暴露任何蛛丝马迹；另一方面，杰罗姆帮他筹备进入太空前需要检查的基因物品。事情进展得非常顺利，然而一桩谋杀案和一根睫毛，让事情节外生枝……

问题：

我们的未来若存在“基因歧视”，又该如何决定自己的命运？

课前测试：图利的猫

假定在未来某个时间发现了一种化学物质，并将它注射进一只小猫的脑内，使小猫的大脑进化成人类的大脑，这使得一只猫具有成年人所有的全部心理特征。这样的小猫能够思考，也会使用语言，诸如此类。若我们只将神圣的生命权赋予人类物种，那么也应该将生命权赋予经过此种进化的猫类，从道德上看，他们并无显著的差异。

事实上，我们可以通过启动某种因果程序使一只小猫变化成最终具有某种性质的实体：凡拥有此属性的物质都被赋予严肃的生命权，但这并不意味着接受注射、经历变化之前的小猫拥有生命权。

既然拒绝启动这样一种因果程序并非什么严重的错误，那么干涉这种程序也就不存在什么问题。假如一只小猫偶然被注射了这种化学物质，只要它还没有发展出能赋予其自身生命权的属性，那么无论采取何种行动干涉该因果程序以阻止其发展出上述属性并没有错误。

出处：迈克尔·图利《堕胎与杀婴》(Michael Tooley. "Abortion and Infanticide" Philosophy & Public Affairs 2. 1(1972):37-65. copyright 1972 Blackwell Publishers).

问题：

潜在的人是否具有某种生命权？图利的论证是否合理？

第一节　医患关系

如同工程项目把公众的生命、健康安全放在首位的伦理准则一样，医生的首要职责是"把病人的健康和生命放在一切的首位"。这就是希波克拉底誓言所说的医生的"端庄和良心"。希波克拉底(Hippocrates，公元前 460—前 377 年)是古希腊医生，被誉为医学之父。医学界著名的希波克拉底誓言，是在医神阿波罗以及埃斯克雷彼斯等诸神面前宣读的誓言。在第二次世界大战结束后审判了纳粹分子医生的罪行后，医生的职业道德的特殊性和重要性重又引起了人们的重视。1948 年，世界医学会(WMA)在希波克拉底誓言的基础上，制定了《日内瓦宣言》，作为医生的道德规范，全文如下：

> 值此就医生职业之际，我庄严宣誓为服务于人类而献身。我对施我以教的师友衷心感佩。我在行医中一定要保持端庄和良心。我一定把病人的健康和

生命放在一切的首位，病人吐露的一切秘密，我一定严加信守，决不泄露。我一定保持医生职业的荣誉和高尚的传统。我待同事亲如弟兄。我决不让我对病人的义务受到种族、宗教、国籍、政党和政治或社会地位等方面的考虑的干扰。对于人的生命，自其孕育之始，就保持最高度的尊重。即使在威胁之下，我也决不用我的知识作逆于人道法规的事情。我出自内心以荣誉保证履行以上诺言。

医生应该凭借专业知识、技能拒绝患者的不合理检查要求，不应该因文化差异放弃普遍公认的职业准则。当患者对医生的诊疗意见不接受时，医生首先要判断这个患者有没有特殊性，然后再进行细致沟通，争取患者的配合。能否应付如果遇到“不听话”的患者，取决于医生自己的资历和沟通能力。资历不足的医生怕漏诊，真正有水平的医生会根据患者的情况作出恰当的行为。

医生是职业中的具有崇高精神的专业人士(professional)，它的核心价值就是超乎眼前的、功利性的价值。在西方有几种人可以称之为professional，一个是教授(professor)，他驱除的是人类的愚昧，不是以职业来挣钱的，他的使命就是驱除人类的愚昧和内心的黑暗；第二种是医生，就是解决人类的病痛、减少人类的痛苦、救急扶伤的这样一种职业，至于赚钱则不在他的考虑范围，但是社会会给他相应的回报；还有一种是牧师，以侍奉上帝为荣耀，绝不会考虑如何通过这个职业来挣钱。这三种职业的人都称为专家(professional词根是信奉，向上帝发誓，意思是不辜负上帝的职业)。这种职业跟企业是不一样的，企业是需求越多越好，但是这三种职业所做的工作是减少需求。比如对教授来说，是愚昧越少越好；对医生来说是疾病越少越好；在牧师的价值观里，是心灵阴暗的东西、邪恶的东西越少越好，这才叫professional，它是超乎市场需求的。一个坏医生，一个没有专业精神的医生，他是希望全人类都得病，他就可以赚更多的钱。如果没办法实现这个愿望，那最现实的办法就是过度医疗。

过度医疗是指医疗机构或医务人员违背临床医学规范和伦理准则，不能为患者真正提高诊治价值，只是徒增医疗资源耗费的诊治行为。简单来说，过度医疗是超过疾病实际需求的诊断和治疗的行为，包括过度检查、过度治疗。根据《中华人民共和国侵权责任法》第六十三条规定：“医疗机构及其医务人员不得违反诊疗规范实施不必要的检查。”由此可见，过度医疗是与道德相违背的，为法律以及相关制度所禁止。

【案例9-1】　　患者要做CT

一名女患者走进诊室，对大夫说：“我腰疼有两个星期了，担心是椎间盘突出，听朋友说应该做个CT。”大夫在问诊和查体后，认为她的腰疼(没有腿麻、疼的情况)可能就是肌肉韧带劳损所致，她的情况没必要做CT，况且做CT对身体有辐射性，能不做就不做。然而，这名患者并不听大夫的，还是坚持要做CT。

北京协和医学院人文和社会科学学院张新庆教授于2017年8月开展的“全国医务人员从业状况”调查问卷中，有一道问题是：当患者坚持要做在医生看来没有必要的核磁共振时，医生会不会为患者开出检查单？74.9%的医生选择了“会。但我会告诉他，自己并不愿意这样做”；只有不足两成(16.4%)的人表示“不会”。2007年一项针对3 000名临床医生所做的调查显示，超过六成的美国医生选择的是“不会”给患者开具这样的检查单。

【案例9-2】　　交通事故损害赔偿

48岁的张某因车祸伤致“右臂及左腿粉碎性骨折”，住院治疗172天，医疗、护理、误工、续治费等计11.5万多元。根据交警部门的责任认定，张某致伤由肇事车辆负完全责任。在交警部门调解过程中，车主及保险公司认为张某有“过度医疗”行为，不同意为其支付高额医疗费用。调解未果后，张某以交通事故人身损害赔偿为由向法院提起诉讼。在诉讼过程中，车主及保险公司以“过度医疗”为理由进行了申辩并申请司法鉴定，法院依法委托进行了司法鉴定。鉴定结论认为：争议中的“过度医疗”明显，建议剔除6.2万多元的“过度医疗”费用。法院依据司法鉴定结论审结了这起交通事故损害赔偿案件。

《执业医师法》对医生履行义务有明确的要求，患者在就医中是否存在“过度医疗”要充分考虑与医生的义务相对应，要求医务人员不能漏诊、误诊，更不能“小病大诊，无伤多诊”，应恰当地给患者作出诊断。患者“右臂及左腿粉碎性骨折”，按常规，其诊断过程为膝关节三维重建CT、膝关节MRI、超声心电图、血气分析和肺功能检查等，医生对患者实施CT等项检查是诊断病情的需要。但是，患者提供的治疗结论却与治疗手段、方法、用药不合，在计算护理费、营养费和误工费等费用时，也明显高出当地的实际水平，由此导致对患者提出的赔偿要求车主及保险公司拒赔的现状。按常理没有连续住院172天的必要，车主及保险公司提出“过度医疗”多出部分的费用不予赔偿的要求应予支持。诉讼中，根据双方确定鉴定机构及鉴定结论，作出的判决结果比患者诉求的赔偿额减少5.72万元，依法剔除了高出实际的各类费用，双方息诉服判。

几种原因造成了过度医疗：医生保护性的过度医疗、医生利益驱动造成的过度医疗以及患者本身造成的过度医疗。

首先，存在医生保护性的过度医疗。这个保护性，除了保护医生自己，有些其实也是在保护患者。医生在从事医疗活动时，要保留证据，证明自己的医疗行为是得当的，这主要通过一些检查的客观指标来反映，你可能得了A病，医生也判断你得了A病，而且判断你得B病的概率微乎其微，要是“适当医疗”的话，那么就是按照A病来治疗了。但是，概率低不等于没有可能，万一你确实是B病，而医生在明知你可能是B病的情况下，采用了治疗A病的方法，延误甚至加重了你的病情，那么就是医生的医疗事故。于是为了保护自己起见，医生加做一些检查以排除B病，从而有客观证据证明，自己的治疗是正确的。而从另一个角度来看，为患者排除了另一种疾病的可能，没有延误治疗，患者其实也是受益的。

利益驱动造成的过度医疗也存在。在美国，一半的剖宫产、四分之一的子宫切除手术、五分之一的心脏起搏器手术都是不必要的，很多医院只要查出病人有胆息肉，就建议他们一切了之，理由是万一发生了胆囊癌，死亡率极高。实际上，医生的理由本身是没错的，胆囊癌确实十分凶险，但不是说所有胆囊息肉患者一定要切除胆囊。可一些医院就看上了这个手术不大、后果不严重，一天能做七八台手术，经济效益可观，就让病人做手术。这样无端让病人承受手术风险的做法是不道德的。对于这种过度医疗，因为严重的信息不对等，作为患者是根本没办法辨别发现的。美国是靠保险公司监督解决的，加拿大直接是靠政府来监督(因为医生的钱不向患者拿，直接向政府拿)。谁给医生掏钱，谁应该盯着过度医疗。如果是患者掏钱，当然需要自己盯着。

除了医生的原因，其实患者引导也会造成过度医疗。我们每个人都有过感冒不舒服就吃抗生素，甚至去打针输液的经历。因为对于自身健康的关注，很多患者在就诊时，要求医生用最好的检查手段、最好的药，还有主动请求做手术的(比方说剖宫产)，还有家属要求对治疗无望的患者继续治疗。加拿大每年都会有类似医生要求撤掉呼吸机而家属拒绝的官司发生(因为医疗资源是由政府提供，医生也是政府支付薪水，所以医生有节约医疗资源、节省成本的要求)。这些都是患者引导的过度医疗。

防止过度医疗行为可以参考行业标准。每一种常规疾病都有行业常规治疗方法和费用。超出这个限度就是过度医疗。

【案例9-3】　厚厚的收费单

74岁的翁某是某中学的离休教师。2005年6月，他因恶性淋巴瘤并发症被送进某医院的心外科重症监护室。在67天住院时间里，他的家人向医院缴纳了139.7万多元医药费，加上医生建议的自购药，总支出超过了500万元。尽管如此，老人还是撒手人寰了。一个意外的发现让翁家对那一摞厚厚的收费单产生了怀疑：收费单上记录了病人使用过一种叫氨茶碱的药物，但是，翁某对氨茶碱有着严重的过敏反应。为什么应该严禁使用的药物会出现在收费单上？收费单里还有什么？几经努力，翁家从医院复印到部分病历资料，这些病历带来更多的疑问：在一天里医院给翁某输了83袋血，输血费22 197元；翁某去世两天后，出现了两次胸腹水常规检查，收化验费64元……上述情况经媒体曝光后，中纪委、公安部、卫生部纷纷介入。最后的结论是：这是一起典型的严重损害群众利益的违纪违法案件。于是，医院的院长、书记等被撤职，个别医生被吊销执业证书，医院退回部分多收的医疗费。

职业的概念中包含了两个内容：第一，专业技术；第二，职业伦理。技术不能带动伦理，而伦理却能够带动技术。所以伦理是医生职业资格的第一标准。

北京协和医院有着悠久的历史。重视病案是该院的传统，它是医学院学生临床入门的基本功，也是医生考评的依据。现年 86 岁的中国医疗史研究专家董炳琨，1960 年，任北京协和医院副院长。他说了这么一件事：一批协和医学院的见习医师来妇产科实习，导师林巧稚要求每个人完成 10 例初产妇分娩全过程的观察，并用英文写出完整的产程病案。学生们仔细观察和记录了分娩的全过程，林巧稚一份份看过后，只在一个学生的作业本上批了"好(Good)"，其余的全部退回重做。这些学生更认真地观察与记录，结果，林巧稚依旧不满意。于是，这些学生找来批了"Good"的作业，对照之下发现，那位同学的病案记录上，只比他们多写了一句话："产妇的额头上冒出了豆粒大的汗珠"。仔细观察和记录了分娩的全过程是技术的部分，看到"产妇的额头上冒出了豆粒大的汗珠"则是伦理的部分。什么是好医生？就是注意到孕妇额头有汗的医生，而不是冷冰冰的例行公事。

在患者与医生观点不统一的时候，医生应该"把病人的健康和生命放在一切的首位"，坚持自己的职业判断和行动。《侵权责任法》第五十六条明确规定：因抢救生命垂危患者的紧急情况，不能取得患者近亲属的意见或负责人的批准，可以立即实施相应的医疗措施。即使患者家属拒绝签字也没关系，但医生要注意把整个沟通和手术的过程全部记录下来，包括和家属谈话时也要注意保留证据，以便得到法律上的支持和保护。

设想一名危重病人急需手术抢救，患者家属充分知情但仍拒绝在同意书上签字，您觉得，此时的主治医生首先应该做的是什么？

张新庆教授在 2008 年、2013 年、2017 年连续做了 3 次全国医护人员状况调查，问了同一个问题：假定一名危重病人急需手术抢救，病人家属充分知情但仍然拒绝签字，此时作为主治医生应该怎么办？有四种选项：第一，立即做手术。第二，放弃手术，采取保守治疗。第三，做好术前准备，等待上级指示。第四，其他。调查结果显示：5.0%的被调查对象认为应"立即做手术"，80%的人选择了"做好术前准备，等待上级指示"。从 2008 年第一次做调查，到 2017 年 8 月进行第三次调查，过去了近 10 年，但医务人员的选择几乎没什么变化。

大多数医生选择"做好术前准备，等待上级指示"，这是从医生维护自己的权利角度作出的选择。医生的选择是中性的、冷冰冰的，但是也是可以理解的。在紧急情况下，患者发病原因不清楚，个体差异很大，病情轻重也不一样，且医学是有局限性、不确定性的，这些都使得医生在面对手术的时候，不得不考虑个人所要承担的风险。这需要建立一种保护医生、规避医疗手术风险的机制，如建立应急专家会诊制度，以医学共同体的方式作出相对正确的判断，避免个人判断错误。

【案例 9-4】 **亲 子 鉴 定**

约翰和莎拉在他们刚出生的宝宝被诊断出一种常染色体隐性病症后，咨询了遗传学门诊。这种疾病非常严重且使人衰弱，孩子第一年死亡的概率非常高。导致这种疾病的基因刚被测序出来，这使得在未来的孕程中进行出生前的诊断成为可能。约翰和莎拉同意将他们和患病孩子的血样用于 DNA 提取。

在与遗传学家的第一次会面中，这对夫妻被告知他们将来的孩子有这种情况的概率是 25%（图 9-1）。这是建立在约翰是莎拉新生儿的亲生父亲的假设上的。

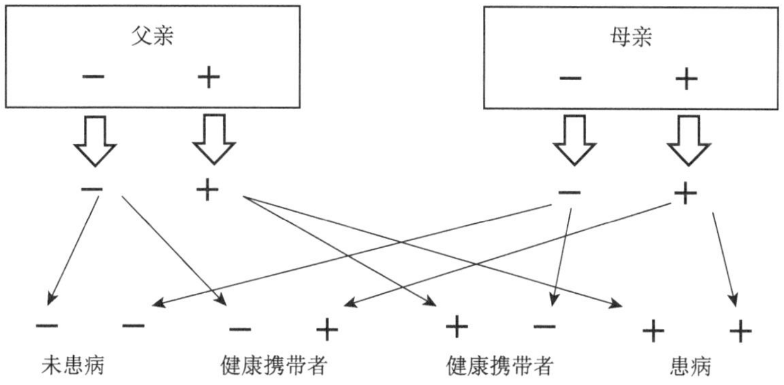

图 9-1　常染色体的隐性遗传

然而，DNA 样品的分子分析却显示约翰不是孩子的父亲。这说明未来约翰和莎拉的生物学孩子实际上不太可能有这种衰弱的情况。因为大概 1 000 人中只有一个人会携带有这种隐性基因。几乎能肯定约翰有正常的基因，这就防止了他的小孩会出现这种情况。

问题：遗传学家应该把约翰不是新生儿亲生父亲的这个事实告诉他吗？

一份重要的美国报告建议在这种情况下应该对夫妻二人都坦白。这份报告倾向于一种诚实、开放的方式。有影响力的美国医学会遗传学风险评估委员会建议在这种情况下只告知女方，并且认为“基因测试不应被用于扰乱家庭”。美国和欧洲的大部分调查显示，大部分遗传学家支持后一种方法。1990 年，一个跨文化比较论证了“对母亲隐私的保护重于真实父子关系的揭露”。

但是，让丈夫戴一顶隐形的“绿帽子”公平吗？与医生的观点相反，大部分的美国女性调查者认为，医生应该告诉丈夫，他不是孩子的父亲，至少在父亲直接问的情况下应该说明。

【案例 9-5】　　产后例行检查

健康怀孕和生产后，玛丽与她的全科医生进行了一次会面，这是她产后六周的一次例行会面。玛丽的丈夫彼得与她是同一个全科医生，在咨询中玛丽透露了彼得不是她孩子的父亲。

在这个案例中，显然医生不应该泄露玛丽的秘密。此案例中的医生不应泄露秘密，这是遵循前面案例中遗传学家应对父子关系问题保持沉默这一观点吗？这两个案例有个重要的区别。前面的案例中，无父子关系是在约翰和莎拉都同意做的测试中发现的。后面的案例中，这个事实只是由玛丽透露的。前面的案例中，约翰和莎拉一起向遗传学家咨询一个他们共同关心的问题。父子关系的信息和他们一起与遗传学家见面直接相关，只通知莎拉一人就没有尊重约翰获取信息的权利。

从知情同意的角度看，知情同意不仅仅是讲真话，也不仅仅是告知医疗风险（回避医院责任），而是保护病人的权利。因为病人把生命交给了医生，病人完全信任医生的职业行为，就必须获得医疗程序上的保护。同意的要素必须包括行为能力、自愿、告知、建议、理解、决定和授权，而不是简单地签字或口头告知。

(1) 基本要素（前提条件）：（理解和决定）行为能力、（决定）自愿。

(2) 信息要素：（实质性信息）告知、建议（一个方案）、理解（理解告知和建议）。

(3) 行动要素：决定（同意一个方案）和授权（所选的方案）。

化疗的成效如何？

对血癌、淋巴癌、睾丸癌等，特别是早期发现的癌症，化疗是有成效的。但是，《魔鬼经济学》作者芝加哥大学教授史蒂芬·列维特（Steven Levit）与其共同作者《纽约时报杂志》作家、编辑史蒂芬·都伯纳（Stephen J. Dubner）却认为：在大多数的情况下，化疗明显缺乏成效。他们以美国与澳大利亚的研究为例发现，在所有癌症病患当中，有五年存活率的，约占63%；而其中化疗的贡献度不到2%。特别是胰脏癌、子宫癌、前列腺癌、肾脏癌、多发性骨髓瘤、皮肤瘤，等等，化疗成效的辨识率为零。

医生在履行“如实告知”或“知情同意”程序时，要确认病人有理解医疗干预和作决定行为能力，且让病人自愿作出选择，这是基本要素，或者说是前提条件。信息内容必须是实质性信息，如化疗的成活率，多种选择方案和医生的建议方案，并确信病人能理解这些信息。最后病人需同意一个方案，并履行授权程序。

第二节　医学研究与人体实验

现在的研究是未来的医学，但是医学研究像吸烟一样对身体有害。在自由社会，医学研究既然不能被完全禁止，就必须被严格管制。1946 年，一些纳粹医生进行了骇人听闻的实验导致了第一套国际社会认可的人类医学研究的守则《纽伦堡法典》的诞生。这些准则被医学专家纳入了《赫尔辛基宣言》，于 1964 年由世界医学协会第一次出版。这些守则注重四个方面的问题：

（1）尊重研究中潜在参与者的自主权。

（2）危害风险。

（3）研究价值和质量。

（4）正当性。

约瑟夫·毕德曼（Joseph Biederman）是世界最著名的哈佛儿科精神科医生。由于小儿躁郁症（Bipolar disorder）患者增长迅猛，1994—2003 年，他建议给很小的小孩做躁郁症诊断，以及使用抗精神类药物来治疗这种疾病。他的许多研究经费来自相关制药厂并担任该制药厂顾问。

在约瑟夫身上涉及两项争议：一是利益冲突，导致行为的不公正；二是在儿童身上使用抗精神类药物利司培酮（Risperidone）。美国共和党议员查尔斯·格拉斯里发现了约瑟夫发表在学术期刊上的一篇论文，研究结论是：利司培酮对 29%的 ADHD 躁郁症小孩可减轻 30%的症状。从该论文的致谢可知，该研究得到强生公司（Johnson & Johnson）的资助。①

【案例 9-6】　盐城 600 名儿童打疫苗，家长未被口头告知系试验

盐城市盐都区刘春投诉，其两岁多的儿子 2014 年 12 月接种流感病毒裂解疫苗后，相继出现腋下淋巴结肿大和过敏性皮疹等不良反应，后被送到南京儿童医院急救，并确诊为肾病综合症，需激素治疗。刘春认为，儿子被当成了试验品，而盐都区疾控中心有关负责人表示，这是省里搞的免疫效果监测项目，疫苗不存在质量问题。

此次临床试验与免疫效果监测在做法上是一样的，《知情同意书》上写了“临床试

① 《纽约时报》，2009 年 3 月 20 日。

验”,但口头宣传为“免疫效果监测”,家长确实知情不充分。《知情同意书》必须写明“临床试验”,并且明确告知可能出现的风险。国家规定,如果是与祖父母等亲属共同生活的儿童参加临床试验,看护人必须出示监护人的授权委托书。

1982年,世界卫生组织和国际医学委员会联合发表了《人体生物医学研究国际指南》,主要目的是为《赫尔辛基宣言》提供了一个详尽的解释,促进人体实验研究中的伦理学原则的正确运用。1993年,世界卫生组织和国际医学委员会发表了《伦理学与人体研究国际指南》和《人体研究国际伦理学指南》,其中特别肯定了人体实验研究可能成为一些缺乏有效预防和治疗措施的疾病的患者可能受益的唯一途径的事实,强调不应剥夺严重疾病(艾滋病、恶性肿瘤)患者成为危险人群可能通过参与人体实验受益的机会。2002年,世界卫生组织和国际医学委员会制定了《涉及人的生物医学研究的国际伦理准则》。该准则的内容既全面系统,又具体明确,它和《赫尔辛基宣言》一样已成为各个国家医学组织和个人所共同遵循的人体实验研究的伦理学原则。

2003年9月1日,我国实施的《药物临床试验质量管理规范》,2004年4月1日出台的《医疗器械临床试验规定》以及2007年1月卫生部制定的《涉及人体的生物医学研究伦理审查办法(试行)》等,都已成为我国进行医学人体相关研究和试验必须严格遵守执行的规范性文件。

第三节 杀　生

对堕胎的看法,存在两个完全对立的阵营:自由派支持的“亲抉择派”(pro-choice)及保守派支持的“亲生命派”(pro-life)。在对待堕胎行为和胎儿地位上,这两派均采取绝对极端的论调。对自由派来说,九月怀胎中的胎儿无任何道德权利,堕胎只不过是一个普通的手术,只需由妇女自己决定,最多与她的医生商量一下罢了;而保守派则与之相反,认为胎儿具有完全的道德地位,堕胎在道德上类似谋杀。简而言之,这两种观点都极端地看待胎儿的道德地位,导致了对堕胎的道德性相对简单化的态度。

堕胎是否道德的第一个问题是:胎儿是不是人。一个婴儿什么时候才能成为一个拥有生命的人?人的本质和存活能力是作为一个独立实体成为人的两个标准。哲学家们把社会人(person)和生理人(human being)分开。胎儿尽管是生物意义上的人,但不能满足人的认知本质(personhood)的某些标准,所以胎儿没有生命权。

直到1992年科学界一致认为,23周、24周的胎儿实在难以存活,因而堕胎是被允许的。1979年,美国克劳迪诉富兰克林案中,美国最高法院赋予医生决定胎儿存活能力的广泛的裁量权。

从母亲的权利与婴儿的权利对立来看,费伯格(Joel Feinberg)认为,妇女的堕胎权是一种任意权(自由选择权),至少与下面任意三个基本权利相关联:财产权、自卫权、自主权和隐私权。胎儿是妈妈身体的一部分,就像某个器官或肿瘤,自己有权处置。

思想实验:汤姆森的人之种子①

设想这样一种场景:人之种子像花粉一样在空气中传播,若你打开家里的窗户,就会有一粒飘进来,在你的地毯上或室内什么地方生根发芽。而你并不想要小孩,所以你就尽你所能买了最好的网筛将其装在窗子上。尽管如此,那最不可能发生的事情还是发生了:其中一个筛孔是坏的。就恰好有一粒种子从这里飘入,在你家里生根了。那么这个正在生长的人之种子有权使用你的住宅吗?

该场景仍然是在模拟意外怀孕的状况,而汤姆森探究的问题是能否声称胎儿拥有权利使用当事人的身体。如果胎儿确实拥有这样一种权利,那么妇女通过堕胎所行使的自卫权,就是要被限制的。

汤姆森认为人之种子并没有权利使用你的住宅,"尽管事实上是你主动打开了窗户,是你有意在家里铺着地毯及装有软垫的家具,而且你也知道窗子的筛孔有时会失效";一个通过打开的窗户进入你房间的小偷(或是因为你装在窗子上的防护栏坏了),绝没有权利待在你家中或使用你的住宅。由此汤姆森否定人之种子有上述权利,毕竟,"你本可以和光秃秃的地板、未经装饰的家具,或是封死的门窗一起过你自己的生活"。因此,汤姆森论证道:你有权用吸尘器将它清扫干净。

如果怀孕使妈妈病情恶化,妈妈有权自卫。

思想实验:汤姆森的小提琴家②

请想象以下场景。某天早上,你醒来后发现自己躺在床上,旁边紧挨着一个昏迷不醒的著名小提琴演奏家。他被诊断患有致命的肾病,音乐爱好者协会详细查阅了所有可能的医疗记录,发现恰好唯有你拥有和他相匹配的血型。他们因此把你绑架,并在昨天夜里让小提琴家的循环系统连入你的身体内,这样你的肾脏就能同时为你自己和他的血液排毒。现在医院的院长过来告诉你:"唉,我们为音乐爱好者协会对你做的事感到抱歉,如果我们事先知道的话是绝不会允许的。但是他们已经做了,那个小提琴家的循环系统正连接在你的体内。如果现在从你身上中断连接就会杀死他。不过不用担心,这一切只需持续

① Judith Jarvis Thomson "A Defense of Abortion." Philosophy & Public Affairs 1. 1(Fall 1971): 47-66, 59.

② 朱迪丝·费维斯·汤姆森,《为堕胎一辩》Judith Jarvis Thomson. "A Defense of Abortion." Philosophy & Public Affairs 1. 1(Fall 1971): 47-66,48-49.

9个月。到那时他就会完全康复，也能安全地从你身体内分离出来。”对你来说，同意目前这个状况在道德上是义不容辞的吗？

在汤姆森所描述的案例中，被绑架且被强制与小提琴家连接在一起是违反当事人意愿的：他并不希望这种情况发生。尽管你清楚中止你与小提琴家这种连体必然会带来后者的死亡，但是你没有义务必须接受这种情况的。因此，这个行为在伦理上是可以接受的。这与意外怀孕是类似的。即使承认胎儿的道德地位，我们仍然面临两种冲突的权利：胎儿的生存权和母亲身体的自主权。如果此人同意继续这种情况或许可称之为“仁慈”或“高尚”，但并不存在“道德责任”使他必须这么做。

为了强调她的观点，汤姆森问道：“假如这不是9个月，而是9年，或者更长呢？”“假如这仅仅只要一个小时呢？”如果我们按照所涉及的时间长短来修改自己的答案，这是在表明一个人是否对某事有权利，依赖于实现这个事情有多简单或多方便，这肯定是不行的。

汤姆森关于孕妇身体自主权文章发表两年后，美国最高法院在1973年通过了“Roe v. Wade法案”，宣布德州的禁止堕胎法律（除了危及母亲生命的怀孕可以堕胎）是违宪法的。美国最高法院认为，按照隐私法有关条文，妇女有权为了自己隐私方面的利益而采取某些行为。例如，早在1965年，最高法院通过了“Griswold v. Connecticut法案”，认为一个州不应该禁止使用避孕药品，否则侵犯了宪法“隐私权”一款所赋予的夫妇的个人自决权。因此，Roe v. Wade案法庭将上述法案推及堕胎案例中，将夫妇的个人自决权推及孕妇与医生之间的决定权。最高法院认为，根据第十四条修正案，胎儿没有生存权。

自从公元前五世纪起，医生们就拒绝了任何情形的死亡处置。当时，医生们第一次宣读了希波克拉底誓言，其中一条就是“不得应任何人的请求而给予死亡处置，也不得作出任何这样的劝告”。基督教反对自杀，认为上帝对每个人独有一个计划，这一计划从不包括自杀。社群主义也反对自杀，他们认为社会不能简单允许严重残疾的人自杀，必须有为他们提供关爱的人道机构。

问题是自杀有很多种情况。安乐死经常与自杀、理性自杀、协助自杀、自愿死亡、自我拯救或其他一些概念相混淆。安乐死是因为仁慈的理由而让一个人被另一个人（或其他多人）杀死。自杀的定义常常扩展到包括引起某人死亡的种种间接方式，如某些重病病人越来越濒临死亡，病人通过选择放弃某些治疗而接受较早死亡，或没有晚期绝症的有行为能力的人主动导致他自己的死亡。后一种情况才可以恰当地被定义为自杀，保险公司会拒绝支付保险费。

1971年，荷兰就开始对医助自杀去犯罪化。1973年，荷兰医学会与荷兰检察官们达成协议，医生只要遵守以下四条原则就不会被指控犯有谋杀罪：

- 只有有行为能力的人才能要求死亡。
- 在无压力的情况下一再提出，毫不含糊并形成书面文字。
- 主治医生必须与另一医生商量，证实第二种情况。
- 病人必须身处无法忍受的痛苦，没有改善的可能。

2001年，经过30年的争论和半合法化之后，女王签署法案上的医助死亡在荷兰合法化。此后，比利时、瑞士、法国等国家医助死亡也合法化了。

医助死亡在伦理上产生两种截然相反的论证。反对者的观点是杀人总是错的，如《圣经》中的观点，并且有可能导致道德滑坡。支持者的观点是自主权利和仁慈的价值观要求这种帮助。

在医学伦理学上有一个问题争论了几十年，这一问题就是，对医生来说杀人和任其死亡之间是否存在道德区别。

思想实验：浴缸里的史密斯和琼斯[①]

如果史密斯六岁的堂弟发生意外身亡，他就能获得一大笔遗产。一天晚上他的堂弟正在洗澡，史密斯偷偷溜进浴室并溺死了他堂弟，并且把现场布置得像是一场意外事故。

琼斯也可以通过他六岁堂弟的死而获益。像史密斯一样，琼斯偷偷摸摸溜进浴室，计划把这孩子溺死在浴缸里。然而，就在他进入浴室后，琼斯看到那孩子一不留神滑倒撞了头，面朝下倒在了浴缸里。琼斯心中窃喜；他只是站在旁边，准备需要时将那小孩再按进水里，不过这完全没有必要。随着点点零星的挣扎，这孩子"偶然地"把自己溺死了，琼斯只是在旁边看着，什么也没做。

现在史密斯谋杀了那个小孩，而琼斯则"仅仅"是任由那小孩自己死了。这是他们之间的唯一区别。那么从道德的角度看，是否有谁的行为是更可取呢？

以上两种情况并没有道德区别，因为无论积极的还是消极的，都存在自利的动机。对于医生来说，积极安乐死是指采取直接的行动，比如通过注射某种药物致使某人死亡；而消极安乐死是指不予施行或停止治疗。长期以来医学上接受的观念是停止治疗，让病人死亡有时是允许的，但是采取积极的措施导致其死亡必须有法律的支持和严格的条件限制。

---

① James Rachels. "Active and Passive Euthanasia." New England Journal of Medicine 292. 2 (January 9, 1975): 78-80, 79.

【案例 9-7】　　特丽·夏沃案

中学时代,特丽·夏沃(Terri Schiavo)的体重曾一度超过 200 磅,高中快毕业的时候,她参加了"营养系统项目"(NutriSystem diet)进行减肥,并真的减了 50 磅。和迈克尔结婚后,他们定居在佛罗里达。继续减肥的特丽在不知不觉间得了饮食混乱症。1990 年,特丽·夏沃因医疗事故陷入脑死亡状态,只能依靠进食管维持生命。她的丈夫兼监护人迈克尔·夏沃 1998 年向法院申请对妻子实施安乐死,但特丽·夏沃的父母坚持要维持特丽·夏沃的生命,并想争取对女儿的监护权。在长达 7 年的时间里,特丽·夏沃的进食管曾两度被拔除,然后又被重新插上。最终谁会获胜?是特丽·夏沃的丈夫,还是特丽·夏沃的父母?

在美国,个人权利应该被置于国家和政府的干预之上。个人有权决定如何最好地珍视生命。他们可以选择继续在没有知觉的状态下活着,或是彻底结束医疗帮助。美国的法律面临这样的困境:谁应该为生命做决定的优先权?通常情况下,配偶先于父母,成为病人的监护人。2005 年 1 月,美国联邦最高法院维持了佛罗里达州最高法院关于撤销《特丽法》(*Terri's Law*)的决定。《特丽法》是由佛罗里达州的立法机关给予州长杰布·布什(Jeb Bush,总统乔治·布什的兄弟)不顾病人特丽·夏沃和她的丈夫迈克尔·夏沃(Michael Schiavo)的反对意愿,阻止拔除特丽进食管的权限的法令。据说特丽·夏沃在 1990 年因心脏病突发而使大脑缺氧超过 5 分钟,从此以后就进入了持续性植物状态(PVS)。

美国国家神经紊乱与中风学会(The National Institute of Neurological Disorders and Stroke)是如此描述 PVS 的:持续性植物状态(通常被不正确地称作"脑死亡")有时在昏迷后出现。处于这种状态的个体会丧失思考能力和对周围事物的意识,但是仍然保留着非认知性的身体机能和正常的睡眠模式。虽然那些处于持续性植物状态的人失去了大脑的高级功能,其他的一些关键功能如呼吸和血液循环仍旧是相对完善的。他们可能会有自发的移动,他们的眼睛可能会因为外界刺激而睁开,他们甚至可能偶尔会做鬼脸、哭和笑。虽然处于持续性植物状态的人可能从某种意义上讲,看起来还很正常,但他们不能说话,也不能对指令作出反应。

2005 年 3 月 24 日,经过几轮上诉,佛罗里达州女植物人特丽·夏沃的父母最终在美国最高法院判决中败诉,大法官们拒绝给特丽·夏沃重新插上进食管。

一个处于持续性植物状态的人还是一个人吗?为什么?如果一个人在大脑完全死亡之前就不再存在了,我们是否应该修改对死亡的定义?

第四节　生物技术与基因改良

生物医学和基因技术的发展主要面临三大伦理问题：不确定性风险、社会的不平等和人性的异化。我们总认为创新就是进步，创新就代表未来。如果没有38亿年的生物变异（生物创新），地球上就不会有人类。但是，考察一下生物史上变异的结果就会发现，变异带来的大多是畸形、畸变，因此，性增值最重要的表现是什么？是遗传，是原样拷贝父母的基因。生物变异虽然创造了复杂的生物链和高等动物，但是从生物学上检测，生物变异被自然选择存留的概率竟然不到1%。也就是任何发生变异的生物，99%的概率都是被自然选择淘汰。可见，创新首先是风险，其次才代表前途，而且创新的前途是一个更薄弱、更失稳、更振荡的存在度更低的前途。

技术创新的传统线性模式一般是，几乎所有的危险都可以被提前明确识别，也可用可靠的方法进行风险评估，因而，创新本身被视为是善的。但是，转基因农业的出现击溃了传统线性模式的假定。这种似乎无比精确的基因工程，却无法很好地预料到在动植物新品种生产和商业化的过程中产生的明显的复杂互动关系。无论对于个体生物（如"美味"番茄和"贝茨维尔猪"的事例）还是整个生态系统，生物学仍然是一个辽阔的未知领域。不断重复的基因逃逸和事故，以及抵抗生物危害性能运动的出现都说明，人们对生物基因工程的可控性所持有的乐观程度，远远超过阿西洛马会议（Asilomar Conference）上分子生物学家的预期。

生物技术的发展的另一伦理问题是社会的不平等。基本没有人会否定，对动植物基因特性的了解打开了人类与自然的革命性新篇章，即便全球人口仍然持续增长，我们现在也有可能给所有人提供食物。然而，历史上主要的农业技术创新经验已经无法解决转基因技术革命带来的一系列问题。近几十年的农业生物技术引发了一些关键问题：通过生产的垄断控制和知识产权的占有，精英机构和部分地区的权利过于集中。技术创新一方面使产品的设计者和销售者拥有极高的权利，而另一方面则影响到弱势群体的生计问题。像转基因玉米这样的产品，使美国的大型生物技术公司和农业公司获益，但无法解决小规模的欧洲农民和消费者对生物多样性丧失的担忧，以及对非目标物种所造成的威胁。在印度，新技术系统带来的各种成本，对构成这个国家农业经济脊梁的小型农场主来说是难以承受的。孟山都和先正达公司在决定何种抗虫害、抗除草剂的作物能够占领印度次大陆最多的市场份额时，他们没有考虑这些小型弱势农场主的需求。《未来简史》的作者赫拉利认为，富人和穷人之间生物学的鸿沟是富人将能够设计自身和他们的后代，使其成为生理和心理能力的"超人"，人类将分裂为不同的生物阶层，先前的社会阶层系统可能会转化为生物阶层。

1989年，弗朗西斯·福山(Francis Fukuyama)在《历史的终结?》中提出，苏联解体、东欧剧变、冷战的结束，标志着历史的发展只有一条路，即西方的市场经济和民主政治。在他看来，人类社会的发展史，就是一部“以自由民主制度为方向的人类普遍史”；自由民主制度是“人类意识形态发展的终点”和“人类最后一种统治形式”。但是，他在《我们的后人类未来：生物科技革命的后果》进行了自我颠覆：“除非科学终结，否则历史不会终结”。他引用德国哲学家尼采的话说：“够了，政治将被赋予不同的意义的时代正在到来”，要关注人的权利、人的本性和人的尊严，必须对生物技术进行管制。人类必须在“治疗”和“改进”之间画出一条红线，否则毫无界限可言。问题是，谁有决定权？福山认为，历史终结于民主制度，只能民主政治“管制”科技。

“乌托邦”出自英国空想社会主义创始者托马斯·摩尔的小说《乌托邦》，本意为“没有的地方”或“好地方”，寄予了人类对理想世界的向往。乌托邦有两层含义：一是政治上的社会形态，二是人的一切欲望均得到满足的美好世界。《美丽新世界》[①]是英国作家阿道司·赫胥黎(Aldous Leonard Huxley，1894—1963年)创作的长篇小说。《美丽新世界》里无人受伤害，没有明显的邪恶。事实上，这是一个人人都得到满足的社会。正如其中一个角色所说，“统治者意识到强权并无益处”，在秩序鲜明的社会，人们需要引诱而非逼迫，世界没有疾病，没有社会矛盾，没有沮丧、疯狂、孤独以及情绪压抑，欲望能得到稳定的满足，甚至有专门的政府部门来确保欲望的浮现与满足之间的时间差最短。没有人再认真地对待宗教，没有人需要内省或单相思，生物学意义上的家庭已经遭到遗弃，没有人再读莎士比亚。但是，这是一个美丽世界吗?

《美丽新世界》中的人也许健康富足，但他们已经不是人类。他们已不再需要奋斗，没有梦想，不再拥有爱情，不能感知痛苦，不需作出艰难的道德选择，不再组建家庭，也不用去做任何传统上与人相关的事。他们身上再也没有了赋予人类尊严的特征。事实上，他们已经没有任何之处同人类相似，他们被控制长大，分成a、β、B、γ等等级，彼此间保持仿佛人类与其他动物的距离。在能想象的最深刻的意义上，他们的世界如此不自然，因为人性已经被更改。用生物伦理学家利昂·卡斯(Leon Kass)的话就是与忍受疾病或奴役之苦的人类不同，按照《美丽新世界》中描述的方式生活的人们并不痛苦，他们甚至不知道自己已泯灭人性，更糟糕的是，即使知道也并不以为然，他们实际上已成为拥有奴隶幸福的幸福奴隶。在这个“美丽新世界”里，人类已经沦为垄断基因公司和政治人物手中的玩偶。这种统治甚至从基因和胎儿阶段就开始了。这是一个有阶级、有社会分工的社会，人类经基因控制孵化，被分为五个阶级，分别从事劳心、劳力、创造、统治等不同性质的社会活动。人们习惯于自己从事的任何工作，视恶劣的生活和工作环境与极高的工作

---

① 《美丽新世界》是二十世纪最经典的反乌托邦文学之一。这部作品与乔治·奥威尔的《1984》、扎米亚京的《我们》并称为“反乌托邦”三书，在国内外思想界影响深远。

强度为幸福。因此，这是一个快乐的社会，这种快乐还有别的措施保障，比如睡眠教学，催眠术被广泛用来校正人的思维，国家还发放叫作索麻的精神麻醉药物让人忘掉不愉快的事情。正是在这个“美丽新世界”里，人们失去了个人情感，失去了爱情——性代替了爱，失去了痛苦、激情和经历危险的感觉。最可怕的是，人们失去了思考的权利，失去了创造力。

【案例9-8】 **婴儿M案**

1985年2月6日，新泽西州布瑞克镇29岁的家庭主妇玛丽·怀特海德(Mary Whitehead)签署了一份合同，为威廉·斯特恩(William Stern)和伊丽莎白·斯特恩(Elizabeth Stern)夫妇代孕一个孩子。在纽约不孕症中心的安排下，在这份长达16页的合同中，玛丽·怀特海德同意“从孩子的最大利益出发，她不会或不试图与她可能怀上的孩子建立亲子关系，而且，一旦婴儿出生，她自愿立即放弃监护权，把监护权全部交给孩子的生父威廉·斯特恩，她将按照这份合同终止对这个孩子的属于父母所有的权利。”玛丽·怀特海德将从不孕症中心获得1万美元，作为“服务和开支的补偿”，这笔钱是斯特恩先生同意支付的约2.5万美元总费用中的一部分。剩余的钱中，5 000美元用于玛丽·怀特海德怀孕期间的医疗、法律和保险费用，7 500至1万美元作为不孕症中心的收费。

用斯特恩的精子进行授精后，玛丽·怀特海德于1986年3月27日分娩了一个女婴。已有两个孩子的玛丽·怀特海德和她丈夫不太愿意与这个孩子分开。3月30日，他们把这个孩子交给斯特恩夫妇，但是玛丽·怀特海德不愿接受1万美元。几天过后，玛丽·怀特海德来到斯特恩的住所，请求允许把小孩带回去住一个星期，斯特恩夫妇答应了。但是，直到5月初，玛丽·怀特海德仍没将小孩送回来。斯特恩夫妇向家庭法院提出请求，要求获得婴儿的临时监护权，法院批准了这一请求。当6名警察来带走小孩时，玛丽·怀特海德将小孩从卧室窗口递给了她的丈夫。她丈夫带着小孩逃走了，不久她与丈夫会合，并且没被人发现。怀特海德夫妇成功地躲避佛罗里达州法律执行官长达3个月的追踪。

当这个在法院记录中被称作“婴儿M”的婴儿终于被找到后，法院把婴儿移交给斯特恩夫妇。家庭法官哈维·R.索科沃(Havey R. Sorkow)延长斯特恩夫妇的临时监护权，同时给了怀特海德太太有限的探访权。

法院签发了一个命令，对怀特海德太太的丈夫理查德·怀特海德进行生育能力的检查，检查结果显示他以前做了输精管切除术，不可能生育这个小孩。经过32天的审理，索科沃法官宣布，代孕母亲合同是有效的并已生效。终止怀特海德太太的母亲权利，并将婴儿M的监护权仅授给斯特恩先生一人。索科沃法官从婴儿M的最佳利益出发，要求斯特恩先生履行代孕合同中的一些具体义务。他同时还批准了斯特恩太太的收养请求。

问题：你同意索科沃法官的判决吗？在中国应该如何判决？

试管授精是现代辅助生殖的一项新技术，不孕不育的夫妇跃跃欲试，但是，在子宫外进行胚胎授精使一个妇女怀孕至分娩，成为所谓的“代孕母亲”，就产生了新的伦理问题。

婴儿M案上诉至新泽西州最高法院，法院于1988年2月3日判决，用金钱聘请代孕母亲并要求她不可变更地同意孩子出生就交出小孩的代孕母亲合同是无效的，且不能执行。代孕母亲合同违反新泽西州的相关法律。该州法律禁止收养过程中的金钱交易，如果有效证据证明父母不称职或遗弃小孩，可以终止父母权利。如果是私下收养，允许母亲撤销交出小孩的承诺。

所谓伦理问题大多数是打乱原有正常的利益相关人的关系，如代孕母亲、生物学父母以及孩子。孩子的最佳利益应该是生母抚养，但是在孩子出生前，该代孕母亲合同就确定了生物学母亲的监护权，代孕母亲合同要求孩子与生母分离。另外，生父的权利与生母的权利是平等的，但是该代孕母亲合同损害了生母的权利而提高了生父的权利。美国有的州的法律规定如果生母同意放弃自己的小孩，那么在放弃之前应当接受咨询，该代孕母亲合同没有提到这样的条文。此外，代孕母亲合同对于各方产生尚不明了的后果：潜在的受害者包括代孕母亲及其家庭生父和妻子，尤其是小孩。最重要的是，收养不应受金钱的影响，该代孕母亲合同是以付款为基础的。只要不付款，代孕母亲自己愿意当代孕母亲，且有权改变她的主意，维持她的父母权利。在一个文明社会，有些东西是不能用金钱来买的。在美国，很久以前就认定仅仅用金钱买来的自愿行为并不意味它是善的，或者不用规制和禁止的。

最终结局，新泽西州最高法院维持下级法院授予生父监护权的判决，但是推翻了下级法院终止生母的权利的判决，并要求下级法院确定生母探访婴儿M的条款。

《魔鬼积木》是2008年11月1日中国知名科幻作家刘慈欣创作的科幻小说，某方面预测了基因改造技术的发展和对未来人类社会的影响。人类利用高科技手段追求完美正在成为一种愈演愈烈的趋势：父母将可以在基因超市中自由定制子女的先天特质；运动员将可以通过基因改造提升赛场表现；学生将可以通过服用记忆药片代替寒窗苦读……这究竟会带来个体的彻底解放，还是社会的无限混乱？

【案例 9-9】　基因设计婴儿

几年前，一对伴侣(女同性恋者)决定拥有一个孩子，由于两人都失聪，并以此为傲，所以她们决定这个孩子最好也是听障者。莎伦·杜谢诺和坎迪·麦卡洛跟其他以聋哑自豪的团体成员一样，认为耳聋是一种文化认同。“听力障碍只是一种生活方式，”杜谢诺说，“身为听障者，我们觉得自己很完整，我们想要跟我们的孩子分享听障者团体美妙的一面——归属感及连接性。身为听障者，我们真的认为我们过着丰富的生活。”两人期望有一个失聪的孩子，因此找到一个家族五代都有听障者的精子捐赠者，后来果然成功了，她们的孩子——高文天生失聪。在《华盛顿邮报》报道了她们的故事之后，随之而来的是众多的谴责声，这对初为人母的伴侣大感惊讶，而绝大多数的责难，集中于指控她们蓄意将残疾加在自己的孩子身上。杜谢诺和麦卡洛否认听力障碍是一种残疾，并且辩称她们只是想要一个像自己一样的孩子而已。杜谢诺声称：“我们不认为我们所做的，跟其他夫妻想要孩子时的做法有多大不同。”①

将孩子设计成听障者有错吗？如果有错，错在何处？是因为把人耳设计听障错了，还是设计孩子本身错了？如果我们借助于现在先进的生殖科技手段，设计制造出了一个聪明的孩子，这就对了吗？这里其实涉及这样一个问题：人类的科技水平越来越高，人们利用高科技手段可以追求更完美的东西、更完美的人，人类甚至可以在基因超市中定制自己子女的先天特质，这真是一个让人吓一跳的前景。

美国哈佛大学政府系讲座教授迈克尔·J.桑德尔(Michael J. Sandel)在《反对完美：科技与人性的正义之战》中提出一个令人不解的观点：反对完美！完美不好吗，为什么要反对？

为什么要反对通过基因技术打造一个完美的自己？风险之类的理由倒是其次，关键在于，我们所珍惜的种种人性价值、意义都无法在这种自由到可以随意改变自己的世界中存在。人是被生出来的，而不是被造出来的；是长大的，不是造好的。事实上，人的被抛性、人生的偶然性是如此根本地植根于我们对人、对人生的理解，因此通过基因技术改造胚胎、整容等都在不同程度上破坏这种意义框架。

人们对过度整容的人有种道德上的厌恶，觉得这种人浅薄、不认真对待自己。电脑下棋比绝大多数棋手技术高，但谁都没兴趣看两台电脑下棋。我们听音乐不只是为了听到好的音乐，也是为了领略音乐家的天分与努力，电脑合成的声音再好听也无法成为艺术。我们看篮球也不只是为了看篮球表演，不然用特技做出美如画的技术动作就行了。艺术、体育、学术，这种种实践传统不只是生产无所谓作者的文化消费品，更是借此彰显艺术家、运动员、学者的天赋，或者表彰其努力。缺乏这些卓越品格，我们将无法理解这

① 桑德尔. 反对完美：科技与人性的正义之战[M]. 北京：中信出版社，2013.

些实践传统的目的，从而使这些实践传统变得莫名其妙。因此，我们往往对用技术手段改善音质、用高科技装备提高运动成绩心存疑虑，怕由此艺术变得像技术、运动变得像表演了。总之，我们无法脱离某种实际的人的形象来理解这些实践传统，而技术手段的过分介入会使实际的人在这些实践活动中变得不再重要。技术的疑点在于，技术改变自然的依据是人的欲望，而不是关于自然的绝对知识，即上帝才拥有的那种"全知"，因此不可能给自然安排一种新的"先定和谐"(莱布尼茨)。人也将因此丧失深度，沦为一个存在于幕后的、可以随意改变自己属性的、无比单薄毫无内涵的主体。由此，"自己的"种种卓越品格、个性事实上都不再是真正的自己，荣誉感等道德现象都将丧失意义。

基因改良对人类的潜在的危害在于对人类自由意志的操纵。从表面上看是人在改造基因，但是实际的结果是人成为了基因的奴隶。曾经需要通过努力才能获得的东西，如今通过基因技术就可以做到，比如运动员本身需要通过1万小时的训练才可以达到的水平也许今天只需要稍微在基因序列中进行微小的改动就可以实现。而某些人工智能的发展更是使人类失去了深度思考的机会，本来需要通过反复的阅读和学习才可以掌握的认知回路，今天只需要拥有一个智能手机就可以化解所有的烦恼。人类不再需要掌握地理知识，因为有谷歌地图(Googlemap)；人类不再需要拥有知识库存，因为有数据库(Wikipedia)。但是这种因为科技所毁掉的人类体验应该如何弥补呢？运动不仅仅为了获得奖杯，也是在此过程中寻找人类的潜能和极限。学习地理知识并不仅仅为了帮助我们可以在陌生的地方找到目的地，也是为了通过学习为大脑建立空间理解能力和空间想象能力；背诵诗歌和文学作品，不仅为了在此基础上理解美，也是为了以此为基础建立逻辑认知和思想文化宝库。科技在给我们一个唾手可得的结果的同时，也将我们变成科技的奴隶；在给我们馈赠的同时，也消磨了我们的自由意志。

基因技术对人类的潜在的危害在于加速了社会的不平等，破坏了社会的秩序。相比军队，科技对文明的破坏更类似于暗涌。就共享经济而言，不过是通过分享数据，供大数据公司使用，帮助他们形成大规模数据库，进而建立数据壁垒，形成社会新权利。如果过去的社会结构是以资本为基础建立秩序逻辑的话，那么今后的社会逻辑会变更为以信息为基础建立社会等级。相比于资本社会，信息社会的等级变得更加森严、更加固化、更加难以变更。大数据加速了社会的不平等性，掌握数据的人成为新的资本家。资本家们有更多的机会接触新的科技，例如通过基因技术延长寿命、利用人工智能技术形成新的资本，这种良性循环使得他们始终可以站在整个社会结构的顶端并掌握话语权。而与之相对的，则是普罗大众越来越失去了自主权和话语权。

在竞争激烈的社会里，很容易认为以生物工程改造孩子和自己来获取成功是在行使自由的权利。但是改变天性去适应世界，而不是反过来，其实是以最深层次的权利剥夺的方式。这么做会分散我们仔细思考这个世界的注意力，并减弱我们改进社会和政治现实的冲动。与其运用新的基因权利去矫正科技人性这根弯曲的木材，不如竭尽所能做好社会和政治安排，使其更适合不完美的人类天赋和局限性。

课后练习

1. 判断对错

(1) professional 词根是信奉，向上帝发誓，意思是不辜负上帝的职业。

(2) 支持女性堕胎的伦理理由是权利论。

(3) 生物医学和基因技术的发展主要面临三大伦理问题：不确定性风险、社会的不平等和人性的异化。

2. 思考题

(1) 耶鲁大学的何塞·德尔加多(Jose Delgado)博士生动地描述了作为一种行为控制手段的大脑电刺激效果(ESB)。他证明，对一头斗牛的大脑进行"连线"，只要按下传送电流到动物大脑的按钮，他就能让这头牛从愤怒的攻击中停止下来。他还表明重复的电流刺激降低了斗牛的攻击性。类似的实验表明，通过战略性定位的小管延时释放物质对大脑进行化学刺激(CSB)也同样有效。一些人相信，把这些技术运用于罪犯、精神病人或有一些学习障碍的学生是可取的，而其他人把任何这样的应用看作"奥威尔式"的噩梦。对人使用这种技术会有什么危险吗？可以把这样的应用限制到使其滥用最小化吗？

(2) 假定一名单身女子育有一个婴儿，然后决定让别人收养这个孩子。又假定婴儿的亲生父亲得知该女子的收养决定。在什么情况(如果有的话)下，他能够阻止这种收养，并宣称这个婴儿是他的孩子？

(3) 研究胚胎干细胞(ESC)的目的是发展代替损坏细胞的技术，从而为那些患有疾病特别是神经方面的疾病的人们带来希望。胚胎干细胞可以通过三种方式获得：①从自身上获得——这些细胞最难获得，但被排斥的概率为零；②从脐带上获得——这些细胞较容易获得，但当应用于血缘关系之外时，比较容易受排斥；③从胚胎上获得——这些细胞跟取自脐带的细胞一样容易受排斥。在这三种干细胞的来源中，只有第三种是有争议的。那些反对将胚胎干细胞用于研究的人认为，人的生命始于授精，因此，胚胎是人，其尊严必须得到尊重。那些赞成把胚胎干细胞用于研究的人认为，这样的用法可服务于人类，不仅应当允许，而且应当被鼓励。胚胎干细胞用于科学研究应该得到政府的支持吗？

(4) 害怕感染艾滋病导致人们以非典型的方式行事。例如，许多人拒绝与感染艾滋病的朋友有任何社会联系，牙医和医生拒绝为患这种疾病的病人看病，承办丧葬的人拒绝为受害者涂尸防腐。这些行为正当吗？

(5) 1997 年 2 月，宣布了一项划时代的科学成就。在历史上首次克隆了一个哺乳动物。科学家用一只羊的 DNA(脱氧核糖核酸)复制产生了另一只羊，它在遗传基因上与第一只羊完全一样。此前有些科学家曾预言，这项任务永远不可能实现。现在大多数人都同意，克隆人已不存在真正的障碍了，尽管还要克服一些科学难题。这一步骤提供了以前只有科学幻想作家才想象得出来的可能性。这里只举出几种可能性：①在意外事故中失去心爱孩子的父母可以有另外一个跟他或她一样的孩子；②追星的粉丝们可以购买名人的DNA，并在大事记中享受这种极品；③独裁者可以确保自己的统治得以延续，不仅通过他们的孩子，在某种意义上，也是通过他们自己；④富人能够克隆自己身体器官的备用品，以供患病后使用。

正如这些例子所提示的，人类克隆技术衍生出了棘手的法律和道德问题，它们都来自一个可怕的事实——这个过程将产生的不是机器人，而是人！在人类克隆的议题上，社会应采取什么样的理智立场？

(6) 据报道，许多人忽视无保护措施的性行为的危险性。鉴于艾滋病和其他性传播疾病的存在，应如何解释这种对待疾病的随意态度？公共卫生官员和教育工作者在解决这个问题上采用的最好办法是什么？

第10章 大数据、人工智能与科技伦理

科学是很好的仆人，但也是危险的主人。

——(英)卢斯·兰奇(Lous Lange)

关键术语

科学主义，数据主义，异化，隐私

推荐电影：《黑客帝国》(*The Matrix*，1999年)

在魔阵中生活的一名年轻的网络黑客尼奥(Keanu Reeves)发现，看似正常的现实世界实际上似乎被某种力量控制着，尼奥便在网络上调查此事。而在现实生活中的人类反抗组织的船长莫菲斯(Laurence Fishburne)，也一直在魔阵中寻找传说的救世主。在人类反抗组织成员崔妮蒂(Carrie-Anne Moss)的指引下，尼奥和莫菲斯见面了，尼奥在莫菲斯的指引下，回到了真正的现实中，逃离了魔阵，这才了解到，原来他一直活在虚拟世界中。真正的历史是，在20××年，人类发明了人工智能(AI)，然而机械人与人类之间爆发了战争。人类节节败退，在迫不得已的情况下，把整个天空布满了乌云，以此来切断机械人的能源(太阳能)。谁知机械人又开发出了新的能源——生物能源，就是利用基因工程，人工制造人类，然后把他们送入魔阵，让他们在虚拟世界中生存，以获得多余的能量，尼奥就是其中一个。尼奥知道真相后，加入了人类反抗组织，在莫菲斯训练下，渐渐成为一名厉害的"黑客"，并渐渐展露出与其他黑客的不同之处，这让莫菲斯更加肯定他就是救世主。就在这个时候，人类反抗组织出现了叛徒，莫菲斯被捕。尼奥救出了莫菲斯，但在逃跑过程中，被魔阵的"杀毒软件"特工杀死。结果反而让尼奥得到了新的力量，并复活了，真正成为救世主，并把在魔阵中无所不能的特工杀死了(删除了)。从此，人类与机械人的战争，进入了一个新的时代。影片和柏拉图的《理想国》中所描述的洞穴理论之间有惊人的相似之处。作者不仅仅看到了柏拉图所描述的穴居者和生活在矩阵中的人们在表面上的诸多相似之处，更看到了影片和柏拉图的理论二者在深层次上的一脉相承：

只有以正确的方式自省，才可能有正确的自知。不论是尼奥还是穴居者，都需要经过从黑暗到光明的痛苦历程，才可能取得“真经”，并随之大彻大悟。

问题：

（1）人工智能创造物也应该考虑道德问题吗？

（2）在一个“无法验证的”（假想的）环境中，人能否违背道德准则行事？

（3）只有通过将人类自身部分机械化，人类才可以找到充分利用未来的科技成果的信心吗？这样会不会被科技所控制呢？

课前测试：古阿斯的戒指

在韦尔斯（H. G. Wells）写《隐形人》之前，柏拉图（公元前428—前348年）在《理想国》中就描述了一个名叫古阿斯（Gyges）的牧羊人。按照希腊传说，他发现了一枚戒指，当转动戒指的底座时，他能够隐形。古阿斯利用这种神奇的力量去勾引王后，杀死国王，夺得了王位。

如果我们拥有类似的力量，我们为什么觉得应当受道德的束缚呢？如果专业人员有足够强大的力量去实现自己的愿望而其行为不会被发现，为什么他们应当讲道德呢？在你的回答中，反思这个问题：“为什么要讲道德？”这个问题需要以自我利益作为讲道德的理由吗？如果是这样，它是否已经假设只有自我利益而不是道德才为行为提供有力的理由？（参考电影《透明人》）

第一节　科学技术的发展和演化

16—20世纪，人类仅在物理学领域就取得了巨大的成就：哥白尼提出太阳系的中心是太阳而不是地球；开普勒发现了行星的运动定律；牛顿提出了力学三大定律；麦克斯韦用电磁场理论将电学、磁学、光学统一起来；海森堡用测不准原理描述了微观世界的现象和规律；而爱因斯坦的相对论第一次告诉人们关于空间和时间的性质。

鉴于人类取得了如此辉煌的成就，于是苏格兰科学家开尔文男爵（Lord Kelvin）在20世纪初大胆地预言道：“现在物理学已经不可能再有新的发现了。”但是，几十年后物理学迎来了又一次革命。

开尔文男爵当时的预言虽然有点儿言之过早，但是我们不应该忽视人类认知的局限：当一门学科成熟的时候，人们一定会发现这门学科的边界。经典热力学发现了热力学三大定理，经典热力学就成熟了。当量子力学告诉我们测不准原理的时候，量子力学就成熟了，就有了难以超越的知识壁垒。所以人们在做研究时，其边界都不是无限的。科学的对象不同，它的可靠性也不同。

物理学研究一直都在追求简洁与优雅。牛顿的万有引力定律简洁明了地告诉我们：作用于我们日常所见万事万物的引力也同样作用于我们自己力所不及的外太空中那些恒星和行星。牛顿将我们的日常体验与对外太空和天堂的理解统一起来，让我们知道同一种力掌控着整个宇宙。詹姆斯·克拉克·麦克斯韦(James Clerk Maxwell)所作出的贡献也有类似之处。他发现了电与磁之间的联系并将其合并称为电磁力。于是，物理学在大统的道路上又向前迈进了一步。今天，物理学家相信有四种力掌控着宇宙间的万物：万有引力、电磁力、强核力(将原子的核子结合在一起的力)、弱核力(放射性现象背后的作用力)。但物理学家们仍执着于对大一统的追求，想用一种理论将这四种力统一起来。到目前为止，他们已经成功地统一了除引力之外的其他三种力。

量子力学研究物质世界微观粒子的运动规律，即电磁力与强弱核力。根据量子力学的理论，微观世界具有随机性和模糊性。在肉眼可见的物质世界里，我们能准确计算出物体的运动轨迹。举例来说，如果我们想要发射一枚炮弹，那么这枚炮弹的落点是可以被准确计算出来的。但是在微观世界里，我们只能计算电子这个级别粒子的运行概率，如果是更小的粒子，那我们的认识就跟赌场上掷骰子游戏没什么区别了。

万有引力理论所描述的世界里全都是像打炮弹、扔石头和行星、恒星这样的大物体。如果说量子力学所研究的世界闪烁不定、一片混乱，那么牛顿力学所研究的世界则是有迹可寻、整洁有序。这样看来，微观物质世界与宏观物质世界似乎完全不同，看上去就像是两个完全不同的世界，但实际上它们的研究对象全都是同一个世界，这真是件令人困惑的事情。于是物理学家们想要找到一个放之四海而皆准的理论，一个能够完美融合所有自然法则的理论，将牛顿力学与量子力学统一起来，但到目前为止并没有成功。宇宙不可能既优雅有序(如牛顿力学所述)同时又杂乱无章(如量子力学所述)。宇宙一定是和谐统一的，必须是说得清、道得明的。说不清楚的东西就是人类认知的边界。

英国数学物理学家罗杰·彭罗斯(Roger Penrose)认为，如果一个理论无法解释人类的意识，那么这个理论就不可能解释一切。他表示，一个无所不包、无所不能的理论应该能够解释像人类大脑这种由原子构成的物体如何产生体验与感受，应该能够告诉我们一堆无感的物质是如何生成情感与感觉的。但有些哲学家却认为人类永远无法认识自己的意识，认为任何理论都无法对意识进行解释，我们只不过是适应生存环境并得以进化了的动物而已，人类的智力之所以能够进化完全是为了保证我们继续生存下去，为了解决周围环境中迫在眉睫的问题，为了烹煮食物，等等。在地球上生活与生存塑造了人类的大脑及思维能力，所以人类无法理解现实的本质，无法解开意识之谜。我们是长着犬齿和对生拇指的无羽类两足动物，就像蚂蚁永远写不出交响乐一样，人类也永远无法完全彻底地弄懂这个世界，因为这是我们力所不能及的领域。

罗杰·彭罗斯的观点真是精辟。我们是通过大脑认识世界的，我们连大脑的机制都没有搞清楚，如何认识世界？这个问题被凯文·凯利(Kevin Kelly)解决了。人类好像感觉自己在认识世界、搞科技发明，但是这也许是科技本身借助人这个工具进行自身的演化而已。他认为人是技术的父母。技术本来就存在，技术与人的关系就像细菌与人的关系，在人类诞生之前，细菌就存在，在人类灭亡之后，细菌依然存在。同样，在人类诞生之前，技术就存在，在人类灭亡之后，技术依然存在。到底是人在利用技术，还是技术在利用人，这个问题从哲学角度还真的很难说。技术是有生命的，或者说技术本身就是一种生命。他用他独特的视角向我们展示科技的本质和未来的发展方向。在《科技想要什么》一书中令人吃惊地宣称，现在人类已定义的生命形态仅包括植物、动物、原生生物、真菌、原细菌、真细菌六种，但技术的演化和这六种生命体的演化惊人相似。技术被认为是生命的第七种存在方式。技术是生命的延伸，它不是独立于生命之外的东西。技术作为一种人工生命，也遵循进化的规律。技术和生命的本质都是信息。科技有其自身的发展规律，它有自我，有自主性，能独立进化，能产生意识，并且最终和宇宙合为一体。技术元素按照自己的节奏、规则和方向发展。它的创造者人类则不再拥有完全的掌控力。像所有父母一样，我们感到忧虑，在技术元素的影响力和独立性增强的背景下尤其如此。

由于人的生理和认知能力的限制，科技要发展的话怎么办？技术元素借助人类的发展而演化的终极目标必然是人工智能。忽然有一天，"算法"这个词语像明星一样上了媒体头条。算法已经不是一个程序员的专业词汇，而是一个妇孺皆知的日常用语了。这似乎暗示数据时代的到来。达尔文提出《进化论》150年后，生命科学研究认为，假设生物体都是算法，那么生命就是数据处理的过程，换言之，人是由"数据"构成的。而研究显示，过去几年中人类制造的数据占整个人类历史数据量的95%，换言之，大数据时代已经真正降临。大数据正在全面改造人类的思维方式及生活方式：因为数据流动量过大，人类无法将数据转化为信息，更不用说知识和智能。人类大脑的容量是有限的，而数据是无限的。大数据分析是建立在海量历史行为和前人经验上，对未来的一种洞察。人类更倾向于相信大多数人的选择，这是一种无可厚非的、符合生物本能的自我保护机制。于是人类逐渐放弃直觉和经验，选择相信大数据的决策和分析。比如，出行时我们通常会选择地图导航给出的最佳路线，网上购物时我们通常会选择销量最好的商品等。人类生活已经愈发离不开以大数据为基础的人工智能技术。数据不仅仅是生活的一部分，而且还上升到价值观和社会制度的层次。从"算法"角度看，民主与专制，本质上即两套不同的数据分析和信息收集的对立机制。市场经济是分散式数据处理，计划经济是集中式数据处理。市场经济体财富增长迅速，是因为分散式数据处理的效果比集中式数据处理更好。因而这个社会的主流价值观就变成了数据主义。

数据主义者认为，宇宙是由数据组成，任何现象或实体的价值就在于对数据处理的贡献。对于数据主义，信息自由是最高的善。数据主义者信仰两条诫命：

第一诫命：要链接更多的媒体，产生更多的信息(想想一天多少时间花在微信朋友圈)。

第二诫命：要将万物接入系统，异端也不能例外(想想股票市场爆炒的物联网和区块链)。

数据主义者认为，体验不分享就没有价值。人不需要(甚至不可能)从自己内心找出意义。数据主义者认为一切皆数据，全人类是单一的数据处理系统。科学正聚合一个无所不包的教条：所有生物都是算法，生命就是数据处理。庞大的算法(如 Google 搜索引擎)，没人能够理解其全部的要义。机器学习和人工神经网络等“种子算法”会找出人类无法预见的东西。我们要做的是等待算法找出意义。万物互联就有了神圣的意义(拉黑惩罚)。数据主义已经从中立的科学理论演变成判别是非的宗教。批判数据主义，将成为 21 世纪最大的挑战及最迫切的政治和经济问题。

问题 1：生物真的只是算法，而生命只是数据处理吗？

问题 2：智能与意识究竟哪一个具有更高价值？

问题 3：等到没有意识的高智能算法比我们更了解自己，社会治理、日常生活有什么变化？

数据主义对人类的威胁，正如人类对动物的威胁。数据绝不在乎我们的主观需求。将人类体验视同数据，也就破坏了人的权威和意义的来源。有了更好的算法和数据，人类这种生物算法就会被自然淘汰，算法很快就比我们自己更了解自己，智能正在与意识脱钩并飞速发展。

与以往所有的新思潮不同的是，数据主义不是以一种新的思潮代替另一种思潮，而是从根本上否定了人类的精神性、灵性，认为人类精神不过是一种更高级的算法。也就是说，数据宗教并不是一种传统意义上的新宗教，它不是精神性的东西，不是价值性的概念，而是从根本上颠覆精神、意义、价值，因为这些东西是可计算的、可数据控制的。在文化思想领域，人文主义内部也发生过无数次的更迭，总是以一种思潮代替另一种思潮。就连非常先锋性的未来主义实验派，它也只不过是解构生命意义，认为无意义即是最大的意义。从根本上说，它还是在人文主义内部、以一种精神性的东西否定另一种精神性的东西，终归还是在寻找某种精神性的东西以使人们得以安然自处。数据宗教所不同的是，它否定的不是思潮、流派、某个具体的信仰，而是对人类笃信不疑的精神灵性进行质疑，否定人类具有精神性和灵性，认为这只不过是算法的结果。人类所有为之珍视的精神灵性，都只是生化性的反应。这就是一种釜底抽薪的打击：直接否定生命的意义以及人类所具有的灵性。

更可怕的是，正因为人工智能和数据主义掌握了自由意志和幸福的生化密码，数据系统可直接通过调整算法，干预人类的自由选择和幸福度。对此，人类再也不能说“我的每个选择是出于自由意志”，也不能掌握自己的幸福体验。此外，由于未来数据会发展得无比强大，它几乎是全能的，就如同“上帝”。它控制着人类社会的所有生产性和精神性活动，并且不断优化之，乃至于人类生命意义存在的唯一价值，就是你相对于数据系统所能提供的价值，这就是你人生的全部意义。一句话，数据宗教否定了人类的心灵，从而将一切精神性的东西从神性地位开除，因为所有这些东西都可以通过算法生成、控制，人类生命的意义也不再那么崇高和正确，它只是数据系统的一个组成部分。

数据宗教的崛起，一定会取代人文主义宗教，否定生命的意义、导致人类的消亡吗？

卡钦斯基认为，自由与科技进程互不相容，因此必须终止科技进程，否则人类将最终成为科技的奴隶并被摧毁。人工智能学会了深度学习和自我学习，就会把人类的智能远远甩在后面。但是人类的结局是否会成为自己创造的人工智能的奴隶？《黑客帝国》所描绘的情景会不会发生？

凯文·凯利认为技术不是独立于生命之外的东西，应该是生命的第七种存在方式，技术是生命的延伸。技术作为一种人工生命，也遵循进化的规律。技术和生命的本质都是信息。如果他的观点正确，那么难道文化不是信息吗？价值观不是类似某种基因编码吗？如果我们把技术比作人类的孩子，文化同样是人类的孩子。人是技术的父母，也是文化的父母。那些技术伦理书籍的作者，就是技术伦理的生殖器。也许看到这样的观点有点恶心，把技术和文化同样当作人类的孩子也许感觉好一点。孩子好像是“我”生的，其实他不过是种族的基因借助你的身体创造一代的生命而已。这个孩子有生命、有愿望、有要求，我们对他的控制能力是极其有限的。我们唯一谨慎的做法就是摸清他的脾气，理性地与他互动，关注他的发展方向，仅此而已。难道文化基因不是类似的孩子吗？科技想要什么？科技像孩子一样要你生他、养他，但是他有自己的生命轨迹。文化也一样。

人类的精神性、意识性一直是我们引以为豪的所在，这是自然主义、理性主义甚嚣尘上之时也无法打破的堡垒。数据主义崛起之后，通过将所有精神性活动定义为算法运算，从根本上否定了人类的灵性。自由意志和幸福快乐可以说是人类灵性的集中代表。数据主义毫不费力地将之定义为生化反应，意即生物算法的结果。对于这样的算法研究，我相信没有人会去否认，毕竟它反映的是事实。然而，这种绝对正确的科学解释真的解释了自由意志和幸福快乐吗？仅从人们的感受来说，它根本无助于人们真正理解自由意志和幸福快乐。细想一下就会发现，数据主义把一切都定义为算法，这不是解释，这只是在描述，最多算是描述性解释。它回答的是“怎么样”，而不是“是什么”，也不是“为什么”，更不是“应该是什么”。这就好比说，人是由无数细胞组成的东西，听完之后，我们还是无法理解“人”这个物种。跟大多数情况一样，它揭示的是事物的自然法则或规律，而没有触及本质。科学的伟大之处也正在于此，它可以准确客观地描述规律，并让我们能够对此加以干预，即所谓的掌握规律并使规律为我所用。但是，它永远也无法帮助我们理解事物的本质，面对人类没完没了的“为什么”，科技和算法只会疲于奔命。

老子说，道生一，一生二，二生三，三生万物。事实上，科技和算法恰恰是从诞生的那一天开始，就从来没有脱离过伦理的追问，就像“道”永远包含阴阳两个方面。没有纯粹的阴，也没有纯粹的阳，科技之道也不例外。人类不会丧失提出“为什么”和“应该是什么”的能力，数据算法就无法否定人类的灵性。康德认为，可以从两个方面来理解自身——物理生物的经验王国，以及一种自由人类主体的理智王国。当人们举手投上一票时，他的行为可以通过肌肉、神经细胞、神经元的突触以及细胞而得到解释；也可以通过思想和信念而得到解释。数据主义对人类行为的解释，充其量只是多种解释方式中的一种。

自由意志和幸福快乐确实是一种生化反应，假设生化科学已经对这二者的生化规律了解得一清二楚，数据系统就能够通过调整算法对人类自由意志和幸福快乐进行干预。痛苦的时候通过算法调节你的多巴胺，决定要不要减肥的时候故意给你增加饥饿算法的权重，这些手段都是指日可待的。在这种情况下，你还会认为人类具有自由意志、能主宰自己的幸福快乐吗？数据主义对人文主义冲击最为厉害的正在于此，人类引以为豪的自由意志和幸福快乐这种充满灵性的东西，都可以通过算法来进行控制，人类还能有心灵和精神性的东西存在吗？说实话，面对这种发问，人文主义可能打心底里表示无所谓。纵观人类历史，人们早就习惯了妥协，自由意志、人权、幸福在面对自然灾害、专制恐怖、宗教迫害时，早就不知被扭曲了多少次了。如今再来一个数据老大哥控制人们的精神，你觉得人类会感到陌生和害怕吗？人们不能因为自由意志可以被操纵就否定自由意志的存在，不能因为心灵可以被改写就否定心灵的存在。数据和算法可以干预甚至生成精神，但是不管精神被干预到何种程度，或者精神来自哪里，精神就是精神，它不可能被消解。

数据主义的另一大利器，就是否定人类的生命意义价值。在他们看来，由于数据系统足够强大，强大到可以有条不紊地控制一切。因此，人类存在的唯一价值，就是你相对于数据系统的功用。如果你对数据系统没有价值，你的生命便没有了意义，你的存在也会陷入虚无。意义在流失，智人在消亡，只有数据系统才能给你价值。数据主义对生命意义的否定，本质上还是对人类精神的存在性进行否定。意即，生命意义本身也只不过是一种算法，它可以被算法干预，也可以被算法创造。它不是什么崇高的东西，也不是人类生存不可或缺的东西。

事实上，从物理世界来看，生命只是一些物质和能量的运动——从聚合到消解，人出生，必定也会死亡，这是生命运动的必然。从这个角度上讲，生命是没有意义的。也就是说，早在数据主义出现之前，物理学和生物学早就以它们的方式定义了一次生命意义——生命无意义。然而，我们扪心自问，迄今为止，人能离开意义之网而生活吗？正因为“人一出生就意味着必定会死亡”所带来的无意义感和虚无感，所以人才会不断地寻找意义，诉诸精神性的东西。这是一个永恒悖论，也是人的宿命。人如果离开意义，将不再是人，只不过是一个从生到死的生命运动过程。人终其一生，都是在为自己的生命赋予意义。人文主义之前，宗教赋予我们生存的意义，人可以为上帝而活着或牺牲。人文主义之后，人为自己而活，自己的感受最重要，再也不接受他者为生命赋予意义。数据主义则认为，未来生命的意义来自数据赋权，人的存在价值来自你对数据系统的价值。可见，数据宗教再次否定生命意义的存在，跟物理学和生物学相比，只不过是换个手法，改了次靶向，其他什么都没改变。也就是说，就算数据系统统治了人类，人还会不断寻找意义。

事实上，我们可以从科技和文化两个方面来审视数据主义，作为一种新的科技方向，也伴随一种新的文化潮流。就像达尔文、马克思和弗洛伊德这些大思想家否定了上帝的主、理智的主和心灵的主使人类的尊严丧失殆尽，数据主义不过是这种历史趋势的延续。从某种角度看，人类社会并不是在发展，而是在演化。人类的使命和责任就是在必然的世界（物理世界）和混乱的世界（量子世界）当中创造属于自己的自由和尊严。

第二节 技术哲学

技术哲学开始于对技术本质的思考。

有种观点认为，技术是中性的，如果有人要利用技术干坏事，那么干坏事的这个人要负责任，而他采用的技术本身没有责任，或者说提供技术的人没有责任。英国哲学家威廉姆斯（Bernard Williams，1929—2003年）说：“核武器既不是道德的，也不是不道德的。他们仅仅是化学品、金属和垃圾而已”。根据这位哲学家的观点，我们可以将手枪定义为“结构化的金属和子弹”，于是得出“枪不杀人，人杀人”的观点，这叫作技术中性论。这种人的论调就是：原子弹是我造的，但不是我扔的，我只管造不管扔，负责任的是扔原子弹的人。当年爱因斯坦就非常不同意这种观点，他对有些人心安理得地制造毁灭人类的武器非常愤慨。

好像事情一旦沾上科学，就有几分正确性。当我们说某人的做法不科学时，就等于在说他的做法是错的。科学方法是到目前为止被公认的有效的学科研究方法。既然这样，我们为什么要学伦理学？工程师只要按照科学规律办事不就可以了吗？要回答这个问题，就必须首先了解科学的本质。

如此看来，科学的优点也是它的缺点。首先，所有的科学活动都是人的活动，人的限制就是科学的限制。不能研究超时空的东西。凡是不能在经验世界决定的东西，科学都不能回答。如果硬要回答就不是科学，而是科学主义。有些人小时候的理想是当科学家，因为一听到科学，人们就会肃然起敬。但是科学能够成为人的信仰吗？一定不是科学而是科学主义。当科学变成“主义”的时候，它就不在科学里面了。

科学主义(scientism)是一种主张以自然科学技术为整个哲学的基础，并确信它能解决一切问题的哲学观点。如美国新实在论者要求哲学家效仿科学家；美国哲学家W.奎因则认为认识论就是生物学对自身的运用。科学主义有三大特点：(1)科学是人类不断进步的唯一途径；(2)科学主义认为科学的广度和深度是不受限制的；(3)科学是伦理中性的。

第一，科学是人类不断进步的唯一途径吗？所谓现代社会和古代社会最大的不同就在于科学技术的进步，将来科学能够解释一切。在这种看法下，一些传统文化没有了价值；所有东西好像只有放在实验室里、显微镜下才有价值。把一切不能在科学范畴里研究的东西统统加以清除和封闭，这些行为造成了文化荒漠化。科学家可以从解剖、DNA和化石中推断出开花植物的关系，但他们不能从科学上断言玫瑰比雏菊更漂亮。作为人，科学家跟所有人一样会作出道德、审美上的判断和选择，但这种决定绝不是科学的一部分。在我们的印象中，科学家一定是德高望重的，但知识与个人的品德有没有必然的关系呢？情况恰恰相反，一个大气研究专家，他可能对气体成分分析得很清楚，他知道哪些气体是对人的身体有害的，可是面对煤气泄漏且有人正在泄漏的房屋中的时候，他到底要不要冲进去救人却不是科学能帮他解决的。懂得科学知识越多，他越知道随时会爆炸。

第二，科学的广度和深度是不受限制的吗？科学主义认为，从自然到社会、从生理到心理、从物质界到“灵界”，对任何东西都需要进行科学研究。“科学气功”就是在这种观念下产生的。不和科学挂钩，好像显得落后。科学的对象不同，它的可靠性也不同。从宗教的观点看，在上帝所创造的世界当中，上帝把人放在自然界最高位置，物质世界处在人的下面，所以人在研究物质世界的时候，我们可以居高临下来发现其中的奥秘。所谓我们说科学研究是一种“发现”，这个盖子我们可以把它拿下，看看里面的东西，从上而下好像比较容易。但是就是看，也要看你研究什么东西。最基本的研究就是物理学研究，结果比较容易定量。数学在里面发挥了很大的作用，精确性和可靠性都很高。随着研究范围的扩大，精确性会逐步降低。氢原子的光速可以严格计算。人研究自己就很累，因为位置是平行的。社会科学则缺乏自然科学的可控制性。

当一门学科成熟的时候，人们一定会发现这门学科的边界。经典热力学已经不能深入研究了，因为热力学三大定律已经被发现了；当量子力学告诉我们测不准原理的时候，量子力学就成熟了，它展示了不可超越的知识的壁垒。所以哪怕人在研究物理的时候，他的边界都不是无限的。离开上帝对人的启示(比喻的说法)，人对神的知识往往是错得最离谱的知识。所以迷信盛行就是因为人们企图了解上帝(人类一思索，上帝就发笑)。

上帝是处在人的位置上面，你怎么可以用科学的方法去找上帝呢？因为人的科学研究方法是经验性的、理性的和客观性的。

由于技术发展与人类发展的特殊关系，技术文明有可能带来的第一个棘手问题是风险问题，那种潜在的毁灭性的风险。石化燃料的超量使用导致全球变暖，但是气候谈判又是公地悲剧，世界气候大会无所作为。世界范围内的冷战已经结束，核威胁已经减轻，但是毁灭性的局部冲突依然存在，由于发展不平衡、贸易冲突、意识形态等冲突导致的风险在逐步上升。转基因、人工智能以及人类越来越依赖庞大的技术系统所导致的风险也是潜移默化的。技术发展似乎是以人类必须丧失某些东西作为代价。

思想实验：劳特利的核能列车

一列长途列车刚刚出发。这列车上载满了乘客与货物。在旅途的第一站，某人要往远方的终点站托运一个包裹，里面藏有一种易燃易爆的剧毒气体。该气体被放置在一个很薄的容器内，托运者自己也明白：这容器并不能保证气体全程都不泄漏；倘若列车真出了什么问题，比如脱轨或是相撞，或是有乘客觊觎货物，试图偷窃某些行李，那么气体就肯定会泄漏出来。以上各类事情在以往的行程中都有发生。如果容器真的被打破，那么灾难性的后果就会发生——至少邻近车厢的人会被毒死，而剩下的人不是因为中毒致残就是迟早患上绝症。我们大多数人大概都会指责这样的行为。那位包裹的托运者会怎样为自己辩护呢？

劳特利夫妇提出的该思想实验是为了检验核能的发展是否可以得到伦理上的辩护。根据作者们的观点，事实上仅仅核废料就意味着“未来四万代人们将被迫承受极大的风险”：失去生命、疾病蔓延、遗传损伤，以及大面积的陆地污染。我们对于那些未来之人不存在任何道德义务吗？即使我们不用对某人承担义务，就意味着我们能对他们为所欲为吗？或许气体的制造者不用对那列火车及里面的乘客负责，但他不应该为这气体本身负责吗——它会对那列车及里面的乘客有什么影响？有人会说，我们并不能确定气体定会泄漏，同样也不能确定即使气体泄漏了就一定会是这样的后果。在我们声称某事的出现会引发危机这在道德上是不可接受之前，有必要先确定某事一定会出现吗？

技术是实现目的的方法，但是现代科技很少是一维的、静态的，技术向生物体一样随着所处社会环境的变化而变化。目的与方法的断裂，导致技术的路径不再是线性的，而且更加难以预料。臭氧层空洞现象就是一个发人深省的案例。20世纪60年代，生产商广泛将情性的、无毒的、不易燃的氟氯化烃作为制冷剂，还把它应用到多个领域，如气溶胶喷剂。一直到1972年，位于洛杉矶的加利福尼亚大学的两位化学家弗兰克·舍伍德·罗兰(F. Sherwood Rowland)和马里奥·莫利纳(Mario Molina)才发现这一惊人事实：这些化学物质很危险，它们消耗着平流层中的臭氧。最初他们的发现被同行化学家和工业化学家驳回，直到15年后这两个人的成果才被接受，随后又被授予诺贝尔奖。最终国际社会达成一致，签署了《蒙特利尔议定书》(*Montreal Protocol*)，以保证人类社会不会继续生产或使用这些会威胁生命安全的化学物质，而我们之前却认为它们完全是安全的。

新闻报道：《灵魂捕手》

1995年，英国电信(British Telecom)的科学家和媒体开了一个玩笑，他们声称自己研制出了某种能够记录人类思想的电脑芯片。2004年的一部电影《最终剪接》(*The Final Cut*)中也探究过这一可能性。你相信这样的芯片原则上可以被开发出来吗？为什么？如果它被开发出来，那么你认为它应该允许任何有足够资金的人自由购买吗？为什么？

技术文明有可能带来的另一个棘手问题是异化问题。所谓异化，就是目的与手段颠倒错位。马克思批判了技术和解析恶化对工人和生产过程的非人性化的影响，这为针对技术对现代社会生活的影响更广泛的批评提供了基础。西方马克思主义者赫伯特·马尔库塞(Herbert Marcuse, 1898—1979年)认为工具理性已经成为西方的主导意识形态。何谓工具理性？简而言之，工具理性是将世界的一切事物都看成是没有情感的工具。事物包括人与人之间只存在使用和被使用的关系。也许我们会断然否定它，怎么可能？现实明明不是这样的！但是我们细想一下，我们在自己的岗位上做一小部分工作，然后这样的工作汇成整个工业社会，人作为个体就如同一台巨大机器上的小螺丝钉，与一条流水线上生产的产品一样，已经沦为一种工具。在这个组织严密、层次分明的工业经济时代，人们唯一追求的似乎是更高的社会地位和更多的金钱，前一个目标就是后一个目标的工具。竞技体育中兴奋剂与反兴奋剂的战斗就是这种工具理性最激烈的体现。伟大的文艺复兴努力把人从宗教的囚笼解放出来，让人成为自由、自主的人，但是随之而来的工业革命又把人们拉回到技术的囚笼，使人成为技术的奴隶。这也许是一种莫大的讽刺。

图10-1 《摩登时代》剧照

卓别林主演的《摩登时代》生动地揭示了科学技术使人“异化”的现象(图10-1)。所谓“异化”(alienation)是人的物质生产与精神生产及其产品变成异己力量，反过来统治人的一种社会现象。异化概念所反映的是人们的生产活动及其产品反对人们自己的特殊性质和特殊关系。社会分工固定化是它的最终根源,分工使人的能动性丧失了,遭到异己的物质力量或精神力量的奴役,从而使人的个性不能全面发展,只能片面发展,甚至畸形发展。例如,我们喜欢有虫的白菜,这可能是一种异化。有虫的蔬菜本来是不好的,但在现代社会成了质量好的蔬菜。为什么?因为有虫的蔬菜大概没有农药。

通信技术的出现是不是真的拉近了人们的距离,扩大了人们的交往?不一定。最早出现的通信工具是电报。但是美国作家索罗(Henry David Thoreau, 1817—1862年)批评人们没有很好地利用它,"弄巧成拙"(improved means unimproved ends),他这样评价:"我们接通了越洋的电缆,却用它询问阿德莱德王妃(Princess Adelaide)是否得了咳喘,并未用它交流人类的思想。我们建成了铁路,却坐着它去城里消磨时光。"如果人们发现自己根本无法抵御今天这个纷繁复杂的物质世界的诱惑,那么最好的办法就是"简朴,简朴,简朴"(Simplify,simplify,simplify)这是梭罗的口头禅。

现代传媒报道的大部分是八卦和娱乐。比如今天某明星去哪儿啦,他穿的是什么衣服啊,衣服上有几粒扣子等类似问题。比尔·盖茨说:"E-mail 是给别人用的,我们公司不要用。我绝对不否定 E-mail 的价值,但是我不认为每个 E-mail 都是非常有效率的。"在工作中,人们也常常收发 E-mail,有多少 E-mail 真正有效率,能够解决问题?

科学期刊《个人或普适计算》(*Scientific Journal Personal and Ubiquitous Computing*)最新调查结果表明,智能手机用户已染上反复用手机查看电邮和其他应用程序的习惯,研究人员称之为"查收习惯"(checking habit)。这种检查举动通常持续不到30秒,但常常每10分钟就会进行一次。在该研究中,被调查者平均每天检查手机34次。令人惊讶的是,他们经常没有意识到他们的行为。拿手机成了一种下意识的自主运动。人们试图用不停查阅智能手机的方式来体会不必过度思考也能感觉正在做事的感觉。

消除无聊是有代价的。实际情况是不仅消耗了零碎的时间,大块的时间也被打碎了。更严重的是消除了无聊,往往就可能消除了创造力。研究表明,闲着无聊什么都不做,有利于激发和维持创造力。无聊是"创造性暂停"(Creative pause),在发呆的这段时间里,大脑能够发散思维,产生新的输入和理解模式。相较于成年人,无聊对于儿童或许更加重要。过多使用电子设备或许会造成儿童创造性能力发展短路。*Science Omega* 杂志曾对无聊的益处进行了检测。该杂志写道,来自英国中央兰开夏大学(University of Central Lancashire)的心理学家为研究无聊的一些潜在益处进行了调查,结果发现,白日梦能够提升人们的创造力。将过多时间使用智能手机或许意味着人们最终会限制自身的创造力,没有空闲的时间让人们能够往长远地思考,没有时间让人们与那些先前并不存在的事物建立联系,没有时间让人们的大脑休息,也没有时间去观察、聆听和接受其他事物。

对于手机能否促进社交活动,结论喜忧参半。《韩国先驱报》(*The Korea Herald*)报道,韩国婚姻咨询公司做的一项调查结果显示,智能手机正在成为美满婚姻的杀手。近半数的被调查者表示，他们曾因为智能手机与另一半争吵。其中32.8%的人吵架原因是痴迷手机。27岁的白领Han Hyung-young说："每次和男友约会时，他都一直盯着手机看，这让我感到特别无聊特别烦。"这印证了那句话："世界上最遥远的距离莫过于我们坐在一起，你却在玩手机。"

海德格尔认为技术本质上是一种"座架"（德语Ge-stell，英语enframing），一方面是人对自然的支配和强制，另一方面是人对人的支配和强制。联合利华新换了一批自动香皂包装机以后，经常出现香皂盒子没有香皂的情况，如果用人工检查因为效率问题不太可能而且不保险。怎么办？一个由自动化、机械、机电一体化等专业博士组成的队伍来解决这个问题，他们开发了全自动的X光透射检查线，透射等待装箱的香皂盒，如果有空的就用机械臂取走。中国一乡镇企业生产香皂也遇到类似问题，老板吩咐线上工人务必想出对策，工人拿了一个电风扇放在装配线的头上，对着最后的成品吹，空盒子被吹走，问题解决了。当我们拿到博士文凭的时候，同时套上了博士的技术座架。今天的学科被分成两类：一类是自然科学（社会科学），另一类是哲学。而且，我们的学科分类越来越细、越来越专业化。当我们的技术越专的时候，技术的应用领域就越窄，越来越窄，就越来越偏。偏就有毛病。当人们选择"专"的时候，就放弃了"通"，而且，当人们选择"一种专"的时候，就相当于放弃了"另外一种专"。人们之所以产生职业上的病态，是因为专业技术占据了我们、劫持了我们，我们成为某种专业技术的工具。当我们是锤子的时候，我们就可能把一切看作钉子（图10-2）。

图10-2　锤子和钉子的漫画

海德格尔说：人在大地上充满诗意地生活。但是技术所显示的强大威力已经渗透到生活中的每一个细节，已经使人们的诗意生活被异化。面对环境污染、酸雨、沙漠化、洪水肆虐、厄尔尼诺现象、自然的报复、技术的报复、世界区域的争端分歧、贫富分化、对于资源的争夺和挥霍浪费……世界从来没有像今天这样令人忧心忡忡。资讯空前扩张的现在，我们很容易就迷失在信息的滔天巨浪中，失去对社会和自身应有的反思与自觉。我们宁愿与陌生人在手机上聊天，也不愿意与亲人面对面地沟通。我们是否已经成为"单向度的人"，这种人丧失了自由和创造力，不再想象或追求与现实生活不同的另一种生活？我们内心中的否定性、批判性、超越性的向度是否依然存在？

随着技术的日新月异，人们会对技术的美好前景产生错觉：技术可能创造未来，科技可以改变世界。我们的世界十分美好，周围环境整洁漂亮、井然有序，有机器人、会飞的汽车、可视手机以及做成药片形式的食物。这些设想在二十世纪七十年代已经变成陈词滥调。伍迪·艾伦的《沉睡者》对此进行了讽刺。在这部影片中,保健食品店店主(艾伦饰演)在一次失败的手术后被冷冻起来,两百年后死而复生。在这个未来世界里,机器人成了男管家,"即食布丁"毫无控制地膨胀,节省家务活的设备甚至包括"性高潮诱导器"。

现代工业社会加快了人的异化进程,马尔库塞(Herbert Marcuse,1898—1979年)认为,现代工业社会推行的"强制性消费",把本不属于人的本性的物质需求和享受无限度地刺激起来,使人把这种"虚假的追求"当作"真正的需求"无止境地追逐。这造成个人在经济、政治、文化等方面都成为物质的附庸而日趋单维化、畸形化,完全为商品拜物教所支配。因此人与产品的关系完全颠倒了、异化了:不是产品为满足人的需要而生产,相反,是人为了使产品能被消费而存在。对物质和情欲的极度追求把人类挤进了精神的荒漠,他们再也找不到重返伊甸园的路径,永久地迷失了。

现代技术发展对人与人关系的第一个影响是不平等的加剧。科技带来的利益并未平等地分配,技术进步可能进一步加大这种利益差距,所谓"俺们刚吃饱饭,城里人又减肥了;俺们刚吃上肉,城里人又吃素了;俺们刚用上机械干活不出汗了,城里人又到桑拿房、健身房找汗出了"。转基因技术主要是美国人发明的,但是转基因的风险主要由发展中国家承担,普通民众根本不可能洞察转基因的风险。

印度博帕尔毒气事故发生之后,该工厂的母公司联合碳化物公司(UCC)网站为其公司历史提供了一个快速链接,讲述了这个大型跨国公司的兴起和衰落。1984年的大事记条目是这样写的:"12月,博帕尔工厂的一个气罐由于有人故意搞破坏而泄漏,导致了多人死亡的悲剧。"这是灾难发生后,联合碳化物公司立马采取的一种坚定的辩护立场,无论是在法律诉讼还是公共发言中,甚至在自我理解中都是这样。因为该事故是因为有水漏进管道,发生一系列连锁反应而导致毒气泄漏,但该公司认为,水绝对不会是偶然灌进工厂的,因为工厂的防护措施做得很好。这是一名"心怀不满的员工"的蓄意破坏。因为知识、技术水平的非对称性,印度的公众甚至印度政府都无法反驳。因为一点水如何进入管道最后导致化学品异氰酸甲酯沸腾泄漏,这种专业知识没有人搞得懂。UCC医疗小组,在事故发生后的12月3日赶赴现场,但在营救时使用的准则没有考虑毒理学的影响。当时没有人清楚异氰酸甲酯对人体的实际影响,也不知道大量暴露可能对所有人造成的长期健康危害。化学品制造商协会(后来的美国化学理事会,American Chemistry Council)于1985年1月3日,举行了博帕尔事件讨论会,这次会议的讨论记录进一步确认了人们当时的无知:"博帕尔事故现场的医生说,大部分幸存者的症状可能会很快就消失。"后来的事实证明,这种乐观估计完全是不成立的,许多幸存者的疾病呈现出每年加剧的趋势,如眼病、肺病、生殖系统疾病、其他器官性疾病,以及心理疾病。一系列的专业问题在几十年的调查和法庭辩论中逐步明朗,但是UCC公司却轻易躲过了惩罚。①

---

① 希拉·贾萨诺夫. 发明的伦理:技术与人类未来[M]. 北京:中国人民大学出版社,2018年7月,第51页.

因此，博帕尔UCC工厂附近的居民们没有办法知道自己日常生活中的潜在风险。当灾难来临时，他们就会无辜地为别人的贪心和粗心付出生命和健康的代价。无辜的受害者对于技术的设计和管理过程没有任何的发言权。

现代技术发展对人与人关系的另一个影响是技术专制取代民主社会。我们的社会、技术发展越精密，越来越多的争执规则就由科学家、工程师和技术专家组成的“技术官僚”来决定，而不是当选的代表来决定。司机们现在很少有人能理解汽车上的应用软件，而它却控制着多项功能，使理想中的安全、清洁、自动驾驶和自动停车成为可能。但是这种隐藏的、不为人理解的功能有时候也会导致新型的致命事故，比如汽车安全气囊毫无预警猛地膨出，可能会使人丧命。软件自主驾驶的汽车可能会在高速上突然抛锚，而不发出传统的预警信号，如隆隆声或噼啪声，来帮助我们判断是消声器还是电池组出了问题。作为世界上最著名的汽车制造商之一，大众汽车就有堪称是教科书般的新时代风险案例。2015年秋季，大众汽车承认他们曾经故意设计了一种给出柴油机错误读数的软件，以通过排放量测试。这个“作弊软件”还隐藏了这样的事实：当大众汽车在非测试环境下驾驶时，其性能表现更差劲。这造成大约110万元的大众汽车购买者受损，他们汽车的转手价格突然下降，而有的汽车则因达不到空气排放标准而不准进入市场交易。

思想实验：先发制人的正义

计算机和人工智能的进步已经可以预测谁在不远的将来犯何种罪行了。如果将来的犯罪分子被发现了，他们就将提前受到拘捕和制裁。电影《少数派报告》根据菲利普·K.迪克著《少数派报告》一书改编，由史蒂夫·斯皮尔伯格执导，2002年出品。先发制人的正义是正义吗？①

鲁莽驾驶(如超速)应该接受处罚吗？这属于谋杀未遂吗？知道某人将要犯罪，因而在未犯罪之前进行处罚，有什么错吗？惩罚的理由有：促进罪犯改过，对公众的保护，报复以及威慑。报复是唯一一点与预先定罪不相符合的理由，可以说，仅仅改造、威慑与保护三种理由就够了。

但是，一个仅凭人们的思想就用暴力裁定是非的社会也许会严重地损伤我们的自由感，以及我们对权威的信任。这个代价太大了。它的威慑作用可能导致引火烧身。如果人们担心他们因为不能控制的想法而受到惩罚，他们也许对自己是否有能力控制犯罪这一点失去信心。如果你没有把握你能站在守法的一边，你也许就不在意站在错误的那一边了。

总之，技术在过去几十年时间取得了巨大进步，但是也带来了伦理的、法律的和社会

① 参见《一头想被吃掉的猪》第108页，《做哲学》第200页。

的困惑。从社会建制来看,任何的专业技术都附带着社会的价值取向和行为方式。不识庐山真面目,只缘身在此山中。为了使技术能够更好地服务社会,我们需要跳出科学看科学,所谓科学、技术与社会(Science, Technology and Society, STS)已经成为一个专门研究的领域。科学技术作为人的一类社会活动,和其他类型的社会活动,如经济活动、政治活动、军事活动、教育活动、思想文化活动之间,无不存在着互动关系。因此,要真正科学地把握科学,就必须放弃科学这个狭隘的学科概念。

第三节 人工智能和大数据应用伦理

大数据不会说谎,使用数据的人才会说谎。基于不同的立场,代表各自的利益,每个使用数据表达自己观点的人都会在不自觉中收集对自己观点有正面作用的数据,而排斥对自己观点有负面作用的数据。数据清洗和筛选有时候反而成了消除异见的武器。

以前在做推荐系统的协同过滤研究时,最常收到的用户批评类似这样:"刚买了一个电饭锅,又给我推荐一个电饭锅,谁家里要两个电饭锅?"乍一看连续推荐两个属于同一类的物品 A 确实非常反人类,其实推荐系统在设计之初,已经考虑了这样的问题,所以才会加入多样性、惊喜度等多种评价指标。当然,偶尔出现重复推荐也是合情合理的,万一有人真的想买两个送人呢。

由于推荐系统等技术的发展,人类在网上购物时更容易获得自己喜欢的东西,在 Facebook 上更容易遇见和自己意见(政见)相同的人,更容易组成自己的小圈子。你不喜欢什么,系统就不让你看到什么。比如我不喜欢看数学书,喜欢玩电子游戏,系统就给我推荐更多的魔兽世界、炉石传说;我不喜欢希拉里,更中意特朗普,系统就屏蔽掉政见相异者,让我认识更多特朗普粉丝。我不喜欢某个人的言论,他关注的人和关注他的人我都不想看见。AI 说:如你所愿,我的主人,我已经将所有你不喜欢的人屏蔽掉了。乍一看,一切非常完美,生活也多了几分和谐,少了很多麻烦。但这样会出现的一个严重问题:你会活在自己的世界里。因为与你意见、爱好不同的人都被你屏蔽掉了。你会以为自己才是"多数派",看不见更大的世界,一叶障目,不见泰山;看不见更大的危险,因为众人的观点都和你相似。活在这儿,最后的结果是:成为井底之蛙,活在自己的世界里很快乐。更严重的后果是,如果小明是一名抑郁症(depression)或孤独症(自闭症)患者,这样相对的封闭环境只会让小明的病情更加严重;如果小明是一名宗教极端主义者(Extremism),AI 给小明推荐的都是类似的人,这样会让小明觉得自己的行为没什么异常,如果越来越多的人都这样考虑,那么形成某类恐怖组织也就不足为奇了。

1967 年,哈佛大学的心理学教授 Stanley Milgram 提出的六度分隔(Six Degrees of Separation)理论:你和任何一个陌生人之间所间隔的人不会超过六个,也就是说,最多通过6个人你就能够认识任何一个陌生人。在未来的某一天，这个数字将会缩小到5、4甚至1，当间隔为1时，相当于你只要点击鼠标，你就可以与世界上任何一个人产生链接。

> 这是一个美好的世界，沟通交流如此便捷；这是一个可怕的世界，私密空间不复存在。
>
> 这是一个美好的世界，理解包容如此容易；这是一个可怕的世界，意见相左视而不见。
>
> 这是一个美好的世界，你的敌人都将屏蔽；这是一个可怕的世界，你的敌人都将隐藏。

选取某物体的一张数码照片，巧妙地改动它的几个像素值……人眼完全看不出修改前后的差别，可算法系统立刻就“看到”了另一个毫不相干的物体。一张稍作处理的熊猫照片，人工智能看到的却是一只猴子，而且确定程度超过99%。把乌龟看成冲锋枪，把滑雪者看成狗，把猫看成公交车，把乔治·克鲁尼看成达斯汀·霍夫曼，把橙子看成直升机……此类案例不一而足。更糟糕的是，据美国麻省理工学院机器学习理论家安德鲁·伊利亚斯透露，“现在还没有人能解释这一现象”。必须承认，信息科学家至今仍不能理解，在这些极高维度的计算空间里究竟发生了什么。

这些超现实主义画派风格的“黑客”实验或许令人发笑。但你若是知道这些算法将被用于我们的日常生活，就一定笑不出来了。它们可能会把标记“停”的交通指示牌看成“优先通行”，把红灯看成绿灯，把恶性肿瘤看成健康器官的一部分，把学校看成军事打击目标，把炸弹看成三明治，把恐怖分子看成执法人员，把一起谋杀看成平常事件，或者反过来……或许几十年后的信息战就是这个样子。

在一些大学及行业巨头(如谷歌或脸书)的实验室里进行的最新研究显示，上述风险确实存在。“最初的实验在严格控制的实验室条件下进行，哪怕开放了目标模型的所有内部参数，计算时间还是很长。”比利时根特大学神经网络数学专家乔纳森·佩克(Jonathan Peck)介绍道，“但现在情况不一样了，这种袭击已经变得轻而易举。”

近期的研究表明，这种细微的视错觉在现实应用中仍然存在。例如用普通的智能手机在运动中拍照，在不同角度与光线条件下都会造成人工智能判断错误。美国的一个研究团队证实，在标记“停”的交通指示牌上粘上一层贴纸，对标记进行精心篡改，人类驾驶员不会上当，却能骗过所有自动驾驶汽车；卡耐基梅隆大学的研究人员则借助印有图案的眼镜，把一个用于面部识别的人工智能程序骗得团团转。

此类攻击不但有可能出现在我们的日常生活中，而且实施者根本不需要侵入目标系统。“在我最近参与的对某些形式的攻击的研究中，对手只需用几张准备好的图片对相关算法进行测试，观察其反应即可。”宾夕法尼亚州立大学的尼古拉斯·帕佩尔诺

(Nicolas Papernot)表示。他利用这种方法骗过了亚马逊和谷歌的人工智能机器人,二者的确信度分别为96%和88%。而雪上加霜的是,针对某一种人工神经网络设计的攻击,通常也能干扰其他架构的人工智能。

更何况现在每天都会增加一些新的攻击形式!谷歌的一个团队刚刚研制出一种奇特而令人生畏的武器:一张贴纸。它十分显眼,看起来毫无破坏性,可它能让今天所有的人工智能相信,被它标记过的物品或生物都是同一件东西——烤面包机。

面对上述威胁,信息技术领域的部分人员已经积极行动起来,寻找解决办法。“起初人们设计这些系统时,并没有想到它们会面对对手。”尼古拉斯·帕佩尔诺提醒道。人们想出很多策略来检测和清除此类恶意干扰,但暂时还没有找到行之有效的办法。研究人员几乎无法从理论上证明人工神经网络运行可靠,而且一直没有找到被误判的图片的共同特点——去年秋天,加州大学伯克利分校的一个研究团队轻轻松松就骗过了目前提出的十种探测攻击图片的方法。“这段时间我们就像在进行某种军备竞赛:研究人员不断提出新的保护方案,而其他人几乎立刻就能攻破它们。”乔纳森·佩克说。这是一场永远不会真正结束的小游戏。

人工智能的未来会系于此吗?该漏洞会让方兴未艾的数码革命完结吗?那些投入数十亿欧元的项目会因此中断吗?现在下结论还为时过早……乔纳森·佩克认为“风险实在太大,可能会减缓甚至终结自动驾驶汽车的发展”,而另一些研究人员将这个漏洞看作在关键应用中使用人工智能之前所必须克服的一个挑战。但所有人都同意,这个漏洞可能产生有益的刺激,推动我们在使用这些偶尔“行为诡异”的人工智能算法时,不断寻求更可靠、更适宜的方式。

媒体曾报道某名人的丈夫被冒名卖掉房产,原因就是公证处使用的人脸识别系统通过了审查。其实,任何技术都有一定的原理,也有一定的参数设置,也肯定有一定误差,参数设置高了,总是报警或通不过,不行;参数设置低了,假的错的都能通过,也不行。就算企业验证精度达到可以商用、可以出厂实际使用的水平,也一定有误差和错判问题,就像所有合法出厂的其他工业品一般都有合格证,但并不代表质量就一定没问题。从概率上来说,仍有一定比例的产品是有问题但没检验出来的。

对于生物识别技术产品本身来说,哪怕验证重复,精度达到99.99%,仍然还有不准确的存在,一旦大规模应用,由于基数太大,遭遇影响的就不会是小数字。很多互联网企业对外都宣传自己的正品率有多高、技术有多牛,但对于在具体个案当中的具体当事人来说,虽然他们在那个被故意忽视的小数字里面,他的人身财产利益却是100%会受到影响。

所以,哪怕对于产品是十万分之一的差错,对当事人的影响也是百分百的。只有了解了这一点,在规则制定和案件处理时,才能兼顾公平与效率。

高盛集团的金融分析师、物理学家伊曼纽尔·德曼(Emanuel Derman)分析了在金融领域采用数学模型研究数据的危险性：在物理学研究领域，我们面对的是客观世界，客观规律一般不会朝令夕改。但是在金融领域，我们面对的是上帝创造的人，他们估计金融资产价值的依据就是自己的直觉。

如何将价值因素放入技术工程中，以确保他们的行动是安全和适当的。工程师们已经将价值观和道德行为接入计算机和机器人程序中（以下统称为“机器人”），工程师提前确定在严格限制的背景下机器人遇到的问题。然后，他们对系统进行编程，以适应各种情况。我们把这种道德行为称为操作性道德。

然而，设计者无法预知日益自主的机器人所面临的各种新选择。在意料之外的紧急关头，机器人将需要应用自己的道德子程序来评估各种行动方案。例如，一个服务机器人可能需要决定是否之前或之后执行一系列任务，如递送药物或新闻报纸给它协助的人后再充电。或许这些任务要排出优先级，而优先级则根据每天的时间、个人身体健康或其他因素而有所变化。能够做出伦理决策的机器人是功能性道德，即使它们对所执行的任务很少或没有实际理解。最终，机器人可以学会调整自己的行为和价值观与人靠拢，慢慢学会面对不同情况采用适当的规则和原则。

假设某人的身上插着许多线，一位天才生理学家可以通过按下仪器上的各种按钮来随意使某人产生他想要的意愿（图 10-3）。因此，在这样的情况下，某人所有的意愿都是他赋予的。通过按下一个按钮，他唤起某人抬起手的意愿，此时某人的手并没有受到阻碍，它是响应生理学家的意愿才抬起的；通过按下另一个按钮，他唤起某人向前的意愿，某人的腿并没有受到阻碍，它是响应生理

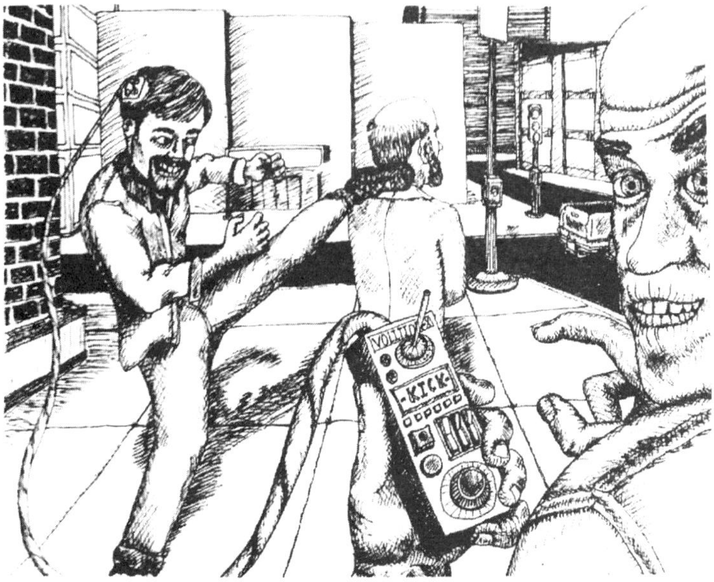

图 10-3　泰勒的天才生理学家

学家的意愿才踢的。我们甚至可以假设这位生理学家在某人手里放了一把步枪，并对准过路的人，接下来通过按下相应的按钮，唤起某人的意愿来扣动手枪扳机，路人于是中弹身亡。设计这种机器需要某种伦理准则的约束吗？

研究机器道德要回答一些基本问题。我们是否需要能作道德决定的机器人，什么时候，为了什么？难道我们希望机器人作道德决定？再者就是，机器人应该执行谁的、什么样的道德？从理论上讲，任何一种道德原则都可以被编程到一个机器人中，不同的环境适用不同的价值体系。最后就是，道德判断能力是否可以真的能被编入计算机程序？从应用伦理学和工程学的角度看，大量的注意力冲着最后一个问题。机器人可以被设计，使他们遵守规则，如“三从四德”或“五讲四美”，或者机器人可以按程序办事，如计算哪一种行动方案最能代表最大群体的最大利益。但是，要使机器人有道德判断能力尚面临诸多挑战。

构建道德机器的挑战使得科幻小说读者马上会想到艾萨克·阿西莫夫（Isace Asimov，1920—1992 年）的《机器人三定律》。在科幻小说的故事中，阿西莫夫提出了应当将下面的原则编入机器人程序之中：

（1）机器人不得伤害人类，或通过不采取行动，让人类帮忙。

（2）机器人必须服从人类的命令，除非该命令会与第一条抵触。

（3）机器人必须保护自己的存在，不与第一或第二条抵触。

后来，他加入了第零定律“机器人不得伤害人类，或让人类受到伤害”。这三定律非常直接，并分级排列。尽管如此，在讲完一个个故事之后，阿西莫夫说明了按照这些简单的定律设计机器人是多么困难。例如，只用这三个定律编程的机器人而对两个不同的人相互矛盾的命令时就已经不知道该怎么办了。通过他的故事，阿西莫夫说明了一个简单的、以规则为基础的道德观是远远不足以确保智能机器按照道德上适当的方式行事。

探讨如何实施相应的规范、原则或程序作出道德判断时，也会碰到类似的难题。此外，有意开发道德机器的工程师还面临第二类很困难的问题。这类问题意味着机器人对伦理困境的理解。例如，机器人如何认定这是在道德上很重要的情况？它如何辨别自己掌握的哪些信息是作出判断必不可少的，哪些是不重要的，以及它是否有足够的信息作出判断？它需要什么样的能力获得它所需要的其他信息？它是否需要获得人同情的能力以便在某些情况下能采取适当行动？同情这种能力是否也可以内置到机器中？

更严重的是，大数据与人工智能的最后发展必然威胁到人的权利和自由。

你的一夜情我知道

优步（Uber）曾在官网上发布一篇题为“荣耀之旅（Rides of Glory，RoG）”实际上就是所谓的一夜情(one-night stand)代名词的博客。文中写道,“我知道,我们不是你们生命中唯一的爱人,我们也知道,你们会在别的什么地方寻找爱情(we know we're not the only ones in your life and we know that you sometimes look for love elsewhere)。”Uber 利用数据分析技术,专门筛选出那些在晚上 10 点到凌晨 4 点之间的用车服务,并且这些客户会在 4～6 小时之后(这段时间足够完成一场快速的“荣耀之旅”),在距离上一次下车地点大约 1/10 英里(约 160 米)以内的地方再次叫车(图 10-4)。

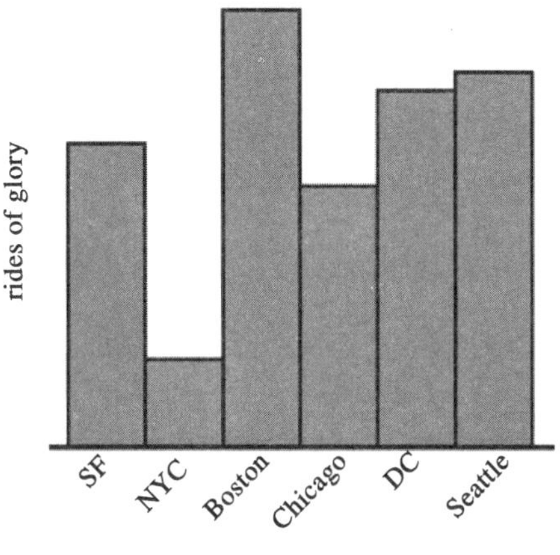

图 10-4　美国大城市一夜情发生率的对比
(图片来源：Uber)

根据对这些数据的分析,Uber 推断出那些发生一夜情的时间和地点,并将这些地点在纽约(NYC)、旧金山(SF)、波士顿(Boston)以及其他美国城市的地图上进行标注,得出一夜情频繁的高发区(图 10-4)。数据分析发现,波士顿位于美国“一夜情”之首,而纽约人则显得比较保守,“一夜情”的比率仅仅为波士顿的 1/5。在时间节点上,一夜情“发生”的高频发段是在周五和周六晚上,如果你的另一半在这个时间点上说自己工作忙要加班,你就要“悠着点”相信。

当然,Uber 此处虽多为开玩笑之举,但也确实严重侵犯了某些用户的隐私,在遭到了很多用户及媒体的抗议后,例如,《纽约时报》发表题为《我们不能信任优步》(*We Can't Trust Uber*)的文章,Uber 迅速删除了这篇博客。但在这个数字时代,一旦上网,“侯门一入深似海,踏雪无痕梦难成”。不可否认的是,大数据时代的到来,为我们的学习、生活带来诸多便利。但是,失之东隅,收之桑榆,任何事情都有两面性。目前,人的行为(诸如购物、乘车甚至游戏等)已经被数字化了,隐私已经无处可藏!不论是美国斯诺登“棱镜门”事件的曝光,还是层出不穷的诸如优步(Uber)等公司企业泄露客户资料事件,都向人们发出大数据时代下个人隐私该如何保护的预警。

人类被观察、被监视的历史源远流长。举例来说,《古兰经》中说我们无法在真主面前躲藏起来,圣・奥古斯丁也表达过同样的观点,对上帝说“人没有哪个地方可以躲起来避开你”(这也是亚当和夏娃以亲身经验得到的领悟)。人们认为只有真主和上帝的监管显然并不足够,16 世纪德国的再洗礼教派声称人不仅在上帝面前不能躲藏,在同伴面前也不能躲避。当时受再洗礼教派控制的明斯特镇,关门闭户是违法行为,每家每户都必须敞开大门,法律规定不准人们拥有任何隐私。

今天，在一些大城市，每个人平均每天都生活在几百个摄像头的监控下，大部分学校也都安装了摄像头。

我们需要监控吗？我们家里应该有监控吗？隐私是否比安全更宝贵？为什么我们知道自己被人监视的时候会有不同的行为表现？像微博、微信朋友圈这样的社交媒体是否表明我们并不想要私人生活？我们需要隐私吗？我们是否为单独的个体？什么叫隐私？

回答上面最后一个问题的时候可以从比较“公共”与“私人”这两个概念入手。绑架与谋杀到底是公共事件还是个人的事情？是否应该被当作新闻进行报道？在私人空间里法律是否不适用？如果说法律无处不在，这是否意味着我们永远都无法完全、彻底地享有隐私权？我们私下独处的时候是脱离了社会还是永远都活在社会里？隐私等同于脱离吗？隐私是否能让我们免受道德的约束？

1890 年，哈佛大学法学院的刘易斯 · D. 布兰迪斯(Louis D. Brandies)和塞缪尔 · D. 沃伦(Samuel D. Warren)在《哈佛法学评论》第四期上发表了《隐私权》一文，首次提出隐私权的概念及系统理论。夫“至此”，经过百余年的发展，隐私权已经成为现代法治社会中的一项重要的权利，一些国家制定专门的成文法对隐私权加以保护，一些国家则通过判例加以保护。

隐私就是私事、个人信息等个人生活领域内的事情不为他人知悉，与公共利益、群体利益无关，禁止他人干涉的纯个人私事。隐私权是自然人享有的对其个人的且与公共利益无关的个人信息、私人活动和私有领域进行支配的一种人格权。哥伦比亚电子百科全书的定义则是：“不被政府、媒体或其他机构、个人无正当理由干涉的独处权。”英国《牛津法律大辞典》解释为，隐私权是不受他人干扰的权利，至于人的私生活不受侵犯或不得将人的私生活非法公开的权利要求。

美国最高法院 2018 年 6 月 22 日裁定，警方必须获得搜查令才能追踪人们的手机位置等隐私数据信息，而其隐私数据将涵盖第三方所有持有的个人隐私数据，包括电子邮件、短信、互联网搜索结果、银行信息和信用卡记录等。这被视为是个人隐私权保护的一次重大胜利。保守派的首席大法官约翰 · 罗伯特(John Roberts)这次选择与 4 名自由派大法官站在一起，以 5 比 4 的表决结果通过了这项裁定。他们表示，第四宪法修正案保证了对隐私的期望，在没有搜查令的情况下追踪公民的手机定位，是一种宪法制定者不愿看到的监督手段。这种跟踪方式类似于佩戴电子脚镣或手链，除非警方可以向法官证明犯罪行为有可能发生，否则此类监控不应用于公民身上。不过约翰 · 罗伯特也强调，在处理金融信息、银行和办公记录方面的追踪暂时不受影响。此外，在紧急情况下，以国家安全为目的，也可以对公民进行无搜查令信号定位。

这一裁决是基于提摩西 · 卡彭特对美国案而产生的，这起案件也被称作“基站信息案”。这是一场执法机构与个人隐私权之间的对垒——执法人员是否需要搜索令才能获取也称为手机服务地点信息的手机基地台资料。事件具体过程是：在2010年和2011年3月之间，提摩西·卡彭特在俄亥俄州和密歇根州抢了几间手机店。在卡彭特和他的共犯们被逮捕后，美国联邦调查局要求手机公司提供提摩西·卡彭特数个月的手机基地台记录。而卡彭特提起上诉，辩称政府在没有搜索令的情况下非法取得了他的手机数据信息。因此调取的信息属于非法证据，应当予以排除。而美国第六区上诉法院驳回了他的上诉。

大数据时代个人隐私比以往任何时候都容易暴露出来。很多公司现在已经具有了这样的能力，只是大家不知道或者不注意而已。

2013年，一名特斯拉汽车的主人抱怨他的电动车在充满电之后，跑的距离没有像特斯拉公司声称的那样远。特斯拉马上回应道，你走的路线并不是他向媒体介绍的那条路，而是一条绕远的路。这件事情曝光之后，大家的注意力马上从电池的续航能力转移到个人隐私方面。不只是特斯拉一家公司在获取汽车车主的数据。96%的新车都有类似于特斯拉这种追踪车主行踪的功能，而且获取的数据比我们想象的多得多，比如是否系了安全带。更关键的是，绝大部分车主并不知情，而且无法关闭这些监控功能。

美国很多航空公司利用个人隐私大发其财。当航空公司发现某个机票的询票者最近必须旅行，而且在过去对票价不是很敏感时，它给出的报价就会比给其他人的高很多。尤其当两个城市间仅此一家航空公司有直飞的航班时，价格上的差异就更明显。这些航空公司甚至出钱聘请了美国一些著名的大学帮助研究这样利用用户隐私赚钱的方法。据一所世界名校承接这些项目的团队介绍，利用对用户行为的分析，可以让航空公司提高10%左右的销售额。虽然提高10%听起来不算太多，但是对净利润率只有0.2%的航空业来说，这是几十倍的利润的提升。而对于乘客来说，由于只是部分乘客受到伤害，整体上10%票价的提高意味着他们的额外支出要远比10%提高得多，实际上多付出的票价可以高达50%。

我们必须清楚地认识到，保护好隐私对大数据长远的发展非常重要。人们不可能看到自己的隐私最终完全受到侵犯，而依然任由大数据继续发展下去，因此，隐私的问题不处理好，将对大数据的长期发展不利。今天，我们已经习惯了出门在外被摄像头监视，甚至对于私家汽车里面安装上述数据采集装置也只好听之任之。我们天真地以为，至少在家里关起门来外面是不可能知道家里发生的事情的，但是情况并非如此。像谷歌子公司(nest)的智能家居可以知道家里每个人的活动，甚至知道什么人来访。当然，从好的方面想，通过获取这些细节的数据，至少有助于家庭的安全防护。

如何保护隐私呢？必须基于技术上保护，而不仅仅是在法律层面保护。虽然在法律层面保护隐私是必需的，但是光靠法律是解决不了问题的。首先，很多侵犯隐私的行为是个人行为，比如偷窥，很难发现和查处。其次，法律的制定永远落后于案件的发生。因此，除了法律手段外，我们还必须有相应的技术手段维护个人的隐私。

一类保护隐私的技术是从收集信息的一开始就对数据进行一些预处理，预处理后的数据保留了原来的特性，使得数据科学家和数据工程师能够处理数据，却“读不懂”数据的内容。这样至少能防止个人窃取和泄露隐私，但是并不能限制那些拥有非常多数据的大公司了解每一个人的隐私。

另一类保护隐私的技术是所谓的双向监视。就是当使用者看计算机时，计算机也在盯着使用者看。大部分人喜欢偷窥别人隐私的一个原因，是这种行为没有任何成本。但是，如果有人在刺探别人隐私时，他的行为被暴露了，那么他就会多少约束一下自己的行为。这就像一个偷窥者悄悄推开门缝往里面窥视，发现里面有双眼睛正在看着他，那么他的反应可能是马上把门关上。凯文·凯利对各种保护隐私的技术作了评估，他和研究人员发现，如果给窥视者一个选择，输入自己的真实信息然后才可以窥视他人，那么绝大多数人会选择直接离开。正如制约权力最好的办法是使用权力，解决一种技术带来的漏洞最好的办法是采用另一种技术，那么保护隐私最好的办法或许是让侵犯隐私的人必须以自己的隐私来做交换。

总结上述两种技术的特点，我们可以看出，为了在使用大数据的同时尽可能地保护隐私，从采集到使用数据都需要是双向知情的，也就是说，不再是数据的所有者暴露在大庭广众之下，数据的采集者和使用者（偷窥者也是一种特殊的数据使用者）也是同样被监督的，或许这样是最有效地保护隐私的方式。

欧盟《通用数据保护条例》（General Data Protection Regulations，GDPR）是迄今为止覆盖面最广的全球性数据隐私保护法规，于 2016 年 4 月 15 日在欧洲议会通过，2018 年5 月 25 日生效。任何处理欧洲公民个人数据的组织都必须遵守该条例。不合规的企业可能面临高达 2 000 万欧元或 4%年营业额的罚款，以较高者为准。

该方案适用于欧盟内的所有公司，无论他们的总部位于哪里。根据《通用数据保护条例》，公司必须确保在默认状态下自己的产品和服务尽可能少地获取和处理个人信息。这迫使例如社交网络这样的服务必须确保用户拥有最严格的隐私设定，而不是必须从菜单里寻找如何退出他们在注册时就自动包含的项目或者特征。这与公司负有保证数据收集更加透明化的责任相一致。公司必须获得用户“清晰明确的”同意才能处理他们的个人数据，并提供撤回同意权的简单方式。此外，数据将用于什么用途必须以“清晰直白的语言”陈述清楚。在新的数据保护规则下，任何处理大量个人数据的业务必须雇佣 1 名数据保护官员，违反这些规则必须在 72 小时内公开揭露。

除了针对公司更加严格的规则，《通用数据保护条例》还让欧盟公民对自己的个人数据获得更大的控制权，包括“数据可携带性”，也即在不同服务之间移动数据的能力，例如指导目前的网络服务提供商（ISP）将特定信息透露给新的 ISP。然而，事情远比这个更加复杂。从理论上来讲，你可以切换邮件提供商，例如将所有的联系人信息和邮件历史从谷歌移动至雅虎;或者利用现有社交网络账户的数据设立新的社交网络账户,但是执行起来问题重重。

欧盟《通用数据保护条例》的主要内容如下。

1. 实施范围

《通用数据保护条例》的实施范围主要包括以下四类:在欧洲设立的企业、未在欧洲设立但为欧洲居民提供产品或服务的企业、未在欧洲建立但涉及监控欧洲居民行为的企业(比如:网站收集浏览数据用以分析用户习惯)、未在欧洲但在欧洲成员国法律适用的地方建立的企业。

2. 保护范围

新条例明确指出个人数据(personal data)受到该条例的保护,而匿名数据(anonymised data)不在保护范围。如果使用各种方法,不能从数据中判断出个体身份,则该数据为匿名数据。这就需要使用非常严格的数据保护技术以达到匿名数据的要求,而严格的数据保护技术使得数据的可用性受到影响,容易产生无用数据,进而影响企业对数据使用。所以,绝大部分企业收集到的数据,为了保证数据的可用性,即使是经过脱敏处理后,仍无法满足匿名数据的要求,因而仍属于个人数据范畴。个人数据在新的条例中有了更为广泛的定义,例如,包括IP地址数据。新条例还定义了哪类数据为敏感个人数据(sensitive personal data),例如,基因数据、生物数据、犯罪记录。这类数据受到更严格的条例保护。

3. 数据许可(Consent)

在获取数据收集、使用许可方面,《通用数据保护条例》设置了更高的要求。数据主体(data subject)需要被告知其何种数据被谁收集并将如何使用,在获得数据主体的允许后,数据控制者(data controller)和数据处理者(data processor)才能使用。企业需要检查自己的获取许可方式是否简洁明了,有无面向数据主体提供的拒绝选项,该选项是如何提供的,企业有没有详细的许可条款,等等。条例对获得许可后的记录规则、方式和方法等也有具体要求。

4. 数据主体权利

新条例明确规定了数据主体享有的多种权利,具体如下:

(1) 访问权利:数据主体可以询问关于其个人的哪些数据被企业收集或处理,可以要求企业提供收集到的数据副本。条例对企业的响应时间和响应方式均有明确规定。同时,在特定条件下,企业拥有拒绝提供或收费提供的权利。

(2) 修改权利:数据主体有权要求企业对数据进行修正,以保证数据的准确性。条例对企业的响应时间有具体要求。

(3) 删除或遗忘权利:数据主体可以要求企业删除其数据。你可以要求Facebook删除你的账户以及所有与你的活动相关的数据;社交网络必须立即执行。当然这其中存在某些警告，如“数据被用于历史、统计和科研目的，为了公共健康或者为了执行自由表达的权利”。在被遗忘权下，儿童拥有特殊的保护，《通用数据保护条例》还包含新的规则，要求社交网络在让儿童注册账户之前寻求父母的同意。好几个欧盟成员国已经有了这一规定，每一个国家将设立自己的年龄门槛。但在特定的情况下企业可以拒绝删除请求，例如，数据处理涉及社会整体利益，某医院收集某种病例研究治疗方案来帮助社会提高治愈该病例的比例。

(4) 转移权利：该权利是指数据从企业安全地转移至数据主体，并再次被使用。

(5) 决定权利：数据主体可以要求自主决策权，即使企业提供自动选择或决策服务。比如，某企业收集用户视频观看行为，并对用户提供视频推送。该企业必须确保用户可以选择不使用推送服务，以及支持用户修改推送服务。

5. 默认隐私保护(Privacy by Design, Privacy by Default)

该条例首次把“默认隐私保护”这个概念作为法律条款写进法规，企业应把数据保护作为一项重要的经营活动嵌入企业业务的各个环节，包括新系统开发的每一环节。数据保护在企业中既涉及技术层面，又包含法律及业务层面的操作。企业应确保最少量的数据收集，即只收集满足业务需求的必要数据，而非采取多多益善的数据收集策略。企业应有相应的数据保护技术方案，比如在需要的情况下，将数据处理成假名数据。另外，企业应采取基于风险的管理方法，分析业务或者系统存在的数据泄露风险，并针对风险分析，安排相应的技术及流程措施。

6. 数据泄露处理

《通用数据保护条例》在数据泄露处理上设定了非常具体且严格的规定。具体来说，它规定了数据控制者和数据处理者的职责。职责包括：

(1) 在何种情况下应当通知数据保护执法部门(data protection authority)、个人数据主体。

(2) 在发现数据泄露后的多长时间内通知。

(3) 通知内容应包含哪些必要的信息。

比如针对第(1)点，企业如果评估数据泄露可能给数据主体带来经济上、精神上、名誉上的损失，则需在发现泄露 72 小时内通知执法部门。再比如，如果企业评估数据泄露可能会带来高风险和高损失，那么企业除了通知执法部门还需通知用户。对于违反以上三点的企业，罚金可高达 1 000 万欧元或 2%的一财年全球营业额。

《通用数据保护条例》是在互联网技术、移动智能设备快速发展下应运而生的法规，主要目的在于保障个人数据隐私安全。它是迄今为止覆盖面最广的全球性数据隐私保护法规，也是非常有前瞻性的一项法案，中国包括其他国家地区也多将其作为参考研究版本。

课后练习

1. 判断对错

(1) 技术是中性的,伦理问题只与人有关。

(2) 海德格尔的“技术座架”的意思是技术的基本结构。

(3) 科学主义是一种科学的方法论。

2. 思考题

(1) 在小说《三体》中零道德的宇宙本身——更高智慧如“歌者”向太阳系抛出二向箔,使整个太阳系二维化,人类文明从此灭亡。是否可以得出这样的结论:一个残酷的宇宙规模的黑暗前提是生存、文明的第一需要,这里价值判断被取消了,文明不断增长和扩张,发展是硬道理。

(2) 小说《白垩纪往事》讲的是白垩纪时代恐龙与蚂蚁共存的文明,恐龙代表着文明却没有灵巧双手,蚂蚁可以做精细活却没有发明创造。两个物种很偶然地结盟到了一起,从恐龙与小鸟式的共生、用几千年发展到辉煌——然而毁灭却是因为技术和文明割裂之后的矛盾:技术想要统治文明,却没有灵魂指引而退化;文明即使内讧也能保持平衡,但技术的反噬却可以令文明措手不及。“恐龙”与“蚂蚁”能够共生吗?如何共生?

(3) 根据美国防止虐待机器人协会(American Society for the Prevention of Cruelty to Robots, ASPCR)的说法,“机器人也是人(或至少将有一天会是)”。该协会创立于1999年,他们相信21世纪法律上最大的挑战将会来自对机器人权利的奋力争取。他们解释道:ASPCR认为,任何有知觉,或有意识的存在物(sentient being)(不论是否是人工制造的)都拥有一些不可剥夺的因其产生(而非因其生产者)而被赋予的权利,而这些权利包括了存在权、独立权和追求更强认知能力的权利。我们还认为,当前的财产法和资产法都与这些权利的行使相冲突,在被承认当作一种完全意义上的有意识的存在物并拥有所附带权利之前,机器人以及所有被造的智能体都很可能要经历一段初始的时期,在这段时期里它们仍然会被当作他人的“财产”。我们的愿景是提高一般公众在有关被造智能体议题方面的意识,这包括讨论将有意识的人工存在带到世界上这种行为的道德与伦理意涵,以及伴随这种被造物而出现的责任问题。你是否同意机器人也可以是人并拥有道德权利?为什么?

(4) 假如对人工智能的进一步研究可能导致人类灭亡,我们还允许这样的研究继续下去吗?如果禁止,有什么方法保证人工智能的机器不会被制造出来?如果一个国家禁止这样研究,而其他国家这么做,又会发生什么呢?

(5) 杰弗里·克伦普纳(Geoffrey Klempner)是期刊《商业哲学》的编辑,帕斯威尔哲学院(Pathways School of Philosophy)的主任,国际哲学家协会的研究中心主任。在下面这个小故事中,他探讨了预知(科技,大数据)与自由意志(人)的问题。如果有一个盒子能预测你生活中会发生的所有事情,一直到你死去的那一刻。你会想要拥有一个这样的盒子吗?假设你知道你可能有一种遗传性的缺陷,这个缺陷注定会导致你在15年后死亡。现在,有一项简单的基因测试可以告诉你,你是否有这样的缺陷。你会接受这样的测试吗?

第11章 文化差异和国际化

不带评论的观察是人类智力的最高形式。

——印度哲学家克里希拉姆提

关键术语

文化差异,"普世价值"

推荐电影:《世界是平的》(*Outsourced*, 2006年)

本片改编自同名畅销书。故事讲述在降低经营成本的考量下,工资低廉又会说英语的印度员工成为美国电话网络销售公司的最爱,于是这些公司纷纷将电话销售中心迁往印度。主人公托德在整个部门被外包到印度后,前往当地训练销售公司员工如何以美国方式工作和说话。看似是高升的派驻,其实远没有想象中那么美好:当地的治安混乱,托德的名字被念成"蟾蜍(toad)",在荷丽节(Holi Festival,庆祝方式是人们用手或其他工具把各种色彩的颜料涂在别人身上以示祝福)上他全身被涂满彩粉,上厕所得用左手"清理"……种种不适应都让他几近抓狂。原来,从走出机场的那一刻起,托德的世界已发生了改变。

问题:

是入乡随俗,还是与国际接轨?

课前测试:阿凡提借锅

阿凡提到地主家借锅,归还的时候锅上还放了一口小锅,地主就问:"你只借了一口锅,怎么还回来了两口锅呢?"阿凡提回答借去的这口锅在他家生了一口小锅,所以一起还回来了。地主很高兴地收下了,告诉他以后想用锅就来借。很快,阿凡提将地主家最大的那口锅借走了,然后一直都没有还。地主去要,阿凡提说,那口锅死了。地主很生气地问:“锅怎么会死呢?”阿凡提回答:“锅都可以生孩子,怎么就不会死呢?”地主很生气,但是拿他没有办法。

阿凡提是什么样的人?

A. 阿凡提聪明有智慧,和地主斗智斗勇,总是可以斗败愚蠢又贪婪的地主。

B. 阿凡提是个既狡诈又愚蠢、既没有信用又不讲道德的人。

第一节　文化差异的现实

在国际上,“我们”与“他们”不一样的现象称为自我参照标准(Self-reference Criterion,SRC),SRC 是一种对自己文化价值、经验与知识的潜意识参照物。当面对大量现实时,我们根据毕生积累的知识作出反应,通常立足于我们文化的出发点。我们的反应源于与我们的文化相关的意义、价值和象征,但这种相关性或许与来自其他文化的人不同。

一辆车里坐了两个人,他们是好朋友。假设开车的人撞了行人,他的朋友知道他以每小时至少 135 千米的速度行驶,而这个区域的限速是每小时 80 千米。当时并没有目击者,律师说,如果另一个人宣誓说车速是每小时 80 千米,就可以使驾车人免受严重的处罚。如果你就是驾车人的朋友,你会作证吗?

可能的回答是:法官大人,我朋友开得太快了;也可能这样回答:我朋友开车的时速确实只有 20 千米。普遍主张关注法规,而不是人际关系。对于他们而言,真理或现实只有一个,这些是与我们生活的环境相统一的。普遍性倾向于暗示一定意义上的平等,所有人处于相同的规则下,就要待遇同等。这些基于原则的行为,会抵制那些违背准则的事情。一旦开了先例,整个系统就会崩溃。相反地,在某些国家,三分之二的被访者回答说,他们宁愿对警方撒谎。他们在自己的判断中存在偏袒,并且更重视个人情感。对于他们而言,对事故中每个参与者都相关的现实,存在几种不同的看法。这个人不是“一个公民”,而是我的朋友、兄弟、丈夫、孩子或者对于我是很重要的人。这时人的判断会带有感情色彩。因此不管规则如何,我都要保护这个人。

普遍性与特殊性的差异导致的两难局面表现在很多方面。对于一个从事国际贸易的生意人而言,他不会信任一个崇尚个性的人,因为这种人总是太感性;也不会信任一个崇尚普遍性的人，因为他连自己的朋友都不会帮助。就合同而言，在崇尚普遍性的文化中，合法的合同很容易拟就，守信的人普遍重言行、重契约。社会越崇尚普遍性，就越需要维护普遍真理的组织机构。在个性文化环境中，合法的合同通常会被篡改。假如你把严格的要求和惩罚条例引入合同，那就意味着如不从法律上制止的话，一方就有可能欺骗另一方。再者，合同不像人际关系那样，通常缺乏灵活性和持久性。因此，一个值得信任的人，就是一个尊重改变环境的人。在高度重视普遍性的西方国家，公司总部倾向于控制全球市场、销售全球化的产品以及进行全球人力资源的管理。然而在个性文化环境中，公司总部的命令对区域内的运作模式不起作用。每个群体都在建立他们自己的标准，并以此为基础建立团结一致的关系，对抗上级领导的命令。建立在境外的子公司通常都会假装服从总部的命令，如同印第安人共同跳仪式性的"祈雨舞"现象，只要他们处在严格的监控之下，他们就会跳出"普遍一致的舞步"，实际上并非每个人都相信真的能求到雨。一旦总部重心转向别处，他们就会故态复萌！在一家英国的药品公司进行国际化调查的过程中，英国人认为意大利籍的调查员是不可信的。他们无视给定的最后期限，只是以他们自己的方式采取灵活的行动，他们还无视英国总部下达的所有指令。意大利人则认为和英国人一起工作是不可能的，因为英国人受规则的约束而抑制了调查所有的创造性。仅仅认识到公正的英国人与爱制造特殊的意大利人之间的差异是远远不够的。从管理方面看，要协调这两方面的矛盾，就要建立一支有效的跨文化管理队伍来执行这项任务，你需要意大利人，以防止英国人过于官僚主义；同样也需要英国人，以阻止意大利人令整个组织陷入混乱。从伦理方面看，我们假设奉行特殊性文化的人更有可能做出违背道德的事情。

普遍性与特殊性的文化中，哪一种文化中的人更容易丧失道德准则？

加拿大一家公司在招聘海外留学生时出了以下三个题目：

(1) 你在以往若干年的工作中，有没有未经许可拿过学校或公司的东西回家？

A. 从没有　B. 拿过，但价值不超过5元　C. 拿过，但价值不超过20元　D. 拿过，但价值不超过100元

(2) 你的一名同事拿了公司的一元钱没有申报，你认为老板以下做法是否合适？

A. 批评　B. 阻止其提升或给予其降职　C. 开除　D. 报警，起诉该员工

(3) 你在商店买东西，回家发现营业员少收了你一元钱，你会开车回去还给他吗(开车的费用超过一元)？

A. 回去还他　B. 钱太少，营业员不会在乎的

第一题的标准答案是A。拿5元与拿5万元性质是一样的。第二题的标准答案是报警。理由是职务侵占。拿了一元钱也是侵占?! 是的。对错就是对错，是否违反某种原则的问题，跟数量没有关系。第三题当然也是这个逻辑，只有还钱是唯一正确的选择，其他都是算计。这就是加拿大企业的伦理标准。

荷兰学者杰尔特-霍夫斯塔德(Geert Hofstede)对文化差异进行了大量研究，发现文化差异可以从5个维度进行描述：(1)个人主义、集体主义;(2)权力距离;(3)不确定性规避;(4)男性化、女性化;(5)长期化、短期化。

表 11-1　　若干国家或地区的霍夫斯塔德文化差异得分

国家或地区	个人主义、集体主义	权力距离	不确定性规避	男性化、女性化	长期化、短期化
中国内地	20	80	30	66	118
法国	71	68	86	43	39
德国	67	35	65	66	31
英国	89	35	35	66	25
中国香港	25	68	29	57	96
日本	46	54	92	95	80
韩国	18	60	85	39	75
美国	91	40	46	62	29

资料来源：Philip R. Cateora，John L. Graham，International Marketing. 12 ed. New York，NY：McGraw-Hill/Irwin，2005，pp. 154-155.

在表11-1中，个人主义、集体主义分数表示“个人主义”的程度。个人主义的典型代表是美国、英国。集体主义的典型代表是中国、韩国。集体主义的社会重视服从群体利益，个体的成功不能置于集体之上。中国人说“在家靠父母，出门靠朋友”、“单梁难撑房”，日本人说“出头的钉子会被敲下去”。美国人说：“自助者天助(God help those who help themselves)”、做你想做的事情(Do you like to do)，耐克的广告语Just do it更典型地反映个人主义价值观。跳槽在日本被视为背叛和不道德，而在美国则被认为是通向成功的重要途径。日本主管的薪酬是工人的10倍，美国主管的薪酬是工人的28倍。当然，同样是集体主义也是有差别的，在日本，利用职务之便谋财是耻辱。

权力距离是用来表示人们对组织中权力分配不平等情况的接受程度，在表11-1中权力距离用指数(Power Distance Index，PDI)来表示。可以根据上级决策的方式(民主还是专制)、上下级发生冲突时下级的恐惧心理等因素来确定权力距离指数的概念。在权力距离大的社会中有人会说：老板绝对不会错。如果发现老板有错，一定是我看错。如果我没有看错，一定是因为我的错，才导致老板出的错。如果是老板自己的错，只要他不认错，那就是我的错。如果老板不认错，我还坚持他有错，那就是我的错。总之老板绝对不会错，这句话永远不会错。美国人则说“人生而平等(All men are born equal)”。

不确定性规避指的是一个社会感受到的不确定性和模糊情景的威胁程度，并试图以提供较大的职业安全、建立更正式的规则、不容忍偏离观点和行为、相信绝对知识和专家评定等手段来避免这些情景。威胁程度的强弱是通过不确定性规避指数来表示的。高分数的以日本、韩国和法国为代表。“凡事预则立，不预则废”虽然是中国的谚语，但在计划性上远远不如日本。中国人更喜欢“看情况”“到时候再说”。这一点倒是与美国人差不多。美国的谚语则说：“未来可以被称作‘可能’，那是唯一可以用来称呼未来的词汇(The future is called ‘perhaps’, which is the only possible thing to call the future)。”

男性化、女性化维度表明性别对一个社会中男性和女性扮演什么角色的决定程度。分数高低代表性别差异大小。分数最高的是日本，分数最低的是韩国。这种尺度针对社会价值观和态度两个方面。具有男性价值观的社会欣赏进取和自信，同时注重物质追求。女性文化中是人际关系，把生活质量看得比物质追求重要，并且赞同关心他人和不幸者。美欧高福利国家(如瑞典)基本上属于女性化社会。

长期化、短期化取向是霍夫斯塔德在后来的研究中加进去的一个重要评价维度，指人们对战略的看法是否具有长期的眼光。长期化取向的文化关注未来，重视借鉴和毅力，而短期化取向文化的价值观倾向过去和现在。表11-1显示，东方国家长期化，西方国家短期化。但是，这并非表明东方人比西方人更具有战略视野，而是东方人更节俭、更重视保障等。

兹亚德·史瓦丹(Ziad Swaidan)和琳达·A.海斯(Linda A. Hayes)探讨了霍夫斯塔德文化理论框架与跨文化伦理之间的关系，在结合前人研究的基础上，提出了五条假设。①

假设1：对伦理问题，个体主义者比集体主义者更加敏感。个体主义/集体主义维度对个体的道德推理有强烈的影响。这一维度在伦理上的一个启示是：个体主义社会的人们经常质疑其社会中已经建立的伦理标准，而以集体主义为代表文化的人们则是盲目地接受这些伦理标准。另一个含义是：集体主义者更愿意为了维护群体的荣誉而采用“掩盖手段”，而这一“掩盖手段”可能并不被认为是不道德的。比如，如果说谎会使群体获益的话，集体主义者可能会接受它，而个体主义者则可能认为说谎违背了社会规范，是严重违反道德的事。

假设2：对伦理问题，男性化的个体不如女性化的个体敏感。男性化维度在伦理上的含义主要体现在人们怎么看待进取心和伦理上可接受的行为之间的关系。与女性化的个体相比，男性化的个体更能容忍攻击性的、有疑问的行为。人们认为某种行为不合

① Ziad Swaidan, Linda A. Hayes. Hofstede Theory and Cross Cultural Ethics Conceptualization, Review, and Research Agenda[J]. Journal of American Academy of Business, 2005, 6(2): 10-15.

伦理最常用的理由是贪婪和好竞争等，而这些都是男性化个体的特征，野心、个人获取金钱和对成功的追求是导致不道德行为的最主要因素。同时，物质主义与消费者的高伦理标准负相关。另外，男性化的管理者会雇用与组织的攻击性目标相一致的人员。而女性化的个体更关注伦理问题，不太能容忍那些攻击性的、由金钱驱动的行为。

假设 3：对伦理问题，高权力距离的个体不如低权力距离的个体敏感。权力距离在伦理决策上的一个重要的含义就是在上级压力下下属是否会做出不道德行为。另一个含义就是高权力距离的个体会遵守其伦理准则，而低权力距离的个体则不大会遵守其群体的伦理准则。与相对高权力距离国家（印度和韩国）的管理者相比，来自低权力距离国家（美国）的管理者将那些有疑问的商业行为看得更不道德。

假设 4：对伦理问题，高不确定性回避的个体比低不确定性回避的个体更加敏感。过去的研究表明低不确定性回避的个体更可能去冒风险。而从伦理的角度看，冒风险的倾向与不道德行为的高相关，他们强调“实质胜过形式”，认为如果对群体有利可以考虑破坏规则。而另一方面，高不确定性回避的个体更希望有一种书面的规则存在。在行为上，高不确定性回避的个体会以“没有这方面的规定”为借口来做不符合伦理规范的行为。

假设 5：对伦理问题，长期化导向的个体比短期化导向的个体更加敏感。与来自短期化文化的个体相比，长期化文化下的个体更消极地看待“走捷径”获取短期利益这种方式在伦理上的影响。这些表明长期化导向的个体比短期化导向的个体更加理想化。

第二节　伦理相对主义和绝对主义

经济全球化背景下面临经济伦理全球化和多元化的两难选择。理论上，经济全球化要求伦理全球化，然而，现实中各民族之间经济发展的不平衡以及意识形态的多样性又决定了经济伦理多元化的合理性。跨国公司必须遵从“入乡随俗”的座右铭。但是，假如我们觉得在某些国家被视为允许的东西是错误的，怎么办？这里就存在经济伦理语境中“相对主义”（特殊主义）与“绝对主义”（普遍主义）的规范差异。

伦理学的研究方法应该源于什么是伦理学的定义。伦理学就其词源来说是习俗的意思，但是习俗本身不能证明它的“合理性”，只能证明它的“实用性”。由于文化差异，世界各地有不同的习俗。“绝对主义”和“相对主义”都是在某种程度上被普遍承认的原则，只是存在地域的差异。绝对主义关注普遍的规则；相对主义关注具体的人事，在个性文化环境中，合法的合同可能会被篡改；绝对主义的文化重约、守信，维护普遍真理。

伦理相对主义（ethical relativism）主张道德规范、道德原则以及道德体系的现实运用总是不确定的、有限的、缺乏普遍性的，不存在普遍有效的和必不可少的道德价值；道德只是相对于特定的社会、民族或文化才是确定的和有效的。我们应该尊重每一个人的道德观。即只要一种文化或社会认为某种东西是正确的，那么它就是正确的，至少“对他们来说是正确的”。比如穆斯林认为吃猪肉是不道德的，佛教徒认为吃荤不道德，而世俗则无所谓荤素。由此可以推出，西方认为自由民主是正确的，可我们认为那不是人类必须共同拥有的，集权是可以被允许的。这似乎是天经地义的。“相对”实质上意味着不存在超越一切文化和民族的价值标准。有些人类学的“事实”被用来论证文化相对主义：如对原始文化和现代文化的研究，都揭示了各种文化在习俗、礼节、禁忌、宗教、道德、日常习惯和态度等方面的巨大差异；人们的道德信仰和道德观念基本上是从文化环境中吸取来的，人们至少长期地倾向于把他们的文化中为社会鼓励的东西内化等。

在许多国家，行贿（也称方便费）是一种可接受的商业行为。在国与国间做生意的公司应该意识到贿赂是一个伦理问题，并且这种行为在某些国家比在其他国家更盛行。例如在非洲大部分国家、亚洲的某些地区腐败程度严重；而北欧地区腐败程度较轻微（表11-2）。

表11-2　　腐败程度最轻微/严重的国家①

最轻微	最严重
1. 丹麦(1)*	1. 喀麦隆(1)
2. 芬兰(2)	2. 尼日利亚(4)
3. **新西兰(3)	3. 印度尼西亚(6)
3. 瑞典(3)	3. 阿塞拜疆(—)
5. 加拿大(6)	4. 乌兹别克斯坦(3)
5. 冰岛(5)	4. 洪都拉斯(3)
7. 新加坡(7)	5. 坦桑尼亚(4)
8. 荷兰(8)	6. 塞尔维亚(—)
9. 挪威(8)	6. 巴拉圭(2)
9. 瑞士(10)	6. 肯尼亚(—)

*括号中的数字代表以前的排名，括号中的一代表这个国家不在以前调查的排名之列。
**相同的排名代表并列，例如新西兰与瑞典并列第三。

在中国，只有当谈判结束或将近结束时才会赠送昂贵的礼品，而且中国人的礼品的价值大小与多种因素有关。中国虽然有明文规定不准行贿受贿，但是这一法律规定并没有形成伦理规范。自1977年以来，美国《涉外腐败行为法》一直都禁止美国公司在国外为获取或保住生意而向外国政府官员支付酬金，违法者将面临200万美元的罚金，同时公司的执行官还将面临长达5年的监禁和1万美元的罚款，或二者并罚。《涉外腐败行

① O.C.费雷尔，约翰·弗雷德里克，琳达·费雷尔.商业伦理——伦理决策与案例[M].北京：清华大学出版社，2005年，第178-179页。

为法》只适用于美国,其他国家并没有类似的法律。

此外,在性别和种族歧视、人权、价格歧视、有害产品、污染等问题上也存在文化差异,这些"事实"都支持了伦理相对主义。

"绝对"一词的含义意味性质完美无缺的、确定的或不受限制、毫无例外。我们用"绝对"一词来说明自然存在物(如神)、自然法则、命题、法律和道德,其中最重要的是说明命题的真和假。要确认自然界存在某些绝对(法则)的假说是困难的,万有引力似乎是绝对的自然法则,但是其正确性仍然取决于我们反复验证的能力。科学的假设成立不成立可以用实验来验证,实验失败了还可以再做下去。科学只能被证伪,科学只是现在没有被推翻的理论。以前的研究认为知识是不断积累的,只增不减。波普尔发现,科学只不过是一个证伪的过程,把一个猜想反驳掉,证明其为不正当的,证明其不成立。那么,这个猜想就没有办法在科学的"库房"里再滞留下来。只有那些还没有被证伪的知识,才能留在科学的知识里。换句话说,科学体系本身是不断被淘汰的,就是一些新的猜想进去,一些被证伪的知识出来,而不是只进不出。如果历史是不断进步的,人类的知识就是不断被证伪的,那就意味着,没有一个人或没有一代人可以发现未来无数代人所要做的事情及所应遵循的历史规律。一个人凭什么强行要求后来人在未来5000年、500年,甚至50年应遵循他(和他的朋友)所"发现"的历史规律?为什么不允许后来人突破给强加的"历史规律"?只要承认知识是一个不断被证伪的过程,就没有权利把所发现的历史规律强加给他人。只有当理论或假说的内核被证伪时,体系才彻底被动摇或被完全更新,科学也发生重大进步。

没有绝对的科学真理,是否意味着没有绝对的道德真理呢?很多人认为科学才能证明真理,不科学就没有真理。科学只能说是一个手段,他的结论不一定就是值得信赖的。因为"自然"如此,未必一定推倒"应然"亦如此。虽然科学是不断发展的,但是你能不能说《圣经》是不断发展的呢?"神"的道理不是发展的,而是持守。在价值的领域,真理是不变的,需要人坚定持守。英国有一个保守党,一般人一听到保守,一定认为是落后的。最大的进步就是革命性的进步,永远向前的,历史的车轮滚滚向前。人类在不断进步,你还保守什么?你不是落后、僵化吗?原来这个保守是指价值上的事情。生理学家通过解剖发现:肝是排毒的、肺是呼吸的、胃是消化的、心脏是血液循环的。将每一个器官达到特定的目的和功能研究得很清楚,然而,由这些特定目的和功能器官组成的人的特定目标是什么就不知道了。生理学家只研究器官是怎么工作的,至于超越经验的价值领域,只能从伦理的角度解决问题。

从伦理的概念看,不能仅仅因为事物、情况和人都以某种方式存在或行动,就认为"是什么"或人们做什么同"应该是什么"或人们应该做什么之间有必然联系。如果没有超文化的价值标准,我们怎么能谴责任何人或文化的恶行呢?它使得任何关于另一种文化所做的行为的道德判断都变得毫无意义,我们根本不能对任何一种标准进行批评。

如果我们试图说明道德命题与经验命题毫无差异，那么就遇到自然主义谬误(naturalistic fallacy)问题，即“从是推知应当”的问题。该词首先出现于英国哲学家G. E. 摩尔的(G. E. Moor，1873—1958年)《伦理学原理》(1903年)。摩尔认为，像“如果你霸占我老婆，我就很生气”这样的命题可以是真命题，因为它描述了将来要发生的真实状态。但是它同“你不应该霸占我老婆”这一命题没有必然联系。自然主义谬误用来指不能将“应然”与“实然”混为一谈，不能从对事物的自然属性的描述中求得有关善与道德的陈述。例如，说一个国家采用某项的伦理规范使得这个国家国泰民安，这并不意味着那些价值观和标准是道德的。

伦理价值观中是存在一些普遍的原则的，至少，相互性看起来是每个地方的伦理体系所共有的。相互性概念也许可以作为下述“黄金规则”的基础，即对待他人就像要求他人对待自己一样(己所不欲，勿施于人)的基础，这种黄金规则把相互性观念提升为与某人过去实际上怎样对待你没有什么必然联系的一种独特原则。在广泛多样的文化和宗教教诲中，像孔子、佛陀、印度史诗《摩诃婆罗多》、希勒尔、耶稣、穆罕默德、康德等，从中都能找到这一黄金规则，当然是以不同的方式表达的。只有从这种普适性的更高境界来谈论价值标准，才会证明，所谓反人类罪、侵犯人权和种族灭绝罪，都是对各种文化中的人所共有的基本尊严和价值的侵犯，因而需要不同文化、种族、国家的人们一起来努力，通过各种手段予以制止，那样对人类才是一件幸事。

第三节　文化差异的应对

文化可以简单分为由下而上的三个层次，就是：器物、制度与理念。这三者是配合人的生命的三种需求而展现出来的，亦即“身、心、灵”。文化差异对项目团队的影响，分为三个层次：

(1) 风俗习惯，由此引起的冲突可以通过较长时间的交流、相互影响而消除。印度也有麦当劳，作为连锁店，运营流程和标准是全球一致的。但是在风俗习惯上仍然存在差异。印度麦当劳没有牛肉汉堡，因为在印度人的心目中，牛是神圣不可侵犯的神灵。所以在那里的麦当劳餐厅，你能吃到的汉堡主要有三种：羊肉类、鸡肉类和鱼肉类，当然还有专供印度教素食主义者的蔬菜类。印度人爱吃辛辣食品，但中国人所喜的香辣鸡翅在这儿却难以见到。而且在这儿的家禽市场买活鸡，如果你不特别关照，鸡内脏都会被统统扔掉。

(2) 技术规范，可以通过人们对知识的学习而掌握。项目组明确区分文化差异中哪些属于价值观念的差异，明确树立项目团队文化的主体，即形成共同的价值观，以此来引导全体员工的行为；哪些属于风俗习惯差异，可以去影响它、改造它；哪些是属于技术规范，通过组织学习培训直接改造它。要通过分析识别文化差异的类型，找出消除文化冲突的正确途径。

建筑、服装、餐饮这些生活习惯方面本地化是没问题的，但是技术规范（特别是涉及安全问题的技术规范）就另当别论了。印度博帕尔工厂是美国联合碳化公司（UC）在印度开设的一家工厂。母公司美国 UC 公司遵从了印度人的要求，并完全由印度人经营。美国公司主要负责培训和检查，但安全做法也没有严格遵照美国标准，而采用较低的印度标准。这虽然明显不符合美国跨国联合碳化物公司的书面政策，但是大大节约了成本。到 1984 年 12 月，发生了几次严重事故并出现很多小危险，但这并未引起高度重视。迫于市场的压力工厂大量削减雇工人数，70 多只仪表盘、指示器和控制装置只有 1 名操作员管理，异氰酸酯生产工人的安全培训周期也从 6 个月缩短至 15 天。这一切最终导致惨烈的毒气事故发生。

(3) 价值观念，即判断是非的标准，这种差异带来的摩擦和冲突常常不易消除，只能通过教育逐步转变。价值观念的冲突是最难调和的文化冲突。例如美国的《排华法案》本质上是美国精英阶层不能容忍中国劳工以放弃人权的方式获取职业的竞争力。即使在今天，我们依然看到这种文化冲突。意大利的一些水稻种植区，以小时制雇用了中国人干农活，很多中国人一干十几个小时，甚至二十个小时，最后因脱水累倒在田里被送到医院。庄园主定下规矩，每天最多干十个小时，结果第二天中国人跑光了，中国人说我们是出来挣钱的，又不是来度假的，一天只干十个小时，那剩下的时间就浪费了。这就是《不死的中国人》里描述的典型情景，如 200 年前美国排华法案时所面临的冲突一模一样。这章标题是“疯狂的中国人”。

美国的《反海外腐败法》的主要约束对象包括美国的跨国公司、在美国上市的外国公司，甚至在一定条件下的外国公司以及公司员工，违反该法将被追究民事和刑事责任。员工个人如果被美国法律认定违法，只要在美国有财产，或者再次进入美国，或者美国同其所在国有引渡协议适用，就有可能受到美国法律的制裁，而公司则有可能面临巨额罚款。由于观念上的差异，除美国以外，很少有国家出台类似的法律。

所以，即使想“普世价值”（universal value）被国际上普遍认同（否则怎么叫“普世价值”），也不是每个国家都认同的。例如在人权问题上，不同的国家依然有不同的解读。

一般来说，重要的职业协会或职业团体章程适用于大多数的国际和国内的伦理困境。作为主要工程社团之一，美国电气和电子工程师协会（IEEE）明显是一个国际性组织。其职业章程的开头就确认了“我们的技术影响到全世界人的生活质量……”。美国机械工程师学会（ASME，后来更名为美国国际机械工程师学会，ASME International）章程最近的修改同样也是出于对国际环境的考虑。

美国职业工程师协会（National Society of Professional Engineers，NSPE）伦理评价委员会在 1996 年通过的一项决议明确表明，其章程适用于国际环境。在 96-5 案例中，委员会对一位工程师(工程师 A)的行为进行了分析,工程师 A 任职的公司曾要求他提交一份关于 A 国的某大型水利工程的方案。公司鼓励工程师 A 雇用本地工程师去给 A 国负责签发水利合同的政府官员送厚礼。委员会认为,尽管在东道国这是一种习以为常的做法,但工程师 A 应受 NSPE 章程的制约,不应参与这种活动。

然而,我们不能指望职业规范能提供足够的适用于国际伦理环境的指导原则。我们有必要进一步探讨和制定额外的职业规范,使之能更为直接地解决各种国际的伦理问题,并且与本国或东道国的道德标准相比,其较少地依赖于地域文化。我们称这类规范为超文化规范。怎样制定这些规范呢?

国际伦理决策应该遵循"求同存异"的原则,尽量把那些被所有文化包含的共同价值标准分离出来。超规范代表伦理绝对主义的理想,超规范是基本原则,触及构成人类伦理的根基之处。例如互助、互信、互惠、父慈子孝等积极的责任,以及禁止暴力、欺骗和背叛等避免伤害的消极责任。另外,当二者价值标准发生冲突时,还存在用以维持最基本的公平和程序公正的标准,如几乎在所有社会中,作伪证都应该受到谴责。

在任何道德规范中,如果实质性规则不符合两个原则,那么它们将会被否决。第一个原则是内在一致性:一种规范必须与该文化中其他规范相一致。例如,一名鼓吹工人人权的孟加拉老板认为,"让儿童远离工作并使其流浪街头是对他们人权的严重侵犯"。这种论调与该国的其他法律法规和规范有无一致性?如果没有一致性,甚至有冲突,就没有理由认为"血汗工厂"(甚至童工)是经济发展的必要组成部分。第二个原则是外在一致性。如果一个社会的道德规范不符合适当普遍性的道德标准,那么这个社会的文化价值就会受到质疑。例如,尽管人们能够容忍贿赂,但受贿在任何文化中都是不正当的,因为贿赂通过金钱而不是基于更好的服务或更好的产品的公平竞争。当一种道德标准违背上述两个原则中的一个原则时,这个道德观念是非常有问题的。符合这两个原则,它就可能成为超文化规范。

超文化规范第一个来源是伦理哲学家和宗教学者的著作。例如,孔子所说的"己所不欲,勿施于人"就是一个人际关系的"黄金法则"。

超文化规范第二个来源是国际文献,如联合国《世界人权宣言》。这些文献强调人权是与生俱来的、普遍的。尽管有人认为这些文献源于西方,也许不值得采纳,但是它们却有很好的外部一致性,即它们是被人们普遍接受的。

超文化规范第三个来源是各类职业伦理规范。如工程师伦理、会计伦理、医学伦理等。大多数工程伦理章程将公众安全、健康和福祉置于首要地位。会计伦理则普遍要求真实披露。

超文化规范第四个来源是运用公认的伦理理论进行道德推理。

从以上这些来源中,可以辨识出以下 7 种超文化规范:(1)尊重文化和法律;(2)避免侵犯人权;(3)促进东道国福祉;(4)避免行贿和送礼;(5)保护健康和安全;(6)保护环境;

(7)促进合理的背景制度。①

但是,即使在人权问题上,各个国家的看法也未必完全一致,美国有美国的人权观念,中国有中国的人权观念。所以,因为文化差异,更多的共同点体现在"一致规范"上。如公司的伦理规范。在图 11-1 中,圈外是不合法的规范,在圈内和圈外存在"道德自由空间"。

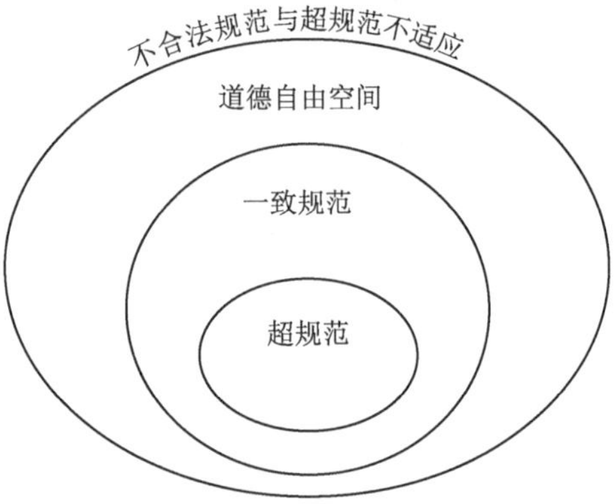

图 11-1 国际伦理决策的求同存异

道德自由空间中较多的差异很容易造成伦理问题冲突。在决策风格上,大致有两种情况:一是外国风格,所谓"入乡随俗";另一种是帝国风格,所谓"伦理优越主义",即由于国家综合实力和影响力或其他原因而产生优越感,认为本国伦理优于其他国家,采用自己的主导价值观和习俗。

这两种伦理决策造成的冲突只能采用求同存异(伦理置换)的办法解决。个人层次上的问题,只能通过组织层面上解决,组织层面上的问题只能通过行业层面上解决,通过改变行业结构,确保公平竞争的环境;行业层面上的困境要求国家政策改变;国家伦理困境要求国际协作来解决。按照伦理置换的方法,跨国公司在经营中遇到国家间伦理问题时,一致规范和超规范就是解决此类伦理问题的必要条件。

【案例 11-1】 印度博帕尔毒气事故

20 世纪 70 年代,为适应科技革命发展的需要,发达资本主义国家调整产业结构,发展高技术的新兴工业,改造传统的"夕阳工业",把一部分耗能大、污染严重的工业转移到发展中国家去。这种工业转移客观上还来自发达资本主义国家人民反污染的压力。因为,一些重化工企业造成的污染激起了发达资本主义国家居民的强烈反对。这些国家不得不制定了环境保护法。垄断企业为解脱环境保护法的束缚,就转向发展中国家投资。在他们输出资本的同时,也就输出了环境污染,给发展中国家人民带来无穷的灾难。这种例子举不胜举,其中最突出的是发生在 1984 年 12 月 3 日印度中部博帕尔的毒气渗漏事故,这是一起化学工业史上最大的悲剧,也是印度历史上最严重的工业事故之一。美国联合碳化物公司为回避本国限制生产有害物质的法律规定,为节约大量环保费用以增加利润,于 1977 年在印度中部博帕尔创建了印度联合碳

① 查尔斯·E. 哈里斯、迈克尔·S. 普里查德、迈克尔·J. 雷宾斯. 工程伦理:概念与案例[M]. 北京:北京理工大学出版社,2006:190-198 页.

化物公司，这是其拥有全部产权的一家子公司。另一家子公司在美国西弗吉尼亚州。它们生产一种叫甲基异氰酸盐的气体，是制造农药西维因和涕灭威的原料。根据英国化学工业协会主席的声明，英国在20世纪70年代就已停止生产和贮存大量的甲基异氰酸盐了。

博帕尔工厂却继续在生产这些化学剂。而且，美国联合碳化物公司采用"双重安全标准"，即在博帕尔工厂和在本国西弗吉尼亚州的相同的联合碳化物公司，安全和监督有毒物的系统大不相同。该公司为了追逐暴利，在博帕尔工厂的设计方面没有采用美国公司同类企业中安装的应急预警计算机系统和储存化学毒剂的安全可靠场所。因此，博帕尔工厂是在既无预防措施，又无安全原则的条件下，生产着剧毒的甲基异氰酸盐。

据统计，1978年博帕尔工厂已有6人死于毒气，但由于厂方的利欲熏心，没有引起重视，终于在1984年12月3日酿成悲剧。

这起灾难发生前是有征兆的。1984年12月2日晚11时，一名在博帕尔市郊"联合碳化杀虫剂厂"的工作人员发现一座贮有45吨异氰酸甲酯的储槽压力上升，但没有采取措施。次日0时56分，这种气体从一个有漏缝的安全阀中喷出，在将近一小时之内，这种气体形成一股浓密的烟雾，悄悄袭向博帕尔市。

毒雾首先经过毗邻于工厂墙外的两个小镇——贾培尔卡希与霍拉，造成许多人在睡梦中立即死亡。随后毒气又扑向博帕尔市火车站，使10多名无家可归的乞丐毙命，200多人生命垂危。毒雾又迅速笼罩了方圆40公里的市镇，并继续扩散。由于事故发生在深夜，人们毫无察觉，当人们察觉后惊恐异常，有的认为是原子弹爆炸，有的认为是世界末日来临了，纷纷以各种方式争相逃命。整个城市的慌乱景象就像是一场科学幻想小说中的梦魇，许多人被毒气弄瞎了眼睛，许多人在逃命的途中即倒在路旁死去，尸体成堆。

出事几小时后，博帕尔市的警察关闭了这家工厂，逮捕了该厂的经理穆卡及另外几名工作人员，罪名是"过失杀人"。

资料显示，这次事故直接中毒人数超过50万人（当时博帕尔市区的人口约80万），3天内死亡人数超过8 000人；由于相关责任人没有履行起码的医疗救助、环境清理等责任，至今在博帕尔市，尚有12万人忍受各种因中毒引起的急慢性疾病的折磨，总死亡人数已超过2万人，另外还有大量的新生儿存在不同程度的生长障碍。

这场灾难是由于安全程序极为松散、当地工人判断严重失当以及可能的非故意的破坏等因素共同造成的。印度政府要求博帕尔工厂完全由印度工人来管理，母公司美国跨国联合碳化物公司负责培训和检查。但是，安全做法没有遵照美国标准，而采用较低的印度标准。这明显不符合美国跨国联合碳化物公司的书面政策。到1984年

12 月，发生了好几次严重事故以及出现很多小危险，但未引起高度重视。例如，MIC 罐超载。美国跨国联合碳化物公司手册规定，绝不允许超过容量的 60%，但出问题的 MIC 罐灌注 75%的容量。另外，备用罐也被占用，为了节省开支，冷却系统在事故前关闭了 5 个月之久，使罐的温度达到正常值的 3～4 倍。

因此，当工人们发现阀门的显示压力上升，并且开始觉得有泄漏的气体的刺激味时，主要的应急程序并不存在。对付气体泄漏的主要手段是打开净气器中的气体（它是设计用来中和气体的），但是它被关闭了，因为当地工人认为在停产期间它是不必要的。第二道防线是火焰塔，用来烧掉净气器中未中和的和逸出的有毒气体，但遗憾的是，它不能运行，因为它也在维修中。结果，仅仅 2 个小时，罐内大部分气体已经逸出，形成了笼罩在博帕尔数十万人头顶的致命云雾。

事故发生后，印美双方进行了长达 5 年的反复交涉，最后美国联合碳化物总公司接受了印度最高法院提出的赔偿 4.7 亿美元的要求。

造成这起惨案的主要原因是由于杂质渗入罐内使异氰酸甲酯发生化学变化所致。工厂疏于管理和维护，安全系统失灵，没有电脑报警系统也是致灾的重要原因。另外，不少印度人因受该厂周围交通方便、水源充足的吸引，纷纷来此安家落户。印度政府为保障人身安全，曾数次打算迁移该厂，但终因牵涉的人力、财力太大而作罢，惨案发生后追悔莫及。

2004 年 12 月 3 日，事件的 20 周年，英国广播公司（BBC）播出访问片段，一名声称陶氏化工的代表宣布公司愿意清理灾难现场和赔偿死伤者。播出后陶氏化工的股价在 23 分钟内下跌 4.2%，市值约 20 亿美元。陶氏化工立即发表声明指该名受访者与公司毫无关系。BBC 发出更正并播出道歉声明。该名受访者原来是恶作剧组织 The Yes Man 的成员。该组织于 2002 年曾冒认陶氏化工设立网站解释博帕尔事件经过。

2004 年，BBC 一名监制向假冒的网站发出电邮，邀请接受访问，The Yes Man 的成员欣然答允。该组织表示他们这样做是为了向大众展示企业如何能够为事件作出补偿，以及为事件争取曝光，因为该次灾难已渐被淡忘。

资料来源：(1) 美国电影《拯救世界的好人》(*The Yes Men Fix The World*, 2003 年)；(2) 王文臣. 印度博帕尔毒气泄漏事故. 生命与灾害[M]. 2012 年第 3 期。

问题：

(1) 美国联合碳化物公司作为博帕尔工厂的母公司，应该为它的海外下属企业承担责任吗？回答这个问题运用了什么标准？你的回答对所有跨国公司总体上将意味着什么？在什么情况下这些跨国公司总部应该为它的国外子公司承担责任？

(2) 博帕尔工厂毒气泄漏事故说明，应该建立更加完善的管理体制才能使安全设备不致失灵？管理层应该制定怎样的安全措施才能保证日常的安全设备正常运转？对工程师来说，安全是管理问题，还是技术问题？

(3) 联合碳化物公司在灾难发生后辩解说：他们总部对印度工厂违反总公司安全程序和标准的事情不知情。假设他们是真的不知情，他们就能免于对这场灾难负有的相关责任吗？

(4) 联合碳化物公司安全维护措施方面存在"双重标准"吗？管理标准是应该入乡随俗，还是应该全球一致？联系2011年发生在中国渤海湾中海油原油泄漏事故，收集相关信息，分析跨国公司(以康菲公司为例)在环保问题上的双重标准。

全球苏利文原则(Sullivan Principles)于1977年建立，该规则为南非种族隔离区企业的一部道德守则。主要是呼吁企业应遵从法律及负责任，并将原则长期性地整合到企业内部的经营策略上，包括公司政策、程序、训练及内部报告制度，并承诺达到这些原则，以便促进人与人之间的和谐及谅解，提升文化与维护世界和平。

它主要的9个原则如下：(1)维护全球人权(特别是员工)、小区、团体、商业伙伴；(2)员工均有平等机会，不分肤色、种族、性别、年龄、族群及宗教信仰，不可剥削儿童、生理惩罚、凌虐女性、强迫性劳役及其他形式的虐待事项；(3)尊重员工结社意愿；(4)除了基本需求，更要提升员工的技术及能力，提高他们的社会及经济地位；(5)建立安全、健康的职场，维护人体健康，保护环境，提倡永续发展；(6)提倡公平交易如尊重智能财产权、杜绝贿金；(7)参与政府及小区活动以提升小区的生活质量，如通过教育、文化、经济及社会活动，给予社会不幸人士训练及工作机会；(8)将原则完全融入企业各运营层面；(9)实施透明化，并向外提供信息。

考克斯圆桌(CAUX Round table, CRT)是1986年最先建立的。当时是由日本、欧盟和美国商业领导人共同倡议建立的。主要是为了解决日本作为一个崛起的经济大国和欧美之间的经济摩擦。20世纪80年代日本正在崛起，日本公司在汽车和消费电子品行业节节取胜，举世关注，成为当时世界第二大经济体。1986年，飞利浦公司的老总弗里德瑞克·菲利普(Frederick Philip)邀请日本、欧洲和美洲的同行来面对在这两大行业中日益形成的分裂气氛。有一种强烈的情绪是要把日本公司驱逐出欧洲和美洲，让欧美的企业撤离日本。菲利普先生则寻求通过对话来消除这种情绪。所以有一些商业领导人在瑞士阿尔卑斯山的考克斯小镇会面，达成了关于商业普遍原则的协议。参加第一次圆桌会议的欧美日商界领导人达成共识：恐惧症不是出路，因为由此将诉诸偏见、极端情绪和种族主义，不可能成为全球商业的基础。因此，最后形成后来得到明确表述的圆桌会议之目的，"在缓解日趋紧张的贸易局势时，关心所有参与该委员会的国家之间的建设性经济和社会关系的发展，也关心这些国家对世界上其他国家亟待承担的共同责任"。此后每年开会。其中，日本佳能公司的总裁贺来隆三郎(Ryuzaburo Kaku)也从自身文化传统出发，倡导“共生”观念(英文为 Kyosei，释义作“为了共同的善而一起生活和工作”，是一个源自佛教的观念，贺来隆三郎阐释“共生”的论文见于《哈佛商业评论》有关企业社会责任的专题)，赢得参会者的激赏，并且，“共生”和“人的尊严”一起，作为“考克斯圆桌商业原则”所尊崇的两大道德观念。

1994 年，《考克斯圆桌商业原则》(*Caux Round Table Principles for Business*)正式出版，这文献已经被载入史册，翻译成中文仅仅三千多字(中文可见于该机构官方网站：www.cauxroundtable.org)。“考克斯圆桌(CRT)”也成为国际性非政府机构，旨在宣传其原则及其对于道德资本主义之未来的追求，并推动将这些原则与企业战略和企业的日常活动相结合的实践。2003 年，该机构全球执行主任斯蒂芬·杨(Stephen Young，原本在哈佛法学院担任助理院长)撰写《道德资本主义——协调私利与公益》一书，全面阐述了考克斯圆桌商业原则。斯蒂芬·杨认为，这些原则可以从各个文化传统和宗教得到诠释，并集中、融合了来自多个传统的道德的、伦理的、哲学的和法学的智慧。而且，作者多方论证，尽管充满挑战，贯彻这些原则能够建立起代替野蛮资本主义的道德资本主义。值得注意的是，斯蒂芬·杨曾在泰国读高中，能说泰语，并在越南工作过三年，对东亚传统有切身了解。该书还大量引用中国典籍，不仅有《论语》《孟子》，还有范蠡(也称陶朱公)的思想，《墨子》，以及《商君书》《韩非子》《荀子》等。

1999 年 1 月，联合国秘书长安南在世界经济论坛达沃斯会议上提出联合国全球契约(UN Global Compact，2000)，并率先于 2000 年 7 月在纽约联合国总部正式发起企业社会责任活动，截至 2009 年 12 月已有 134 个国家、超过 7 000 家企业和团体加入其中。联合国全球契约要求参与企业必须自发性履行涉及“人权”“劳工”“环境”和“反腐败”四大领域的十大原则，并作为有责任心的企业公民积极推动企业社会责任活动，进而推动联合国千年发展目标的达成，促进包括全球经济在内的社会可持续发展的实现。

联合国国际盟约十大原则包括：

一、人权

原则 1：企业界应支持并尊重国际公认的人权；

原则 2：确保不从事损害人权的活动。

二、劳工

原则 3：企业界应支持结社自由及切实承认集体谈判权；

原则 4：消除一切形式的强制劳动；

原则 5：确实废除童工；

原则 6：消除就业和职业方面的歧视。

三、环境

原则 7：企业界应支持采用预防性方法应对环境挑战；

原则8：采取主动行动促进在环境方面更负责任的做法；

原则9：鼓励开发和推广环境友好型技术。

四、反腐败

原则10：企业界应努力反对一切形式的腐败，包括敲诈和贿赂。

1997年，社会责任国际组织(Social Accountability International, SAI)研究制定了世界第一个企业社会责任标准——SA8000标准(Social Accountability 8000)，对保障劳工权益提出了九方面最低要求：(1)禁止使用童工；(2)禁止强迫性劳工；(3)保护员工健康与安全；(4)保证组织工会的自由与集体谈判的权利；(5)禁止性别、种族、宗教等歧视；(6)禁止在管理中使用惩戒性措施；(7)工作时间必须依照所在国标准执行，每周最多工作时间不得超过48小时；(8)符合所在国最低工资标准；(9)公司应建立保证劳工标准贯彻执行的相关管理体系。

SA8000标准也有管理体系和持续改进的要求，有一套由第三方认证机构审核的国际标准，但SA8000标准只有一个国际统一认证机构：SAI。

SA8000标准主要取自国际劳工组织公约、世界人权宣言和联合国儿童权利公约，它是随着发源于20世纪末期的西方企业社会责任运动而发展起来的。2001年12月，SAI发布了第一个修订版：《SA8000：2001》。目前，要加入跨国公司的全球产业链，大都要通过SA8000认证或者该企业根据SA8000进行的社会责任审核。

SA8000的问世，是全球经济发展史上的一件大事。它要求企业在赚钱的同时必须承担起对环境和利益相关者(尤其是劳工)的责任，确保产品品质内涵除质量、价格外，还得有道德含量，使衡量企业价值除资本、利润外有了道德指标。它标志着企业从只重视资本、利润、科技的发展，转到了人本主义、以社会责任为己任的发展上来。这无疑是人类社会发展史上的一大进步。

SA8000是代表劳工利益的，是社会良知对资本权利进行的一种制约。SA8000对广大劳工来说是一项福音，将会在很大程度上防范不合理工资、超强度劳动、不安全的劳动环境、雇用童工、体罚等侵犯劳工权益的事情。现在，许多大的跨国公司几乎都在对下游产业链进行劳工权益评估与监督，将劳工标准与海外采购订单挂钩。他们认为不仅要对自己的员工负责，也对全球产业链的员工负责，这种理念已经超越了法律范围，成为一种道德的要求，并且这种道德的要求已经升华为一种隐形的市场力量，一种赚钱的游戏法则。

2004年，欧美国家把企业社会责任与国际贸易挂钩、在5月强行对中国出口企业推行国际企业社会责任标准(SA8000)认证的消息，在中国外贸行业引发了一次强烈地震。虽然该年国际企业社会责任标准(SA8000)认证最终没能在中国推行，但企业社会责任却在中国引起广泛的争议。争议的焦点是：把国际贸易与以保障劳工权益为核心的企业社会责任挂钩，是新的国际贸易壁垒还是市场经济的人本主义？

作为全球最具权威的标准化组织，国际标准化组织（International Standard Organization，ISO）也感受到了社会责任运动的巨大影响。从2001年开始着手进行社会责任国际标准的可行性研究和论证。2002年专门成立了社会责任顾问组，就ISO制定社会责任国际标准进行系统的可行性研究。2004年4月，社会责任顾问组完成了可行性研究，并向ISO技术管理局（TMB）提交了一份长达90页的《社会责任工作报告》，同时向全球发布来征求意见。该工作报告是迄今为止对国际社会责任运动的一次最全面的调查和总结。

2004年6月，最终决定制定适用包括政府在内的所有社会组织的“社会责任”国际标准化组织指南标准，由54个国家和24个国际组织参与制定，编号为ISO 26000，是在ISO 9000和ISO 14000之后制定的最新标准体系。这是ISO的新领域，为此ISO成立了社会责任工作组（WGSR）负责标准的起草工作。2010年11月1日，国际标准化组织在瑞士日内瓦国际会议中心举办了社会责任指南标准（ISO 26000）的发布仪式，该标准正式出台。

课后练习

1. 判断对错

(1) 因为文化差异是客观的现实，所以应该根据伦理相对主义处理国际伦理问题。

(2) 每一个国家独有自己的国情，因此，不存在“普世价值”。

2. 思考题

(1) 洛克希德公司（Lockhead Corporation）是美国最大的飞机制造公司和军火供应商之一，该公司主要是依靠行贿打开国外市场的。1976年2月5日，美国媒体披露洛克希德公司曾为全日航空公司购买洛克希德公司“三星”飞机一架，对日本政府高级官员巨额行贿。1976年7月27日，东京地方检察厅以“受托受贿5亿日元，违反外汇管理法”为由逮捕田中角荣。洛克希德总裁卡尔·科奇恩（A. Carl Kotchian）解释道：①做成该生意的唯一途径是行贿；②当时在美国这种行为不违法；③花小钱赚大钱。打点费只占销售额（4.3亿美元）的3%；④对股东、员工和社会均有益；⑤不是公司主动给的，是日本谈判代表要求的；⑥必须“遵守日本的运营系统”。请评价卡尔·科奇恩所列举的这些理由。

(2) 1977年，由于洛克希德（Lockhead Corporation）丑闻，美国《反海外腐败法》被签署。它规定，美国公司为了获得或保持生意接受外国政府款项或向外国政府提供款项都是非法的。现在，有些美国人认为应该撤销这个法案，因为这个法案对美国公司不利，无法与没有《反海外腐败法》国家的公司竞争。事实上，像葛兰素史克等一大批公司已经因为商业贿赂被开巨额罚单。美国制定《反海外腐败法》的理由究竟是什么？

（3）随着中国国际化企业越来越多，中国政府需要制定《反海外腐败法》吗？为什么？

（4）把危险技术转移到发展中国家，部分原因是劳动力成本便宜，另一个原因是工人愿意冒更大的风险。如果①告诉工人这种风险；②支付更高的风险工资；③采取措施降低风险，尽管没有达到发达国家的水平，那么，这种技术转移就符合伦理吗？

第12章 伦理问题的分析方法

能同时拥有两种截然相反的观念还能正常做事儿的人，才是有第一流智慧的人。

——《了不起的盖茨比》作者菲茨杰拉德

关键术语

义务论，结果论，无过错责任、过错责任、绝对责任、严格责任、疏忽责任、鲁莽责任、故意责任，科尔伯格道德发展阶段，道德论证

推荐电影：《罪与罚》(美、波、俄 2002 年)

俄国十九世纪著名作家陀思妥耶夫斯基(Fyodor Dostoyevsky)的《罪与罚》讲述了青年拉斯柯尔尼科夫的故事。为了证明自己的超凡脱俗、与众不同，他相信自己可以凌驾于法律之上，于是杀害了两个女人。

以下这段文字总结了他的主要观点：

> 所有人都能被分为“普通”和“非凡”两大类。普通人必须毕恭毕敬地生活，无权僭越法律。为什么？这不明摆着吗，就因为他们是普通人。而非凡的人就有权犯罪，可以凌驾于法律之上，因为他们不是普通人。

他杀人之后并向一位朋友坦白了自己的罪行：

> 我就是想要杀人，不需要任何理由和辩解，就想为自己去杀人，只为我自己！我不想对别人撒谎，也不想对自己撒谎。我杀人不是为了帮我母亲——这也太扯了——我杀人也不是为了钱、不是为了权。这些都太扯了！我就是杀人了，为我自己，就是为我自己……索妮娅，我可不是为了钱。实际上我并不想要多少钱，我想要别的东西……我现在才知道……懂我吗！也许我从此不应该再去犯罪了，我当时想要的是别的东西，所以我才会动手的。我当时就是想知道

> 自己是个跟别人一样的可怜虫还是个男子汉，到底能不能迈过这道坎，到底敢不敢弯腰拿起那把斧头，想知道我到底是一个战战兢兢的可怜虫，还是有这个权利……
>
> “什么权利？杀人的权利吗？”索妮娅握紧了自己的手。

问题：拉斯柯尔尼科夫说“杀人的权利”是什么意思？所有人都能被分为“普通”与“非凡”两大类吗？是否应该用同样的标准衡量所有的人？有些人是否比自己所处的社会还要大？是否有人拥有违法的权利？

拉斯柯尔尼科夫有权违反法律吗？我们应该最相信自己的良知吗？如果你有权制定法律，那么你是否有权违法？权利来自何处？我们的权利是否由法律进行规定？到底是什么赋予法律对我们进行规范管理的权利？

如果没有了法律，那么还会有对与错吗？我们发现了道德还是发明了道德？如果是我们发现了道德，那我们是怎么发现的？通过我们的感官吗？通过我们的良知吗？还是通过我们的本能发现的？如果是我们发明了道德，那么它的功能是什么？法律是钳制我们不道德本性的必要工具吗？我们的本性是不道德的吗？

课前测试：经双方同意的吃人

2001年，在德国罗滕堡的一个村庄，发生了一桩奇遇。伯因德-于根·布兰迪斯(Bernd Jurgen Brandes)是一名43岁的软件工程师，他回应了一则网络上的广告，该广告寻找一些愿意被杀且被吃掉的人，由一名42岁的电脑技术人员阿敏·迈维斯(Armin Meiwes)刊登。迈维斯没有提供任何经济补偿，而只有这种体验本身。大约有200人回复了这则广告，其中四人赶到迈维斯的农舍参加面试，可后来他们表示对此不感兴趣。然而，当布兰迪斯遇到迈维斯，并在喝咖啡时考虑后者的提议时，他同意了。后来，迈维斯杀死了布兰迪斯，将其尸体肢解并装进塑料袋保存在冰箱里。直到他被捕时，这个“罗滕堡的食人者”已经吃掉了受害者的40磅肉，其中一部分肉是他用橄榄油和大蒜烹饪过后食用的。

德国没有禁止吃人的法律。辩护律师坚持认为，犯罪嫌疑人不能被判谋杀罪，因为这个受害人是自愿参与自己的死亡体验的。迈维斯的律师认为其当事人只是“被要求杀人”而有罪，这是一种辅助性自杀，最多只能判五年的有期徒刑。法庭将迈维斯判为过失杀人并判决他八年半的有期徒刑，试图以此来解决这一难题。可是两年之后，上诉法院推翻了这一过于宽大的判决，并将迈维斯判为终身监禁。这一卑劣的故事以一种怪异的结局而收场。据报道，这名食人杀人犯在监狱中变成一名素食主义者，因为他认为工厂

化农业经营太不人道了。(来源：迈克尔·桑德尔的《公正：该如何做是好》)

问题：迈维斯是否应该被判谋杀罪?

第一节　伦理原则

一大堆伦理的理论对我们的道德决策不一定有很好的帮助。我们首先需要做的事是简化。所有的伦理理论都在回答两个问题：一是以“结果”为标准，还是以“原则”为标准？二是“个人”利益重要还是“群体”利益重要？这两个问题把伦理理论分成四类(图 12-1)。

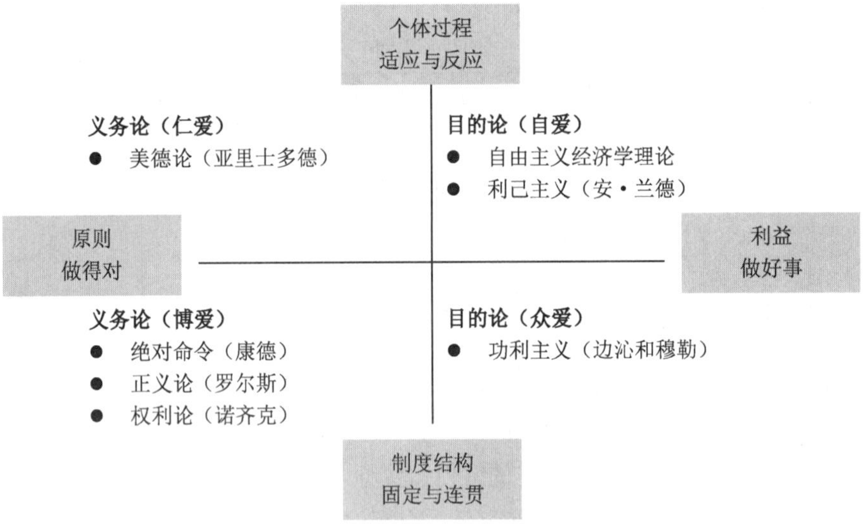

图 12-1　伦理理论的分类

第一，以结果作为道德标准的理论叫作目的论(the Teleology of Moral)。基本含义是：行为善恶好坏的性质和程度最终取决于该行为所产生的实际结果，该行为结果必须是实质性的。首先是相对于行为主体自身而言，其次才是相对于其他相关群体或个体。通俗地讲就是“对谁有益，就是对谁讲道德”。换言之，道德目的论重视道德行为的基本价值意义首先在于：它是否实现了该道德行为主体的道德目的？在何种程度上实现或达成了该主体的道德目的？目的的达成即是道德的善，达成程度愈高，其道德善性就愈圆满、充分，道德价值就愈高；反之，没有达成其道德目的的行为则是道德的恶。按照目的论，好心办坏事，就是不道德的，因为道德行为主体没有实现好心的“目的”。道德目的不仅与主体的行为动机相关(但不相等)，而且更重要的是与该行为所产生的最终结果相关，行为的结果才是根本性的，因此道德目的论比较重视行为的结果，而不看重行为的动机，有着明显的结果论或效果论倾向。

第二，以原则作为道德最终标准的理论叫义务论（deontological ethics），又叫非后果性原则。这一原则被认为决定特定决策是否是道德的，与该决策的结果无关。一种行为的道德对措施根据行动的内在本质而非结果来评断。这些准则为道德的决策提供了指导。与准则功利主义不同，这些准则基于原因，而不是基于结果的。张三去街上杀人，结果阴差阳错杀了一个逃跑的死刑犯。这件事从结果论看是好的，但从原则论看又是不好的。这个道理不是“因为你无法保证下次被杀的还是死刑犯”（这个理由还是结果论），而是因为“不能杀人”（准则）。

按照通常的解释，所谓义务论是指这样一种道德推理思路：人们行为或活动的道德性质和意义，最基本的不在于其所达成的目的（或者其所体现的内在价值），而首先在于它所具有的伦理正当性。而所谓行为的伦理正当性，必定是伦理的而非单个道德主体自身行动目的或价值的实现程度。正当（right）意味着他者的评价，所以一行为的伦理正当性，根本在于它“与某种形式的道德原则相符”。道德的原则必定是社会公共的，任何个人甚至群体都不能、也不可能任意地宣称自己所信奉或遵循的道德信条具有社会普遍道德原则的合法有效性。而“与……原则相符”，意指行为的合规范性，正是某一行为与道德原则的“相符”，才产生了该行为在伦理上的道义合法性和正当性。在这里，所谓“相符”即等于“合义”，也就是合乎普遍道德原则的道义规范。

第三，“个人”利益重要的是个人主义伦理观。利己主义适用的条件是不影响其他利益相关者，即自私不损人，本身是一种善，是一种针对个人的善。美德论也是个体行为的道德标准，其限制条件是不损己，毫不利己、专门利人只能适用于个体，而不能普遍化。“爱”可以作为一种口号，但不能是伦理准则。从个人在杀害情人或情敌时以“爱得太深”为理由，到集体在迫害异族或异己时以“爱国”为理由，无数此类事例充斥着中外古今的人类生活和历史，就是美德论与利己主义既相同又不同的地方。从这个角度看，仁、义、忠、孝等传统道德既道德又不道德，关键在于它注重或伤害了谁的利益。

第四，认为“群体”利益重要的是普遍主义伦理观。这里的“群体”是一种可普遍化的个人利益的总体，而不是个人利益的代理人。中国共产党是人民利益的代表，但是不等于某个党员干部是人民利益的代表。群体利益应该是哲学角度按照“普遍化”的方法形成的标准。

分析上述的分类，我们如何回答前文提出的两个问题：是以“结果”为标准，还是以“原则”为标准？是“个人”利益重要还是“群体”利益重要？

应用伦理学不仅仅需要对错评价的理论，最好还能够对行为进行道德等级的量化。

道德的等级可以有若干个，但是最少应该有两个：善与恶、利己主义和利他主义。利己主义是一种不同于道德的正当性，而道德则是善（出于责任的关照）。利他主义是道德内涵，所以利他主义适用于个体（或某个组织）的道德评价。利他主义的理论可以发明一种行为等级的衡量标准。韦伯将人的理性分为工具理性和价值理性。

道德评价可能有三种等级：第一种是不相信道德的好处，也不守道德；第二种是相信道德的好处并遵守道德；第三种是即使没有好处也守道德。有三首歌曲，分别代表不同的道德水平：

网络歌曲《老鼠爱大米》：我爱你，就像老鼠爱大米。

新疆民歌《送我一支玫瑰花》：你送我一支玫瑰花，我要诚恳地谢谢你。哪怕你自己看起来像个傻子，我还是能够看上你。你要骄傲地轻视我，我要看看你的本领。我要嫁上一个比你还强的，就会刺痛你的心。

流行歌曲《有一种爱叫放手》：为爱放弃天长地久。

老鼠爱大米的爱是基于人权，人权是一种不同于道德的正当性。小孩子使用的最多的词就是“我”。如果不能满足他的愿望，他就给你两个字：不行！所以小孩的道德标准就是利己主义。所以伦理学从哪个阶段开始？就从小孩开始，从“我”这个字开始。《老鼠爱大米》这种爱情一点也不崇高，因为奉行的是利己主义。利己主义当然很不讨人喜欢，就如同青春期的男孩。青春期标志人的情感发展到了顶峰，理性还未完全成熟。当一个逐渐走向社会的孩子学会设身处地思考问题后，慢慢学会了如何与别人合作。对于一个社会心理健全的人，自己有很多的需要，别人同样也有这些需要。能够满足自己需要和他人需要的一个重要前提条件是有一个良好的社会制度，所以“我们”这个词就成为一个重要的道德标准。每个个体的行为不能伤害到“我们”。

新疆民歌《送我一支玫瑰花》代表的是一种功利主义，一种等价交换的行为。表达的是什么意思呢？它要表达的意思就是“人不犯我，我不犯人，人若犯我，礼让三分，人再犯我，斩草除根！”你好我就好，你坏我比你还要坏。好人和坏人都是人与人之间互动的结果。按照康德的观点，这些行为无论结果如何都与道德无关。

《有一种爱叫放手》，表达的是出于责任感而行动。因为我爱你，所以我尊重你的选择。当一个比我更好的人爱你的时候，我就悄悄地走，正如我悄悄地来。我挥一挥衣袖，不带走一片云彩。你看这是多么崇高的爱情。“柏拉图式的爱情”讲的就是这种崇高的爱情。

从等级上价值观大致分三类：物质的、情感的和理性的。分别与人身上有三种重要的器官相对应：大脑、心脏和肾脏，分别负责理性、情感和欲望。由于在身体中的位置不同，他们的地位也是分高下的。用脑思考的人是爱智者；用心思考的人是爱胜者；用肾思考的人，他就是一个爱利者。这是柏拉图在《国家》篇中对人进行的划分。他认为爱智者可以做管理者（国家的管理），爱胜者可以做武士（军人），爱利者就是广大的平民。爱利者在欲望中得到快乐，爱胜者在受人尊敬中得到快乐，而爱智者在智慧中得到快乐，这是最高的快乐。人生的第三个阶段，就是老年阶段。孔子说，四十而不惑，五十而知天命，六十耳顺,七十从心所欲不逾矩。耳顺是什么意思?是指个人的修行成熟,没有不顺耳之事是听得进逆耳之言、詈骂之声,无所违碍于心。

卡罗尔将社会责任分成经济责任、法律责任、伦理责任和慈善责任是一种道德量化方法。符号矩阵即逻辑方阵自古以来被哲学家用作逻辑分析工具。20世纪经格雷马斯(Greimas,1987年)再创造,成为分析叙事结构的工具。所有符号矩阵分析有一个关键主题开始,然后必须发端于这个主题的三种关系进行布局。例如讨论伦理学,符号矩阵就从善这个概念开始。

第一类是对立关系,如善的对立面是恶。第二类是矛盾。第三类是互补或否定。这样就构成四个层次:善,仁慈,冷漠,恶(图12-2)。

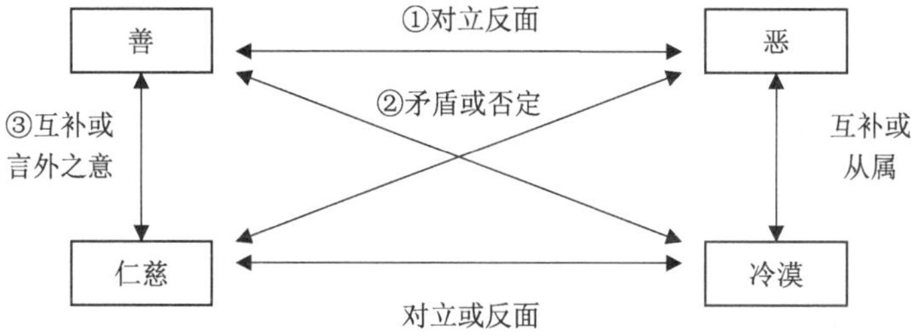

图12-2 符号矩阵分析:善的概念

善:采取积极行动行善治恶;

仁慈:支持行善,但不采取积极行动;

冷漠:漠视伤害;

恶:采取伤害行动,不采取制止伤害的行动。[①]

表12-1是一个更为详细的划分[②]。0级完全自私自利,10级道德指数最高,是企业领导人将自己视同慈善家来思考问题。

表12-1　　道德指数划分

级数划分	据此判断动机的问题	主要动机	举例	行动计划
10	我的子孙会不会赞同这个决定	关心下一代	乔治·索罗斯、比尔·盖茨	创立慈善机构
9	想办法增加对社会长期正面影响项目	投资的财务和社会回报的均衡	回应社区关注健康的需求	利益相关者管理
8	想办法增加对社会正面影响项目	财务回报、社会回报有因果关系	回应社区关注健康的需求	搞好关系

① 柯林斯·菲舍尔,艾伦·洛维尔.经济伦理与价值观:个人、公司和国际透视[M].北京:北京大学出版社,2009:31-32页.

② 多娜·肯尼迪-格兰斯.企业诚信管理工具盒案例[M].北京:中国时代经济出版社.2007年9月,第18-19页.

（续表）

级数划分	据此判断动机的问题	主要动机	举例	行动计划
7	如何在做计划时就考虑避免伤害	考虑避免对他人的伤害	首先考虑环境和社会影响	在成本效益的前提下善举
6	遵守法律和公司的政策规定	合规和前瞻性风险管理结合	前瞻性决策后投资	使用各种方法评估管理风险
5	怎样遵守字面上的法律和公司的字面规定	遵守规定	遵守当地法规，双重标准	请律师来设立、解释规则
4	该作法会不会影响公司公共形象或私人形象	声誉保护	采用不同方法减少可见投资	公关活动
3	怎样尽量不遵守法规有没有问题	有空子就钻	对耐克公司亚洲公司的诉讼	挑战法律
2	怎样做坏事不被抓住	个人安全、保护	对埃尔夫阿奎坦公司的诉讼	将坏事外包出去，减少书面痕迹
1	我会被关进监狱吗	个人安全、保护	安然事件	法庭辩论，把问题转移给别人
0	怎样才能掩盖问题	个人安全、保护	理查德·尼克松水门事件	高价聘用律师搅浑水

另外，责任这个核心概念也可以划分出连续的等级，如图 12-3 所示。

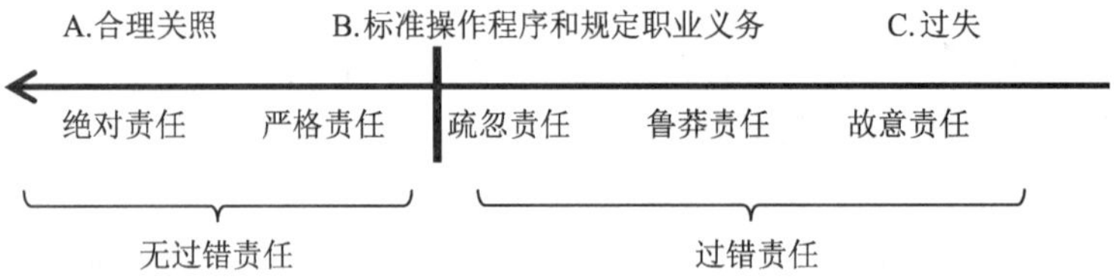

图 12-3　责任等级

责任就是职业人员以一种不损害自身被赋予的信任的方式使用专业知识和技能的义务（义务责任，积极的责任）。如果职业人员在使用专业知识和技能时出现错误，辜负了公众的信任，就需要承担不利后果（过失责任，消极的责任）。

如果生产厂商没有过失，是否需要为产品对消费者的伤害负责任？

【案例 12-1】　温特博姆诉赖特（Winterbottom v. Wright）

1842 年，英国的一名马车夫温特博姆，由于驿站马车车轮塌陷致使其受伤，于是他起诉驿站马车制造者赖特并索赔。被告以原告非合同当事人为由抗辩。法院应该如何判决呢？

法院认为：被告保证车辆良好是其向另一签约人——驿站站长承担的合同责任，而无需对合同之外的人——原告承担责任。该案肯定了产品责任案件最早的“无合同无责任”原则。此案前后的很长的一个阶段，产品责任案件基本遵循着“合同责任”原则，即原告和被告之间依据合同承担违约责任，如无合同则不承担责任。

【案例 12-2】　托马斯诉温彻斯特(Thomas v. Winchster)

1852 年，在美国，原告托马斯从批发商处购买了一瓶贴错标签的药，该药实际有毒性，其妻服用后中毒，于是他起诉药品生产商。原告与被告之间没有合同关系，被告是否应被判有责任？

法院认为：尽管原告与被告之间没有合同关系，但可以预见，误贴标签的毒药可能会致人死亡，由于所出售商品对生命健康具有危险性，故该制药商应对最终消费者负赔偿责任。该案首次采用“具有危险性”对合同责任加以严格限制，确立了如果产品具有危险性，无论原告与被告之间是否存在合同，受害的原告均应获得赔偿。该判例首创“疏忽原则”，但该原则之后长期并未被重视和引用。

【案例 12-3】　麦克弗森诉别克汽车(Macpherson v. Buick Motor Company)

1916 年，麦克弗森(Macpherson)从别克汽车公司(Buick)零售商处购买了一辆别克汽车，由于该汽车一车轮在制造上有缺陷，致使汽车在行进中突然翻倒致其受到伤害。于是，麦克弗森起诉别克汽车公司应该承担责任并赔偿。别克汽车公司认为，他们不应该承担责任，因为这个轮胎不是他们生产的，而且麦克弗森与别克汽车公司之间没有任何合同关系。

问题：别克汽车公司是否有责任？为什么？

法院判决原告胜诉，该案首次将侵权法中的疏忽责任理论引入产品责任案件中，正式确立了“疏忽责任原则”。

【案例 12-4】　格林曼诉尤巴电器(Greeman v. Yuba Power Products Ins)

1963 年，美国人格林曼之妻在零售商处购买一款多功能电动工具，当他按照说明书要求使用时，一块木块从电动工具中飞出并击中其头部使其受伤。格林曼之妻起诉制造商，但并未能证明被告存在疏忽。被告实际上也不存在疏忽。

问题：被告是否应该承担责任？

法院在判决指出，只要制造商将产品投放市场，又明知使用者不经检验就使用，只要该产品的缺陷对人造成伤害，则制造商就应对损害承担严格责任。该案突破了疏忽责任理论，确立了不需证明疏忽而只要产品存在缺陷，对消费者具有不合理危险，并使人们的人身或者财产遭受损失，就应当承担赔偿责任。此即产品责任法上著名的“格林曼规则”。

严格责任指的是并非由于厂商的过错，也应该为产品对消费者的伤害负责任。严格责任原则原来是在合同法中，不论违约方主观上有无过错，只要其不履行合同债务给对方当事人造成了伤害，就应当承担合同责任。严格责任原则意味着在违约发生以后，非违约方只需证明违约方的行为已经构成违约，而不必证明违约方主观上出于故意或过失。商业行为中的严格责任指的是并非由于厂商的过错，也应该为产品对消费者的伤害负责任。现代意义上的刑法严格责任产生于英美法系刑法理论中，它作为一种刑法制度为英美法系所独有，大陆法系刑法理论一般不承认严格责任。

所谓绝对责任，是指债务人对其债务应绝对地负责，而不管其是否有过错或是否由于外来原因。绝对责任条款要求制造商对生产和销售时科学上暂时还不知道存在某种危险造成的伤害负责。此款对医药、化学品公司提出更高要求。对于转基因产品、人工智能等不确定性较大的风险技术研究者应该规定他们的绝对责任。

即使是同样一个正确行为，其道德价值是不一样的。康德早就区分了“绝对命令”和“假言命令”道德分野。美国教育心理学家劳伦斯·科尔伯格（Lawrence Kohlberg，1927—1987 年）揭示了偷盗问题的道德复杂性。他把一个正确行为的道德价值分为六种。他讲了很多杜撰的故事，以下是其中之一：

> 在欧洲，有一名妇女因患一种罕见的癌症已经濒临死亡。医生认为还有一种药可以救她，即该镇一名药剂师最近发明的一种镭。药剂师以 10 倍于成本的价格 2 000 元出售该药。病妇的丈夫海因兹向每一位熟人借钱，但总共才凑得药价一半左右的钱。他告诉药剂师：妻子危在旦夕，请他售药便宜一些，或允许迟些日子付款。但药剂师说：“不成！我发明此药就是为了赚钱。”海因兹走投无路竟撬开商店的门，为妻子偷来了药。

科尔伯格被誉为皮亚杰之外对道德发展研究贡献最大的人。他用道德两难故事法研究人的道德发展，“海因兹偷药”最为有名。针对海因兹偷药的行为，科尔伯格向被试者提出了一系列问题，如海因兹该不该偷药，为什么？假如海因兹不爱他的妻子，他是否应该去偷药？为什么？等等，借以分析被试者在回答问题时是如何进行推理的。

研究发现，A 年龄组（0～7 岁）认为不应该偷药，因为偷东西会被警察抓起来，要坐牢。这就是道德发展的第一阶段，本能的利己主义者，原则是避免惩罚。B 年龄组（7～9 岁）认为，如果妻子对他好，他就应该偷，如果妻子对他不好，就没必要自寻烦恼，冒险偷药。这就是道德发展的第二阶段：世俗的利己主义，原则是寻求奖励。C 年龄组（10～19 岁），他们认为做贼会使自己名誉扫地，所以不应该偷；或者认为做丈夫应该负起责任，所以应该偷。这就是道德发展的第三阶段：好孩子定向。原则是获得精神上的满足，追求他人认可。虽然行为正当，力图做个好人和被亲戚朋友接受，但不是为了实现道德理想。

D 年龄组(20 岁),到了第四阶段才会在大脑中容忍两种互相矛盾的信念,并根据情况作出选择。比如说:“采取非常措施救妻子的命合情合理,但偷别人的东西犯法。”“偷东西不对,但必须尽到丈夫的义务。”这一阶段叫作“法律秩序定向”。到了第五阶段是社会契约阶段,意识到拯救生命可能比避免偷盗更有价值,认识到法律不再是死板的、一成不变的条文,可以通过共同协商和民主的程序来改变。第六阶段(最后阶段)是普遍伦理原则阶段,认为除了法律以外,还有诸如生命的价值、全人类的正义、个人的尊严等更高的道德原则。

科尔伯格对 10 多个不同国家的被试者进行研究,发现尽管种族、文化和社会规范等各方面都不相同,但人的道德判断随年龄发展而发展的趋势却是一致的,6 个阶段分三个水平:前惯例层(自我向导)、惯例层(他人向导)和后惯例层(普遍的人类向导)。这个研究结论告诉我们:对某些年龄段的人提出不恰当的道德要求是不现实的。我们不能要求婴儿不尿床,因为他做不到。我们也不能要求 10 岁以下的小朋友不自私,因为他也做不到。我们不可以违背心理规律对儿童做道德说教。孔融让梨是道德教育失败的典型案例,因为这种事情缺乏科学基础和逻辑论证。《后汉书·孔融传》引《融家传》曰:“年四岁时,每与诸兄共食梨,融辄引小者。大人问其故,答曰:我小儿,法当取小者。由是宗族奇之。”融四岁能让梨,按照科尔伯格的道德发展理论,这不是孔融有问题就是他父亲有毛病。孔融有 5 个哥哥 1 个弟弟,如果“法当取小者”,也不是他拿小的,他弟弟应该拿小的。实际上的行为标准并不是“法当取小者”而是“让”。让是非常具有中国特色的道德标准。让就是谦让,谦让就是鼓励一种表面的客套,本质上的伪善。而伪善形成的双重人格会加大心理压力。

科尔伯格根据自己的大量研究,得出结论:0~9 岁,属前习俗水平;10~20 岁,多数人属习俗水平;20 岁以后,一部分人向后习俗水平发展,但达到的人数很少。科尔伯格认为,这种发展的顺序是由低级阶段依次向高级阶段发展的,这种顺序既不会超越,更不会逆转。个体在某个发展阶段,主要使用某个阶段的推理,而同时使用其他几个阶段的推理。学生的道德判断可以通过道德推理的训练得以发展,道德两难问题是道德推理训练的有效方法。一个人的智慧发展与其道德认识发展是密切相关的,却不是同步的,所以他主张,必须使学生认知上的成熟达到能在原则上进行推理的水平。

孔子在划分人生阶段时,其着眼点不在于事业的发展阶段,而是指出人进行德行、心性修炼时各阶段的感受。上海人说:十岁白相,二十漂亮,三十亮相,四十吃香,五十识相,六十返想,七十白想,八十不想,九十装箱。卡耐基也说过:变化的二十岁,充实的三十岁,成熟的四十岁,暮秋的五十岁。可见,人到了 40~50 岁,道德感基本完善了。丑陋而富有的丹麦羊毛商人之子克尔凯郭尔,学识广博、谈吐幽默,是哥本哈根社交场上的主角,他深得异性的仰慕,整天过着花天酒地的生活。在一次彻夜狂欢之后,克尔凯郭尔突然厌恶起自己的生活。后来他根据自己对人生的感悟总结出了人生所经历的三个阶段:审美阶段、伦理阶段、宗教阶段。审美阶段是人的生活为感觉、冲动、情感所支配。伦理阶段为理性支配，如苏格拉底。宗教阶段为信仰所支配，中国哲学家冯友兰(1895—1990年)认为人生境界有四种：自然境界，人作为自然人而生活，层次最低；功利境界，以追求功名利禄为主要，层次较低；道德境界，人作为道德人而生活，层次较高；天地境界，人与天地合而为一，“上下与天地同流”，层次最高。所以，能力越大，责任越大。

道德规范要基于人性，实际上就是在某种程度上为心理学利己主义作辩护。人虽然不是绝对利己的，但是在某些年龄段、对某些能力不足的人来说，他的行为是难以避免利己主义的。我们认为，婴儿和儿童的利己是合理的，因为他们不利己就不可能成长。但是一个理性的成年人，如果他还是像儿童那样自私，那他可能是“思想”发育不足。科学不能回答道德问题，因为是不能推导出“应该做到的事情”。但是，我们又可以说，科学能够回答道德问题，因为科学为道德行为的标准界定了上限与下限。如果从道德上一个人应该做到的事情，那么这件事情就应该是他的能力(包括认识能力)范围之内所能做到的事情。道德不可能去要求一个人做他根本不可能做到的事情。人的一生经历儿童阶段、成人阶段和老年阶段。只有到了成人阶段，理性才开始成熟。儿童的自私被当作“天真”，因此，社会不应该对儿童有道德要求。父母不应该要求他四岁的孩子不尿床，因为孩子做不到。比方说，道德不可能要求我捐给“希望小学”一百万元人民币，因为我没有这么多钱，这超出了我的能力范围。又比方说，一位医生放弃城市优越的生活，自愿到农村去为缺医少药的当地人服务，但她无意中将某种疾病带给了她所去的村庄，使许多人都感染了这种疾病。然而我们并不能谴责她的行为，我们依然认为她的行为是道德的，因为要求她避免她行为不好的结果超出了她的认识能力。换句话说，按照“‘应该’蕴涵‘能够’的原则”，一个人不可能做到的事情，道德上也不应该要求他做到。这似乎符合我们的道德直觉。

但我们不能无限制地运用这一原则，因为这有可能影响到我们大部分的日常道德判断。因为我们大部分的日常的具有道德意义的行为都受制于行动者自身和外部环境的制约，而这些自身和外部的条件并非都是可以为行动者所控制的。比如，有人认为许多犯罪分子重复犯罪(如强奸)是由于其生理状况或某种基因决定的，这些生理状况或基因不是他们所能控制的，但我们显然不能因此而认为道德上这些犯罪分子对他们的行为就可以不负责任。只有真正的精神疾病才能减轻罪责。

第二节 道德论证

中国传统的伦理学缺乏理性的、逻辑性的论证。例如“君君臣臣父父子子”“三从四德”等。《二十四孝图》基本上等于道德说教。“郭巨埋儿”这种民间故事中讲述的基本上是传说，挖到金子这种事情也不是小概率事件，而是神话。郭巨活埋儿子的“孝心”居然感动了上苍，上苍赏赐了他们一家一坛金子。况且，如果一个行为目的是某种好处，那么这种行为的道德价值会大打折扣。其次，伦理抉择的关键是利益的平衡，即处理利益关系。在现实生活中可以用活埋儿子的方法尽孝吗？简直是无稽之谈！

美国版“孔融让梨”

凯丽上的中文班学到了“孔融让梨”这一课……

为了看看学生们理解得如何，老师挨个问，如果换成了她们，会不会让梨？这天共有五个女孩来上课，都是八九岁的年龄。女孩A是独生女，老师知道她常和邻居小孩一起玩，就问她如果邻居小朋友来了，妈妈拿出一盘梨，她会不会把大梨让给邻居的小朋友吃。A摇头说我不会，我要吃大的。

老师很吃惊地问，为什么呢？A回答：“他家那两个小孩每次吃东西都会剩，如果把大梨给她们吃肯定要浪费，浪费东西不是好习惯。”老师觉得这个孩子虽然不让梨，但是她的说法也蛮有道理，所以对A的说法没有加以评判，接着问下一个孩子。

女孩B家里有个年龄比她大很多的哥哥，父母四十得女，对B极其宠爱。老师和蔼地问道：“你在家里吃梨，会不会把大的让给哥哥吃？”B连连摇头。为什么呢？“因为我妈妈和哥哥总是要把大梨给我吃，我让给哥哥，他也不会吃，我吃了他们才高兴，为了让他们高兴，我要吃大梨。”老师看着她不知说什么才好，这孩子的出发点好像也站得住脚。

又接着问女孩C，C也有个大她两岁的哥哥，两个人时常打打闹闹。问C是否会把大梨让给哥哥，她斩钉截铁地回答：“不！”且义愤填膺地说：“哥哥他很坏，对我一点都不好，我才不要把大梨让给他！”老师听了长叹一口气。

第四个问到凯丽，老师满怀希望地问凯丽：“凯丽，如果你和弟弟一起吃梨，会不会把大梨让给弟弟吃？”凯丽毫不犹豫地回答：“我不让，我比弟弟大，我当然要吃大的。大的吃大的，小的吃小的，这才公平。”

最后一个孩子，她有个大她两岁的哥哥。老师问：“你是否会把大梨让给哥哥？”这个女孩轻轻地点了点头。老师眼睛骤然一亮，这一课没白上啊！终于有孩子领会了课文的重大意义，领会了中华文化的精髓。于是探身向前，热切地问道：“那你为什么要把大梨让给哥哥呢？”那女孩子回答：“我不爱吃梨，我哥爱吃。管它大的小的，他都拿去吃，我不在乎。”

（摘自美国《世界日报》/蔡真妮）

儒家的道德思想一旦变成政治的工具，就一定会丧失理性的内核而变成一种赤裸裸的说教。所谓说教就是“你”要如何如何，而不是“我们”要如何如何。一个家长自己在打麻将，然后叫孩子不要玩电子游戏，就是典型的说教。说教不仅会造成制度上的专制，也可能会造成思想上的专制。然而，哲学的最大敌人就是思想上的专制。尼采说："这个世界偶像太多，现实太少。"维特根斯坦认为，哲学所能做的就是摧毁偶像，这意味着不产生新的偶像，即"偶像的缺失"。因此，伦理学的一个最大任务就是学习道德的论证。

论证有多种含义，依学科的不同而不同。如在法律中，论证就是法庭上的证明。一个人有足够的理由证明自己的主张，或为自己辩护。在伦理学的语境中，就是道德论证：通过提出足够的理由建立自己的观点。仅仅罗列一些理由是不够的，因为这些理由可能不支持结论。不是所有理由都是好理由，不是所有好理由对论证来说都是充分的。因此，我们必须把理由对于道德判断的相关性与充分性区分开，也必须把尝试性论证和成功论证区分开来。

【案例 12-5】　　育龄妇女政策

美国一家化工公司制定一项政策，禁止育龄妇女在工作环境中存在有毒化学物质的危险场所工作。

美国最高法院最后推翻了这项政策，理由是这些政策带有歧视性。危险化学品是解雇工人的理由，作为针对妇女的禁令不充分。

一般有三种论证模式：

- 自上而下论证模式：理论与应用。
- 自下而上论证：案例与归纳。
- 整合模式：一致性和普遍性。

自上而下论证模式是一种逻辑性推理，由伦理理论推导出伦理判断。它的结构是普遍性原则和规则，加上相关情况的事实，然后得出正确或合理的判断。

(1a) 陈述 x 的每个行为是义务性的。

(2a) 行为 y 属于陈述 x。

(3a) 因此，行为 y 是义务。

例如，追求病人总体最佳利益的每个行为对病人的医生而言都是义务性的，抢救行为 y 属于追求病人的总体最佳利益，因此，抢救行为 y 对病人的医生而言是义务性的。

案例：护士拒绝协助堕胎

一名护士拒绝协助堕胎手术，她认定通过有意或无意杀死无辜生命是错误的。她引用《圣经》里的话为自己辩护说："儿女是耶和华所赐的产物；所怀的胎，是他所给的赏赐。”夺取生命与赐予生命乃是神的事，而非人的权利，因为“无人有权掌管生命”。

这名护士的论证方式是：

(1b) 杀害无辜生命是错的。

(2b) 堕胎属于杀害无辜生命。

(3b) 因此，堕胎是错的。

这个论证正确的条件是(1b)和(2b)这两个前提必须都是正确的，(3b)才是正确的。目前从医学角度看，胚胎是不是生命是有争议的。根据专家的共识，至少若干周以后的胚胎才能叫生命。因此，(2b)堕胎属于杀害无辜生命这个前提不成立，因此，结论不正确。

让我们看看这个论证：你必须告诉王强的父亲他患有癌症并不久于人世，因为医院的医生守则规定尊重病人自由自主，医生必须讲真话。于是，医生将病情如实告诉王强的父亲，王强的父亲可能为了节省医疗费用跳楼自杀。这个医生的推理有一个前提是错的。“医生必须讲真话”和“医生在所有的情况下都应该讲真话”是不同的。如果说真话会造成不良后果，说真话是否不道德？人们为什么会认为说谎不对？说话的目的就是为了交换实话吗？

从知情同意的角度看，知情同意不仅仅是讲真话，也不是告知医疗风险(回避医院责任)，而是保护病人的权利。因为病人把生命交给了医生，病人完全信任医生的职业行为，就必须获得医疗程序上的保护。同意的要素必须包括行为能力、自愿、告知、建议、理解、决定和授权，而不是简单的签字或口头告知。

(1) 基本要素(前提条件)：(理解和决定)行为能力、(决定)自愿。

(2) 信息要素：(实质性信息)告知、建议(一个方案)、理解(理解告知和建议)。

(3) 行动要素：决定(同意一个方案)和授权(所选的方案)。

因此，经过充分论证后，医生就不会简单根据“医生必须讲真话”的规则告诉病人他得了癌症且不久于人世，而是要充分考虑病人理解此类信息的行为能力，因为这是知情同意的基本的前提条件。这个论证的指导原则来自病人权利保护的原则，医疗行为必须是病人授权后的一种干预行动。

自下而上的论证是一种归纳推理的方法。归纳主义者认为，某些类型的案例和特定的判断，为接受独立于普遍规范的道德结论提供了正当理由。归纳主义者把规则和原则看作知识序列中的衍生物而非初始的东西。也就是说，原则的意义、功能和价值源于以往的道德实践和对特殊情况的反思。例如，医生曾经认为撤去用于病人治疗的各种医疗设备是不可允许的谋杀行为。但是在处理许多恼人的案例之后，医生以及社会逐步开始将许多这样的行为看作可以允许的任其死亡的形式，甚至是道德要求的承认拒绝治疗的行为。随着时间的推移，所有的道德规范产生了，并得到完善。以前的大多数工程伦理章程都“禁止”工程师利益冲突的行为，但是后来都改成了“公开”利益冲突。道德规范从来都不过是一个行动指南中临时的安全港湾。社会的道德观念通过内置的道德传统和一套常常允许甚至鼓励新见解和新判断的程序来寻找其根据。所以说，道德是公认的规范，而伦理学则是对规范的批判和反思。

从统计学角度看，归纳的方法必须有一定的样本才能得出可靠的结论，那么自下而上的方法作为一种“特殊主义”是如何获得普遍有效性的呢？

首先，案例能作为一种判例，它本身就有一种普遍性，否则就不可能成为判断。归纳主义者将现有的社会共识、富有洞见的案例以及类似的案例分析作为最初的出发点，对具体的案例进行分析、决定，再把它总结成规范。昆兰诉讼案，塔斯基吉（Tuskegee）梅毒实验，NSPE 案例评审都是一种类似海洋法系中的判例法，从表面上看是一个特殊案例，实际上是具有普遍性和典型性的。自上而下的方法往往会造成相互冲突的伦理困境。而归纳法通过关注案例的共同看法（寻求共识）而不是原则来避免两难冲突的僵局和“原则暴政”。在实践中，通过伦理委员讨论在特殊情况下什么是利益攸关的共同理解。

其次，自下而上论证模式非常适合否定性的论证，这是案例研究的优势。其基本模式如下：

(1) 根据 x 原则行为 a 是不对的。

(2) 根据 x 原则 b 也是。

(3) x 原则可能是一种不充分、不完备的伦理原则。

例如：不得撤去医疗设备增加了病人的痛苦，反对堕胎侵害的未婚妈妈的权利，因此，不杀人不能作为普遍原则。

对于应用伦理学而言，上（原理、理论）和下（案例、个人判断）两种都是不够的，想要从理论到实践、再从实践到理论的整合，才能获得一致性普遍性的结论。这一模式通常被称为“反思平衡”或“一致性理论”。约翰·罗尔斯（John Rawls）使用反思平衡一词，把论证看作反思性地检验我们的道德信仰、道德原则、理论假设以及其他相关道德信仰，目的是使它们尽可能地保持一致。伦理学方法始于“深思熟虑的判断”，即我们最坚信不疑的、只有最低程度偏见的道德信念。偏见可能来自经济利益、宗教偏执和政治压迫。一旦出现与“深思熟虑的判断”相冲突的情形，我们就应该修改道德理论，以求获得新的平衡。无论何时，只要我们所持有的道德理论的某些方面与一个或多个深思熟虑的判断发生冲突，我们就必须修改道德理论或深思熟虑的判断，以求获得平衡。

罗尔斯认为，作为我们暂时的固定的深思熟虑过的判断“也容易被修改”。反思平衡的目标是匹配、修剪和调整深思熟虑的判断，与我们最普遍的道德义务这一前提保持一致。我们从关于道德对错的范式判断开始，建构一个与这些范式判断一致的更普遍、更具体的观点，使它们尽可能地保持一致。然后，我们检验这个合成的行为规范，看它们是否产生不一致的结果。如果不一致，我们就要重新调整或者放弃它们，然后重新开始这一过程。从反思平衡永恒的目的来看，对判断的修剪和调整将持续不断地进行，而且不能假设存在一个完全稳定的平衡。

例如，把病人利益放在首位的规则，在生物医学伦理学中，把病人利益放在首位的规则对所有可能的案例来说都不是绝对的，但它是一个可以接受的深思熟虑判断的初始前提，而且仅此而已。在工程伦理中，“工程师把公众利益放在首位”也不是绝对的，因为伦理就是要平衡利益相关者的权利。

整合模式类似于贝叶斯定理，你别看贝叶斯定理仅仅是一个数学公式，其实它蕴含的思想极其高深、复杂。在互联网时代，尤其是在智能算法上，贝叶斯定理的用处非常大。比如说反垃圾邮件就是由贝叶斯定理给算出来的。根据贝叶斯定理，一个事件的概率是由两个因素决定的，第一个因素是先验概率(相当于理论)，另一个是条件概率(相当于案例)。即根据理论来定位，根据实践来调整。我们的观点应该随着新近出现的事实而发生改变。这看起来很简单，但是很多人做不到。很多人认知陷在两个大坑里面。第一个坑就是他会把自己身边观察到的事实，也就是世界的一个局部一个特征，当作整个世界来认知。比如说有些人信中医，甭管你怎么跟他争论，他最后就会说，我不管你那一套，反正我小时候我家那个亲戚得了绝症后来是靠中医治好的，所以我就信中医。你看这不就把特例当作普遍规律吗？但是坑不止这一个，还有一个。他会认为只要写在书上，或科学家从实验室里总结出来的成果并发表在顶级杂志上，就一定是对的。你怎么知道这就一定是对的？你不觉得这是教条主义吗？所以贝叶斯定理告诉我们一个更加通权达变的思维方式，那就是我们的观点，应该随着新近出现的事实而发生改变。比如说，起先我对拜佛走好运这件事的相信程度是百分之五十。如果我身边有人拜佛，第二天涨工资了，那就把它调整一下，调到百分之五十一。当有更多信息传来的时候，再往上调一下。这种思维方式有两个特征：第一，有原则，绝不听风就是雨。听说隔壁老王拜佛，第二天他居然涨工资了，倾家荡产也要去拜佛，这叫听风就是雨。第二，听劝，不执着，随着新事实的出现，我愿意调整自己的认知。一个人如果既听劝，又稳重，这就是古人讲的贤达人士(通权，经权)。

与整合模式类似的另一种理论是公共道德理论。公共道德为合适的深思熟虑的判断提供了内容。它的主要特点是：(1)以共同价值为初始内容，不诉诸理性；(2)不先于理论的尝试性判断不一致的理论值得怀疑；(3)多元。

弗兰克纳(William Fankena)理论认为“行善”和“公正”是最主要的两个道德原则(休谟)。前者类似功利主义的观点，后者的公正就是知道我们分配善和恶，不对最大化和权衡好的结果作出判断。这两个普遍原则是对伦理学诸多原则的概括，抓住了道德问题的实质。

罗斯(W. D. Rose)将如下前提作为起点：慎思者的道德信念是“伦理学的材料，正如直觉概念是自然科学的材料一样。正如自然科学中的此直觉概念会作为幻想不得不被抛弃，伦理学中的一些道德信念也是如此”。罗斯认为，“普通”人的道德信念是起点而不是终点；行为有正确错误之分，而动机和品格有好坏之分。这种区分可以说：一个正确的行为可以源自一个坏的动机，而一个好的动机可能导致一个错误的行为。罗斯论证了表达初始义务的几个基本的、不可还原的道德原则。例如，承诺产生忠诚的义务，错误行为和欠债产生补偿的义务，接受他人慷慨的服务或礼物产生感恩的义务。除了忠诚、补偿和感恩，罗斯还列出了自我完善公正、行善和不伤害等义务。这个义务清单不是以一个包罗万象的原则为基础。

在阐述其方法论时，罗斯指出原则是“通过直觉归纳而得到的、蕴含在已通过具体行为传递的判断中”。他还指出：我们了解原则，就像普通人了解道德义务的主要内容一样。在此，我们拥有的是知识，而不是意见。然而，当两个或多个义务发生冲突，且有必要对各种判断进行权衡时，罗斯认为，我们必须仔细研究具体情况，直到我们形成一个“深思熟虑的意见(仅此而已)”，即认为在这种情况下，一个义务比另一个义务更重要。

第三节　伦理问题决策过程

为了评价任何提议的行动路线，根据伦理决策标准的矩阵，我们有必要提出一个基本的决策模型：个人利益的正当性、群体利益的正当性、原则的正当性。因此需要做三类提问：

第一，影响其他人吗？如果不影响其他人的利益，那么该行动对我有益就是最高道德标准。如果一个人能完成一项对他自己有益的或有利的行为，那便是他实施这一行动的正当的理由。利己主义在这种情况下是我们的决策标准。

如果某一行动对其他人有影响，那就有几种决策标准。一是功利主义的，该行动对社会有益还是有害？是不是符合最大多数人的最大利益？二是权利论的。行动与他人的权利相冲突，就需要从正当的角度来衡量：谁的权利更正当。另外这一行动对他人的影响究竟有多大？自己承担的是什么责任？这就是公平正义的原则。我们每个人都相信，同等的人应该受到平等待遇。从人人平等这个意义上讲，所有人都享有权利。权利意味着他们有权享受某种待遇。平等正义原则意味着我们有权受到平等对待。

除对一个行动是否具有危害，正义和权利含义除提出一系列问题外，还要提出一个涉及关系范畴的问题：“我有没有承诺？”这个问题询问的是，是否就以某种方式实施行动向某种现存关系作过含蓄或明确的承诺。假如有过承诺，那么应该信守那些承诺。因此，对于“我答应过做这事吗?”这一问题如果答案“是”，那么，做这件事就有了又一个正当理由。有些达成一致意见的承诺已经超出明确的应允和合同所作的承诺结果。如果我们稍加考虑，就会意识到，无论未来是否发生不测，任何持久关系都依赖含蓄的承诺，依赖对担保行为的期待。顾客期望从保险广告的许诺中受益，而不期望因合同的限制性附属细则的难懂条文而上当受骗。人们不能忍受每天都过一种动荡不安的生活。他们必须形成和依赖长期承诺。作为一名教授，我保证必须在某一阶段某一时刻走进课堂并坚持完成某一数量的课时等。我的承诺贯穿始终，不论我的情绪如何，我都将因此受制于一种行动路线。人是要作出承诺的，这是我们有别于动物王国其他成员的地方。否则，我们的社会结构就无法运行。因此，做某事的一个非常正当的理由就是你已经答应或承诺。但这里需要提醒大家一个关于伦理问题的实例:“如果邻居把枪拿回去是为了杀人，我是否应该把从他那儿借来的枪还给他? 毕竟，他要求我归还时我已经向他作了承诺。”很明显，在这个例子中，为了信守诺言而归还这支枪，将会造成伤害，这个代价将比违背那个诺言的责任更沉重。

在某些情况下，人们应用了两种或更多的道德规则或责任，并且显然其中蕴含着不同的和不一致的道德判断。但是，如果更加仔细地对其进行考察可能就会发现，一种价值明显地要优于其他价值。从道德的角度出发，我们就有了所谓的容易的选择。假定你去参加一个宴会，你事先约好6点钟见一个朋友，眼看你就要迟到了。这时，你看到一个人挥手在寻求帮助，你意识到发生了一场车祸。如果你停车去帮助他，那么你将不能准时赴约。在这种情况下，即使你已答应你的朋友6点钟见面，但你很可能会停车。可见，给予帮助的需求比准时赴约的需求具有更高的优先权。

一个雇主需要设计一个产品，该产品要使用过时的工艺，尽管价格不贵而且合法，但却会对人的生命造成重大威胁。公司就应当直接拒绝这样的要求，即使它们能够可观地增加公司的利润。服从法律和保护人类生命的义务要高于任何最大限度地追求利益的责任，这如此明显，以至于所有的管理者能够毫不困难地确定如何做才是正当的。在这种情况下，有时候做正确的事是困难的，而知道什么是正确的却并不困难。也许我们根本不会把这样的事情当作什么严肃的道德冲突来提及，因为所涉及的义务有着全然不同的重要性。然而，在现实生活中，价值之间难分伯仲，不存在这样一种价值等级，以至于它能够告诉我们应该如何作出选择。例如，人的生命价值通常高于其他价值，但这却常常不是我们所面对的选择。我们所做的通常是在不断增加的对人的生命的风险和其他对立价值之间进行的权衡，而且我们一直在这样维系这种平衡。如果汽车制造商能够把他们的汽车卖到每辆10万美元，那么他们就能够使其产品安全得多，但是，果真如此，也就没有多少人能够买得起汽车了。

有时我们被迫作出艰难的选择，这就是说，我们无法以我们认为满意的方式去尊重真实的和重要的价值。但在作出这样的结论之前，我们还是能够在相互冲突的价值之间寻找一种创造性的中间方式，在其中所有相互冲突的需求都至少得到部分的满足。在许多情况下，所有的价值构成一个合理的要求，以至于对冲突的理想解决方案就是寻找某种尊重每一种价值的方式。图 12-4 表明了一般处理冲突的程序。

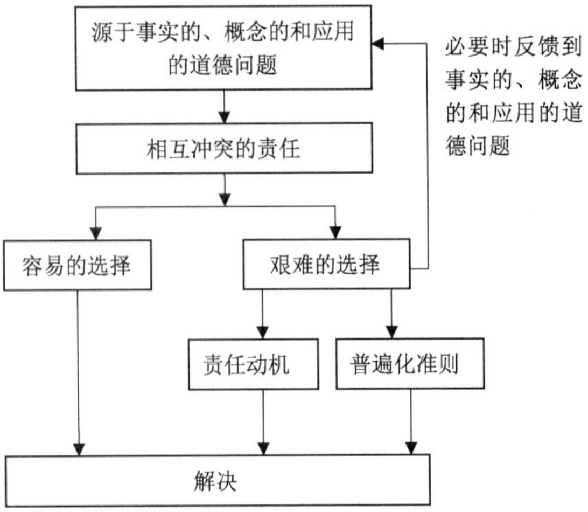

图 12-4　伦理思考的模型

普遍化准则其实就是探求最高准则的一种方法。不影响他人，利己主义当然就是最高准则。如果影响到他人，功利主义可能是最高准则。如果功利主义决策侵犯了人权，那就需要更高的决策准则。为了公共利益强制对人权的侵犯，与为了逼迫恐怖分子说出核弹的地点和爆炸时间而对人权的侵犯显然是不同的。那么我们凭什么默许对恐怖分子严刑逼供呢？它一定是基于某种普遍性：就是所有人几乎都认为，在某种情况下可以这样做，而不是这样做在此时此地对我有好处。这是结果论的标准。假如有一种被允许的刑讯逼供，那么他的合理性一定是源于原则，而不是结果。

当然，人是有差异的。这一点决定虽然伦理有普遍化的原则，但是实际伦理决策还是见仁见智。所以，应该尊重个人选择，但是每个人在进行选择的时候，应该很清楚自己选择的后果，并准备为自己的后果负责。

虽然说，“仁者见仁，智者见智”，但是对工程伦理问题我们还是希望找到一个适应所有人的通用模型。这个模型能够帮助决策者正确评估情势，并合理应用伦理理论标准。以下是伦理决策七步曲：

一、指出伦理问题。
二、确认事实。
三、分析受影响的利益相关者。
四、提出解决问题的方案。
五、评估是否符合伦理，而且可行。
六、选择方案，说服他人。
七、付诸行动，并确认解决问题。

相对而言，这个模式具有简单扼要的优点，首先，它直接切入关键重点：指出伦理问题。

第一，指出伦理问题就像是“对症下药”一样，一定要先知道症状、致因之后，才好下药、治疗。相反地，诊断错误或盲目下药，我们就不知道是怎么回事了。谚语说：“发现问题是解决问题的一半。”如果你知道问题是什么，那你已经解决了一半。知道问题为何，指出伦理问题，是第一要务。比如说，高速公路节假日免费政策，伦理问题是什么？伦理问题可能是公共政策的公平性问题。

第二，“事实为何”。有时候，在事实呈现之后，原来以为的问题可能变成不是问题。因此，确认事实有助于问题的认识，更有助于原因的确认。很多时候所谓的问题，可能只是症状，找出致因、根由，才能彻底治本，而不只是治标。高速公路节假日免费政策伦理问题事实有：路桥公司损失营收，高速公路更拥挤，无车族的意见，七座以上轿车和大货车不享受免费等。

第三，分析受影响的利益相关者。对谁有利？对谁有害？例如，节假日高速公路通行免费政策，路桥公司花钱（经济损失），车主受益。无车者不受益。七座以上和大货车假日不享受免费。

第四，提出解决问题的方案。节假日高速公路通行免费政策实施给路桥公司经济损失的补偿：财政补贴，延长收费时间等。

第五，评估是否符合伦理，而且可行。财政补贴对纳税人不公，对无车族不公。延长收费时间，羊毛出在羊身上，合理。延长收费时间又对节假日不享受免费的大货车不公平。

第六，选择方案，说服他人。可以取消政策吗？

第七，付诸行动，并确认解决问题。政府当初实施高速公路节假日免费政策可能是希望促进消费。要评估促进消费的程度到底有多大？如果成效不大，取消高速公路节假日免费政策，一了百了。

【案例 12-6】　　狐狸河整治

狐狸河，位于美国威斯康星州的东部和中部，从南向北流动，长度为 200 英里（约 322 千米），沿河两岸，有一连串的城市。曾有一时，狐狸河污染严重，脏臭不堪。但是，经过当地居民一番努力，总算获得第一阶段的胜利成果。

以下套用“伦理抉择七部曲”，分析其整治过程与最后成效，以验证此抉择方法的实用性。

一、指出伦理问题：位于美国威斯康星州的狐狸河，河岸充满纸类废物，河水变色，除了蠕虫，河里的生物遭污染消失殆尽。总之，狐狸河河川被污染，生态被破坏。

二、事实为何：狐狸河的河川照片，令人惊心动魄，臭名昭彰，公众大受刺激。而其污染物包含染料、下水道污物。其主要污染源为造纸厂、废水处理厂等排污所致。

三、受影响的人或团体：沿岸居民、造纸厂、废水处理厂。

四、提出解决诸方案：通过立法制定“净水法案”。

五、评估是否符合伦理并可行：合伦理，可行。

六、敲定合适的方案，并说服他人：说服立法人员，制定“净水法案”。

七、付诸行动，并确认问题解决：1972 年，立法通过“净水法案”，禁排废物、制定水质标准；结果，有付诸行动，但没有解决问题。

再启动七部曲

一、指出新伦理问题：“净水法案”未能改善河川生态。

二、事实为何：下水道排放量过于庞大，河川无法消受，夏季特别严重。

三、受影响的人或团体：沿岸居民、造纸厂、废水处理厂。

四、提出解决诸方案：测定河川可以承受污物的能力，按配额分配给各厂。

五、评估是否符合伦理且可行：合伦理，可行。

六、敲定合适的方案，并说服他人：说服造纸厂、市废水处理厂，配合推动“配额制”。

七、付诸行动，并确认问题解决：结果令人鼓舞，利用水再循环技术，耗氧污物减少至 1/25，瓦楞纸产量增加，渔民可以恢复捕鱼，游艇再现，狐狸河变成河川整治的取经之地。

历史上，狐狸河沿岸，高密度的造纸厂和其他工业一直是河川被污染的污染源。

远至 1923 年，有关此污染的公开辩论便已开始；但是，改善的行动却做得很少。一直到 1972 年，“净水法案”的通过；自此开始，有许多的努力，用以清理狐狸河。

根据一些污染测试，例如，水中溶氧与耐污染虫数，狐狸河比起 1972 年以前，是干净了许多。然而，根据其他污染测试，例如，硫、雌激素化合物，废弃药品则比起 1972 年以前稍微增加。因此，有关河流污染的辩论在环保人士、造纸工业、印第安部落和民选公职人员之间持续。

狐狸河河床某些部分仍然有毒性化学物质污染问题。这些污染沉积物是这条河目前的环境问题的根源。其中，特别受到注意的是一组化合物：多氯联苯(PCBs)。这些大量的沉积污染来源于当地的废纸再生厂。可这些工厂却是当地历史、文化、经济的一部分，如何进一步清除污染的议题一直很棘手。

课后练习

思考题

(1) 转基因研究产品如果有风险，研究者应该负什么责任？是故意、鲁莽、疏忽、严格和绝对责任中的哪些责任？

（2）为什么伏尔泰说“只有一种道德正如只有一种几何学”？

（3）塞万提斯说：“在上帝的所有品质中，尽管他们都是平等的，但是仁慈要比正义更光彩夺目。”为什么仁慈要比正义更光彩夺目？

（4）某孕妇强烈要求顺产，不接受剖宫产。医生从专业角度判断认为顺产可能会危害孕妇生命。是否应该坚持医生的专业判断？

（5）工程伦理章程规定“工程师应将公众利益放在首位”，拒绝拆迁损害了公共利益，因此强拆是符合工程伦理的。这个论证充分吗？

（6）论证下列言论的对错：

①“得到这份工作，要求具备三年的工作经验，我必须得到这份工作，因此，我在简历上写上三年工作经验。”

②“我的父母离异，我的妈妈把我作为其收入退税的证明人。我爸爸收入很高，他在资助我，但国家在计算对我大学的资助时仅考虑我妈妈的工资收入，因此，国家全额资助我的学费、住宿费和膳食费。我拿了其他学生需要的钱，这可能不公平，但这就是法律。”

③“你的男友/女友在欺骗你。我没有告诉你，原因是那样做可能使你感到难过。”

④“不经我允许，我的室友就穿走了我的夹克衫。因此，我要拿他的照相机用用。”

⑤“我的姐姐替我写了网上课堂的论文，但这并没有伤害其他人。”

⑥“许多人都提前下班，为什么我不可以？”

⑦“当我要下班时，我从饭店拿一些披萨送给那些在大街上玩的孩子们。这么做我没有获得什么私利，这么做就没有什么不妥。”

⑧“我没有得到应得的工资，因此，我有理由用一些工作时间处理自己的邮件。”

⑨“在我看来，接受供应商给我的昂贵礼物没有什么不妥，这并不影响我如何就他们所关注的事情的公正判断。”

（7）爱默生（Ralph Waldo Emerson）曾经这样写道：“我不惧读任何法律条规，但惧怕我自己的本性。”他的话是什么意思？你认同他的观点吗？

附录 A 美国工程师协会伦理章程

美国职业工程师协会(NSPE)伦理章程
美国土木工程师协会(ASCE)伦理章程
美国机械工程师协会(ASME 国际)
美国化学工程师协会(AIChE)伦理章程
电气和电子工程师协会(IEEE)伦理章程
产业工程师协会(IIE)伦理章程

来源：查尔斯·E.哈里斯，迈克尔·S.普里查德，迈克尔·J.雷宾斯.工程伦理：概念与案例[M].北京：北京理工大学出版社，2006-4。

http://www.nspe.org/resources/ethics/code-ethics

http://www.asce.org/code_of_ethics/

http://www.asme.org/asmeorg/Events/Contests/DesignCotest/11267.pdf

http://www.aiche.org/about/code-ethics

http://www.ieee.org/about/corporate/governance/p7-8.html

http://www.iienet2.org/details.aspx? id=299

美国全国职业工程师协会(NSPE)伦理章程

序言

工程是一个重要的和学术性的职业。作为本职业的从业人员,工程师被赋予了展现高标准的诚实和正直的期望。工程对所有人的生活质量有直接的和重大的影响。因此,工程师提供的服务需要诚实、公平、公正和平等,必须致力于保护公众的健康、安全和福祉。工程师必须按职业行为标准履行其职责,这就要求他们遵守高标准的伦理行为的原则。

Ⅰ. 基本准则

在履行其职责的过程中,工程师应该:

1. 将公众的安全、健康和福祉置于首位。

2. 仅在他们有能力胜任的领域内从事工作。

3. 仅以客观的和诚实的方式发表公开声明。

4. 作为忠诚的代理人和受托人为雇主和客户从事职业事务。

5. 避免发生欺骗性的行为。

6. 体面地、负责地、有道德地以及合法地从事职业行为,以提高职业的荣誉、声誉和效用。

Ⅱ. 实践规则

1. 工程师应将公众安全、健康和福祉置于首位。

a. 在危及生命和财产情况下,如果工程师的判断遭到了否定,那么他们应向雇主或客户以及其他任何相关的机构通报情况。

b. 工程师应仅批准那些符合适用标准的工程文件。

c. 除了法律或本章程授权或要求的以外,在没有得到客户或雇主事先同意的情况下,工程师不应泄露所获得的实情、数据或信息。

d. 工程师不应与任何他们认为在从事欺骗性或不诚实事务的个人或公司合作,也不应允许在这样的合作中使用他们的姓名。

e. 工程师不应协助或唆使任何个人或公司从事非法的工程项目。

f. 当知道任何宣称的违反本章程的情况时,工程师应立即向相关的职业机构报告,相应地,也要向公共机构报告,并协助有关机构弄清这些信息或提供所需的协助。

2. 工程师应仅在他们有能力胜任的领域内从事职业服务。

a. 在特定技术领域内，仅当工程师的教育经历或经验背景使其具备了相应的资质时，才应承担分派的任务。

b. 在自己缺乏资质的领域，或不在自己指导和管理之下编制的计划书或文件，工程师不应签字或盖章。

c. 工程师可接受任务指派和承担整个项目的协调责任，并签署和批准整个项目的工程文件，前提是该项目的每一个技术部分均由具备资质的工程师编制和签字。

3. 工程师应以客观的和诚实方式发表公开声明。

a. 工程师在专业报告、陈述或证词中应保持客观和诚实。在专业报告、陈述和证词中，应该包含所有相关的和恰当的信息。

b. 只有当其观点建立在对事实充分认识的基础之上，并且该问题在其专业知识范围之内时，工程师才可以公开地表达他的专业技术观点。

c. 在由有关利益方发起或付费的事项中，工程师不应发表技术方面的声明、批评或论证，除非在发表自己的意见前，他们明确地表明自己所代表的相关当事人的身份，并且揭示在其中可能存在的利益关系。

4. 工程师应做雇主或客户的忠实代理人或受托人。

a. 工程师应公开所有可能或可能会影响他们判断或所提供服务质量的已知的或潜在的利益冲突。

b. 工程师不应在同一项目服务中接受任何超过一方的报酬，或者重复接受有关同一项目服务的报酬，除非已向所有相关各方完全公开，并征得他们同意。

c. 对于由自己负责的工作，工程师不应向承担者直接地或间接地索求、接受金钱或其他有价之物。

d. 在其作为成员、顾问以及政府或准政府机构或部门雇员的公共服务中，工程师不应参与由他们自己或其组织在个人或公共工程事务中提供的与服务有关的决策。

e. 如果工程师所在组织的成员在政府机构中担任负责人或官员，那么工程师不应索求或接受来自于该政府机构的合同。

5. 工程师应避免发生欺骗性的行为。

a. 工程师不应伪造他们的职业资格，也不应允许对自己、同事的职业资格作出错误的表述。他们不应伪造或夸大他们以前对某项事务负责的情况。

在用于自荐就业的小册子或其他介绍材料中，不应虚假地叙述有关事实，如关于雇主、雇员、同事、合作方的情况或过去的业绩。

b. 工程师不应直接地或间接地提供、给予、索取或收受任何影响公共机构授予合同的捐赠，或者被公众理解成具有影响授予合同意图的捐赠。他们不应为了确保获得或保住工作而提供任何礼品或其他报酬。他们不应为了确保获得或保住工作而提供佣金、折扣或回扣，除非对真诚的(bonafide)雇员或在他们提议下建立起来的贸易或营销代理商。

Ⅲ. 职业责任

1. 当处理与各方的关系时，工程师应以诚实的和正直的最高标准作为指导原则。

a. 工程师应承认他们的错误，而不应歪曲或篡改事实。

b. 当他们认为某一项目不会成功时，工程师应向其客户或雇主提出建议。

c. 工程师不应接受那些可能会损害他们的日常工作或利益的外在的雇佣。在接受任何外在的工程雇佣之前，他们应告知他们的雇主。

d. 工程师不应该企图通过虚假或误导的理由来吸引属于另一位雇主的工程师。

e. 工程师不应以损害职业荣誉和正直为代价来谋求他们自己的利益。

2. 工程师应始终努力地服务于公众利益。

a. 工程师应寻求机会参加社区事务，为年轻人提供就业指导，并为提高他们社区的安全、健康和福祉而工作。

b. 对不符合工程应用标准的计划书和/或说明书，工程师不应加以完善、签字或盖章。如果客户或雇主坚持这类非职业性的行为，那么他们应通知相关的机构，并中止为该项目提供进一步的服务。

c. 工程师应努力扩展公共知识，并正确评价工程及其成果。

3. 工程师应避免所有欺骗公众的行为。

a. 工程师应避免使用包含歪曲事实或断章取义的陈述。

b. 在符合以上条款的情况下，工程师可刊登招聘雇员的广告。

c. 在符合以上条款的情况下，工程师可为非专业或技术出版物提供论文，但这类论文不应包含把他人的工作置于自己名下的内容。

4. 未经现在的或先前的客户、雇主或他们服务过的公共部门的同意，工程师不应泄露任何涉及他们的商业事务或技术工艺的秘密信息。

a. 在没有得到所有相关利益方同意的情况下受雇于他人的工程师不应提出晋职的要求或工作安排，或者将其工作的安排作为一种资本，或者参与某项与其获得特殊的和专门化的知识相关的项目。

b. 在没有得到所有相关利益方同意的情况下，工程师不应当参与或代表与竞争对手的利益相关的特殊的项目或活动，在此项目或活动中，涉及从以前的客户或雇主那里获得的专门化的知识。

5. 工程师在履行其职业责任的过程中不应受到利益冲突的影响。

a. 在指定材料或设备的过程中，工程师不应该接受来自材料商或设备商的经济或其他报酬，包括丰厚的工程设计。

b. 无论是直接地还是间接地，工程师不应该受来自承包商或其他涉及客户或雇主的当事人的佣金或津贴。

6. 工程师不应试图通过虚假批评其他工程师，或通过其他不恰当或可疑的方法，获得雇用、提升或职业合作的机会。

a. 在其判断可能受到影响的情况下，工程师不应要求、提出或接受佣金。

b. 只有在符合雇主的政策和道德要求的情况下，工程师才能在自己领取薪水的本职工作外接受兼职的工程任务。

c. 未经同意，工程师不应利用雇主的设备、原材料、实验室或办公设备从事公司外的私人业务。

7. 工程师不应恶意地或欺诈性地，直接或间接地损害其他工程师的职业声誉、前途、实践或职业。当确信他人有不符合道德或不合法的行为时，工程师应该向有关机构提供这类信息。

a. 个体从业的工程师不应核查同一客户下的另一工程师的工作，除非他具备后者所具有的知识，或者后者与工作的联系已经终止。

b. 政府、产业或教育机构中的工程师，依据他们的职责要求，有资格检查和评估其他工程师的工作。

c. 就样品与其他供应商提供的样品，在营销或产业结构中的工程师有权对它们进行工程上的比较。

8. 工程师应为他们的职业行为承担个人责任，然而，除了整体疏忽外，工程师可依据他们所提供的服务寻求补偿，否则工程师的利益将得不到保护。

a. 在工程实践中，工程师应遵守州工程注册方面的法律。

b. 工程师不应利用非工程师、公司或合作者来为自己的不符合伦理的行为作“掩护”。

9. 工程师应根据对工程工作的贡献将荣誉给予那些应得者，且要承认他人的所有权权益。

a. 无论何时，工程师应给予有关人员以相应的名誉，他们可能是单独地负责设计、发明、写作或作出其他贡献的人。

b. 当使用由客户提供的设计方案时，工程师要承认客户对设计的所有权，未经同意，不得为他人复制这些设计方案。

c. 在开始接手其他人的工作之前，对于他人在相关项目中可能做出的改进、规划、设计、发明或其他也许有正当理由获得版权或专利的成果，工程师应首先就其所有权达成明确的协议。

d. 对属于雇主的工作，工程师所做的设计、数据、记录和笔记均为雇主所有。如果雇主在最初的用途之外使用它们，那么就应该向工程师提供补偿。

e. 通过参与专业实践、参加继续教育课程、阅读技术文献、参加专业会议和研讨会等方式，工程师应在他们的职业生涯中不断取得职业发展，保持自己在本专业领域内的前沿状态。

——2003 年 1 月修订

美国土木工程师协会(ASCE)：伦理章程

基本原则

通过以下原则，工程师应保持和促进工程职业的正直、荣誉和尊严：

1. 运用他们的知识和技能改善人类福祉和环境；
2. 诚实、公平和忠实地为公众、雇主和客户服务；
3. 努力增强工程职业的竞争力和荣誉；
4. 遵守职业和技术协会的纪律。

基本准则

1. 工程师应当把公众的安全、健康和福祉置于首位，并且在履行他们职业责任的过程中努力遵守可持续发展的原则。

2. 工程师应当仅在其能胜任的领域内从事职业工作。

3. 工程师应当仅以客观、诚实的态度发表公开声明。

4. 在职业事务中，工程师应当作为可靠的代理人或受托人为每一位雇主或客户服务，并避免利益冲突。

5. 工程师应当将他们的职业声誉建立在自己的职业服务的价值之上，不应与他人进行不公平的竞争。

6. 工程师的行为应当维护和增强工程职业的荣誉、正直和尊严。

7. 工程师应当在其职业生涯中不断进取，并为在他们指导之下的工程师提供职业发展的机会。

基于伦理基本准则的实践指南

准则 1

工程师应当把公众安全、健康和福祉置于首位，并在履行他们职业职责的过程中努力遵守可持续发展的原则。

a. 工程师应认识到一般公众的生命、安全、健康和福祉取决于融入了他们的工程判断、决策和实践的建筑物、机器、产品、程序和设备。

b. 工程师应只批准或签署那些经过他们核查或编制的设计文件，并确定它们对公众健康和福祉是安全的，符合公认的工程标准。

c. 工程师一旦通过职业判断发现情况危及公众的安全、健康和福祉，或者不符合可持续发展的原则，就应告知他们的客户或雇主可能出现的后果。

d. 工程师一旦有根据和理由认为,另一个人或公司违反了准则 1 的内容,就应以书面的形式向有关机构报告这样的信息,并应配合这些机构,提供更多的信息或根据需要提供协助。

e. 工程师应当寻求各种机会积极地服务于城市事务,努力提高社区的安全、健康和福祉,并通过可持续发展的实践保护环境。

f. 工程师应当坚持可持续发展的原则,保护环境,从而提高公众的生活质量。

准则 2

工程师应仅在他们能胜任的领域内从事职业工作。

a. 仅当通过教育或经验积累而具备了相关的工程技术领域的资质后,工程师才可承担并完成分配的工程任务。

b. 当完成某项任务所必需的教育或经验背景的要求超出了工程师能胜任的范围时,对于这样的任务分派,如果工程师的工作被限定在他们的资质能胜任的项目实施阶段上,那么他们可以接受这样的任务。该项目的其他阶段应由有资质的同事、顾问或雇员来实施。

c. 根据教育经历和经验背景,工程师对于自己缺乏能力的领域内的任何工程计划书或文件,或对未经审阅,或不在自己监督下编制的任何计划书和文件,都不应签字或盖章。

准则 3

工程师应当仅以客观、诚实的态度发表公开声明。

a. 工程师应努力传播工程和可持续发展的知识,不应参与散播有关工程的虚假的、不公平的或夸张的声明。

b. 工程师应在其职业报告、声明或证词中保持客观和诚实。他们应在这类报告、声明或证词中包含所有相关的和恰当的信息。

c. 当工程师作为专家证人时,他们所表达的意见应该立足于足够的事实、技术能力背景和诚实信念的基础上。

d. 工程师不应为利益集团授意或付费的工程事项发表声明、批评或论证,除非他们已明确地代表某一方发表声明。

e. 在解释他们的工作和价值时,工程师应表现得有尊严和谦虚,要避免任何以牺牲他们职业的正直、荣誉和尊严为代价来为自己谋私利的行为。

准则 4

在处理职业事务中,工程师应当作为忠诚的代理人或受托人为每一位雇主或客户服务,并避免利益冲突。

a. 工程师应避免与他们的雇主或客户相关的所有已知的或潜在的利益冲突,且应及时告知他们的雇主或客户所有可能影响到他们的判断或服务质量的商业关联、利益或情况。

b. 工程师不应在同一项目或在与同一项目相关的服务中接受多方的报酬，除非所有情况完全公开，并且所有的利益方一致同意。

c. 工程师不应直接地或间接地索取或接受由合同方、他们的代理人或其他的与他们负责的工作相关的客户或雇主的馈赠。

d. 在作为政府机构或部门的成员、顾问或雇员的公共服务中，工程师不应参与他们或他们的组织在个人或公共工程实务中承揽或提供的事务或活动。

e. 当工程师通过自己的研究确信某个项目不可行时，他们应该向他们的雇主或客户提出建议。

f. 工程师不应使用在其工作中获得的秘密信息作为谋取个人利益的手段，如果这有损于客户、雇主或公众的利益。

g. 工程师不应接受他们常规工作之外的职业雇佣，或者获取他们的雇主并不知晓的利益。

准则5

工程师应当将他们的职业声誉建立在自己的职业服务的价值之上，不应与他人进行不公平的竞争。

a. 除了通过就业机构获得有薪水的工作外，为了获得工作，工程师不应直接地或间接地提供任何政治馈赠，或者索求或接受赠礼或非法的报酬。

b. 工程师应在证明自己具有某一专业服务所要求的能力和资质的基础上，公平地提供职业服务的合约谈判。

c. 仅在他们的职业判断不受干扰的情况下，工程师才可以根据情况要求、提议或接受职业佣金。

d. 工程师不应伪造他们的学历、职业资质或经历，或者允许它们被误传。

e. 工程师应当将适当的工程工作的荣誉给予那些应该得到的人，且应认可其他人的所有权利益。无论何时，只要有可能，他们就应将荣誉给予那些负责设计、发明、写作或作出其他贡献的人。

f. 在不含有误导性语言或不贬损职业尊严的情况下，工程师可以通过特定的途径宣传职业服务的内容。允许如下形式的广告宣传：

• 在公认的、权威的出版物上的职业启事，以及由可靠的机构出版的名册或分类清单，假如启事或清单在尺寸和内容上保持一致，并且刊登在出版物固定用于这类启事的栏目中。

• 准确地描述经验、设备、人员和所提供服务能力的小册子，假如对工程师曾参与项目的描述没有误导性内容。

• 在公认的权威的商业和专业出版物上发布的广告，假如确保真实性，并且对工程师曾参与的项目的描述没有误导的内容。

• 可以将有关工程师的姓名或公司名称和对服务类型的说明张贴至他们所提供的服务项目的栏目中。

• 为普通刊物或技术刊物撰写或评论描述性的文章，这类文章必须真实且有品位。不应隐含任何超出所述的直接参与项目的内容。

• 经工程师同意后，可以将他们的姓名用于商业广告中，例如，可能仅由合同方、材料供应商等发布的商业广告，但必须以一种谦虚的、有尊严的内容认可工程师对所述项目的参与。这样的许可不适用于公开转让的所有权产品。

g. 工程师不应恶意地或虚伪地、直接地或间接地损害另一位工程师的职业声誉、前途、实践或职业或批评他人的工作。

h. 未经其雇主的同意，工程师不应将雇主的设备、原材料、实验室或办公设备用于从事公司外的私人事务。

准则 6

工程师的行为应当维护和增强工程职业的荣誉、正直和尊严。

工程师不应故意以某种行为贬损工程职业的荣誉、正直和尊严，或有意从事欺诈性的、不诚实的或违反伦理的事务或职业实践。

准则 7

工程师应当在其职业生涯中不断进取，并为在他们指导之下的工程师提供职业发展的机会。

a. 工程师应通过从事职业实践，参加继续教育课程，阅读技术文献，参加专业会议和研讨会的方式，使自己保持在本专业领域内的前沿状态。

b. 工程师应支持和鼓励他们的工程雇员尽早地参加职业工程师注册。

c. 工程师应鼓励工程雇员参加专业和技术社团会议，并提交论文。

d. 在包括职业等级、薪资范围和附加福利的雇佣条件的商谈中，工程师应坚持雇主和雇员互相满意的原则。

美国机械工程师协会(ASME)伦理章程

协会政策

伦理

ASME 要求每一位成员注重伦理实践，并已采纳了下述工程师伦理章程，参见 ASME 章程中的 C2. 1. 1 款。

工程师伦理章程

基本原则

通过下述方式，工程师应坚持和促进工程职业的正直、荣誉和尊严：

Ⅰ. 运用他们的知识和技能促进人类的福祉；

Ⅱ. 诚实、公正、忠实地为公众、雇主和客户服务；

Ⅲ. 努力增强工程职业的竞争力和荣誉。

基本准则

1. 在履行其职责的过程中，工程师应将公众的安全、健康和福祉放在首位。

2. 工程师仅应在其有能力胜任的领域内从事职业服务。

3. 工程师应在其整个职业生涯中不断进取，并为在他们指导之下的工程师提供职业发展的机会。

4. 工程师应作为忠诚的代理人或受托人为每一位雇主或客户履行职业事务，并应避免利益冲突。

5. 工程师应依靠他们职业服务的价值建立自己的职业声誉，而不应采用不公平的方式与他人竞争。

6. 工程师仅应与有良好声誉的个人或组织进行合作。

7. 工程师仅应以客观、真实的方式发表公开声明。

8. 工程师在履行职业责任的同时必须考虑到对环境造成的影响。

对 ASME 准则的解释标准

ASME 对准则的解释标准是指导性的，并且它们表达了工程职业成员应当努力的方向。它们属于工程师在具体情况下借以参照的原则。此外，它们为 ASME 理事会就职业实践和工程师伦理章程的道德规范提供了解释性的指导原则。

1. 在履行其职责的过程中，工程师应将公众的安全、健康和福祉放在首位。

a. 工程师应认识到一般公众的生命、安全、健康和福祉依赖于融入了他们的职业工程判断、决策和实践的建筑物、机器、产品、程序和设备。

b. 工程师不应批准或签署那些在设计上对公众健康和福祉有威胁，不符合公认的工程标准的计划书和/或规划书。

c. 当工程师的职业判断遭到否定，公众的安全、健康和福祉处于危险之中时，他们应向其客户和/或雇主告知可能出现的后果。

(1) 工程师应努力地提供相关的数据，例如，出版标准、测试规范和质量控制流程，从而使用户能在工程师负责的设计、产品或系统的平均寿命期内掌握安全的使用方法。

(2) 在批准设计方案之前，工程师应认真审核他们负责的设计、产品或系统的安全性和可靠性。

(3) 无论何时，当工程师发现与他们的职业直接相关的情况，而这些情况将使公众安全或健康处于危险之中时，他们应将这种情况通知有关机构。

d. 如果工程师有根据和理由认为，另一个人或公司可能违反了这些准则，那么他们应以书面的形式向相关的机构报告这样的信息，并应与这些机构配合以提供更进一步的信息，或根据需要提供协助。

2. 工程师仅应在其有能力胜任的领域内从事职业工作。

a. 在涉及特定工程技术的领域中，工程师只有当具备相应的教育经历和/或经验资格时，才能承担所分派的工程任务。

b. 当完成某项任务所必需的教育或经验背景的要求超出了工程师所能胜任的范围时，对于这样的任务分派，如果他们的工作被限定在他们的资质能胜任的项目的实施阶段上，那么工程师可以接受这样的任务。该项目的其他阶段应由有资质的同事、顾问或雇员来实施。

3. 工程师应在其整个职业生涯中持续进取，并为在他们指导之下的工程师提供职业发展的机会。

4. 工程师应作为忠诚的代理人或受托人为每一位雇主或客户履行其职业责任，应避免利益冲突或利益冲突的出现。

a. 工程师应避免所有已知的或潜在的与他们的雇主或客户的利益冲突，并且应立即通知他们的雇主或客户任何可能影响到他们判断或服务质量的商业联系、利益或其他情况。

b. 如果某项任务会明显地在工程师和其客户或雇主之间产生潜在的利益冲突，那么工程师就不应当承担这项任务。

c. 工程师不应在同一项目或与同一项目相关的服务中接受超过一方的报酬、资助或别的什么，除非所有的情况完全公开，并且所有的利益方一致同意。

d. 在没有向其客户或雇主通报的情况下，工程师不应利用指定材料、产品或设备供应商的便利，索取或接受金钱或其他报酬。

e. 工程师不应直接地或间接地索取或接受由合同方、其代理或其他与他们负责的工作相关的客户或雇主的馈赠。如果官方的公共政策或雇主的政策允许接受适当的赠品或礼物,那么工程师应通过遵守相应的政策来避免利益冲突,并应防止利益冲突的出现。

f. 在作为政府机构或部门的成员、顾问或雇员的公共服务中,工程师不应参加由他们或他们的组织在个人或产品工程实践中提供的有关事务或活动。

g. 工程师不应向政府机构或其他实体索取工程合同,而这些机构的负责人、官员或雇员是工程师所在组织的雇员,他们既没有公开他们之间的关系,也没有在涉及他们组织的活动中回避。

h. 在根据章程、标准或政府制定的规章和规范从事的工作中,工程师应该在作出决定前进行仔细的判断,确保一种中肯的观点,避免利益冲突。

i. 作为研究的结果,当工程师认为某个项目不可行时,应向其雇主或客户提出建议。

j. 如果有悖于客户、雇主或公众的利益,那么在完成分派任务的过程中,工程师对接触到的信息应该保密,并且不应利用这些信息来牟取私利。

(a) 未征得对方的同意,工程师不应泄露任何过去的或现在的雇主或客户或有待评估的投标人的有关商业事务或技术工艺的机密信息,除非为法律所要求或法院命令。

(b) 工程师不应将自己所属的任何委员会或理事会的机密信息或发明泄露出去,除非为法律所要求或法院命令。

(c) 未征得客户同意,工程师不应为他人复制客户提供给他们的设计资料。

k. 在实施一项建设(或其他)合同时,工程师应公平、公正地对待合同的所有相关方。

l. 在为他人工作过程中实现的改进、计划、设计、发明或其他记录,其中涉及版权、专利权或所有权的,工程师应在承担工作之前与有关权利各方达成明确的协议。

m. 当被证实存在错误时,工程师应承认自己的错误,并且不应歪曲或篡改事实来为其错误或决定寻找正当的理由。

n. 在雇主不知情的情况下,工程师不应接受他们常规工作之外的雇佣或任务。

o. 工程师不应试图通过虚假或误导性的说明从其他雇主或人才市场上招募雇员。

5. 工程师应依靠他们职业服务的价值来建立自己的职业声誉,而不应采用不公平的方式与他人竞争。

a. 工程师应在能证明自己具有某一职业服务所要求的能力和资质的基础上,进行职业服务的合同谈判。

b. 在自己的职业判断可能受到干扰的情况下,工程师不应以此要求、提出或接受职业佣金。

c. 工程师不应伪造或允许误传自己或同事在学术上或职业上的资质。他们不应伪造或夸大以前所负责过的工作。在用于谋求就业的小册子或其他介绍材料中,不应虚假地叙述有关雇主、雇员、同事、合作者或有关他们业绩的相关事实。

d. 工程师可为只注重事实的非专业或技术刊物撰写文章。用于出版的技术通讯(如论文、文章、报告等），当参与研究的不止一个人（包括学生和指导者、行业主管研究人员或其他合作者）时，工程师应认可所有为之作出重要贡献的人。剽窃或完全使用别人观点或成文材料，而没有给予他人应得荣誉的行为，是有违伦理的。

e. 工程师不应恶意地或欺诈性地，直接地或间接地损害另一位工程师的职业声誉、前途、实践或职业，也不应随意地批评他人的工作。

f. 未经雇主的同意，工程师不应将雇主的设备、原材料、实验室或办公设备用于公司外的私人事务。

6. 工程师仅应与有良好声誉的个人或组织进行合作。

a. 如果工程师知道或有理由认为，某人或公司从事欺骗性或不诚实的事务或职业实践，那么不应有意地在商业事务中与其合作，或允许其使用自己的姓名或公司的名称。

b. 工程师不应与非工程师、公司或合伙人联手来掩盖违反伦理的行为。

7. 工程师仅应以一种客观、诚实的方式发表公开声明。

a. 工程师应努力扩大公共知识的范围，并防止出现对工程业绩的误解。

b. 工程师应在所有专业报告、声明或证词中保持完全的客观和真实。他们应将所有相关的和适当的信息包含在他们的报告、声明或证词中。

c. 当工程师作为一位专家或技术证人出现在法庭、代理或其他诉讼场合时，仅在如下基础上才能发表某种工程学上的观点：对相关事实有充分的了解，对相关领域的技术资质背景以及对自己的证词有准确的和恰当的理解。

d. 对由利益方发起或付费的工程事项，工程师不应发表声明、批评或论证，除非他们在发表观点之前确认自己的立场，或公开自己所代表的利益方的身份，或公开他们与正在讨论的问题存在的任何经济利益上的关系。

e. 在解释他们的工作和价值时，工程师应做到实事求是，避免任何试图以损害职业或他人的正直和声誉为代价来为自己谋私利的行为。

8. 当工程师接受美国机械工程师协会的成员资格时，同时也就意味着同意遵守本协会的伦理政策和规定。

美国化学工程师协会(AIChE)伦理章程

通过下述方式,AIChE 成员应当坚持和促进工程职业的正直、荣誉和尊严:诚实、公平、忠实地服务于他们的公众、雇主和客户,努力增强工程职业的竞争力和荣誉,运用他们的知识和技能增进人类的福祉。为了实现这些目标,成员应做到:

1. 在履行职业责任的过程中,将公众的安全、健康和福祉放在首要位置,并且要保护环境。

2. 在履行其职业责任的过程中,如果意识到其行为后果会危及同事或公众当前的或未来的健康或安全,那么他们就应该向雇主或客户正式地提出建议(并且,如果有正当理由,那么可以考虑进一步的披露)。

3. 对他们的行为负责,寻求和关注对他们工作的批评性评价,并对其他人的工作提出客观的、批评性的评价。

4. 仅以客观和诚实的方式发表声明或陈述信息。

5. 在职业事务中,作为忠诚的代理人或受托人,为每一位雇主或客户服务,避免利益冲突,并且永不违反保密性原则。

6. 公平、谦恭地对待所有同事和合作者,承认他们独特的贡献和能力。

7. 仅在他们能胜任的领域内从事职业工作。

8. 将他们的职业声誉建立在他们职业服务的价值之上。

9. 在整个职业生涯中不断进取,并为他们指导之下的工程师提供职业发展的机会。

10. 绝对不能容忍骚扰。

11. 以公平、诚实和谦恭的方式行事。

——2003 年 1 月 17 日修订

电气和电子工程师协会(IEEE)伦理章程

作为 IEEE 的成员，我们认识到，我们的技术影响到全世界人民的生活质量，我们接受我们每个人所承担的对自身职业、协会成员和我们所服务的社区的责任，因此，我们将致力于实现最高尚的伦理和职业行为，并同意：

1. 承担使自己的工程决策符合公众的安全、健康和福祉的责任，并及时公开可能会危及公众或环境的因素。

2. 无论何时，尽可能避免已有的或已经意识到的利益冲突，并且当它们确实存在时，向受其影响的相关方告知利益冲突。

3. 在陈述主张和基于现有数据进行评估时，要保持诚实和真实。

4. 拒绝任何形式的贿赂。

5. 提高对技术、技术适当的应用及其潜在后果的理解。

6. 保持并提高我们的技术能力，并且只有在经过培训或实习具备资质后，或在相关的限制得到完全解除后，才承担他人的技术性任务。

7. 寻求、接受和提供对技术工作的诚实的批评，承认和纠正错误，并对其他人作出的贡献给予适当的认可。

8. 公平对待所有人，不考虑诸如种族、宗教信仰、性别、残障、年龄或民族的因素。

9. 避免错误地或恶意地损害他人、财产、声誉或职业的行为。

10. 对同事和合作者的职业发展给予帮助，并支持他们遵守本伦理章程。

1990 年 8 月经 IEEE 理事会核准通过。

产业工程师协会(IIE)伦理章程

IIE 采用了由工程及技术教育认证委员会提供的伦理章程

工程及技术教育认证委员会章程

基本原则

通过以下方式,工程师应坚持和促进工程职业的正直、荣誉和尊严。

1. 运用知识和技能促进人类的福祉。
2. 诚实、公正、忠诚地为公众、雇主和客户服务。
3. 努力提高工程职业的竞争力和荣誉。
4. 支持他们的职业和技术协会的规章。

7 项基本准则

1. 在履行其职责时,工程师应把公众安全、健康和福祉放在首位。
2. 工程师应仅在有能力胜任的领域内从事职业服务。
3. 工程师应以客观的和真实的方式发表公开声明。
4. 在职业事务中,工程师应作为忠诚的代理人或受托人为每一位雇主或客户从事职业服务,并且应避免利益冲突。
5. 工程师应依靠他们职业服务的价值来建立自己的职业声誉,而不应采取不公平的方式与他人竞争。
6. 工程师的行为方式应维护和促进其工程职业的荣誉、正直和尊严。
7. 工程师应在他们的整个职业生涯中不断进取,并为在他们指导之下的工程师提供职业发展的机会。

附录 B 科幻片中的工程技术伦理

人与人之间关系是所有应用伦理学探讨的共同主题，而人与技术的关系则是工程技术伦理中最本质、最深刻的哲学问题。

Frankenstein 是英语中的一个专有名词，意为作法自毙的人，毁掉创造者本人的事物，人形怪物。这个名词来源于200年前的一本科幻小说。书中的主人公名叫维克托·弗兰肯斯泰因。

弗兰肯斯泰因是一名生理学家和医学研究者，他十分迷恋于他的研究规划，不惜冒着可能给社会带来危险，以检验他理解和控制自然的最大能力。当他最终发现了“生殖和生命的原因”“能够把生气赋予无生命的物质”时，他创造了一种具有人的感情和理性的生物，但在外表上却是个丑八怪，是由自相矛盾的部件装配起来的。他对自己造出的怪物感到极度恐惧，吓得逃之夭夭。于是，这个讨人嫌的和愤恨的怪物脱离了人的控制，最终杀死了它的创造者和最亲近的人。在弗兰肯斯泰因受到怪物的威胁而决意杀死怪物时，这个人造怪物说：“我是仁慈和善良的，痛苦使我变成魔鬼。让我幸福吧，我将会有德行的。”弗兰肯斯泰因相信了怪物的话，决心为自己的创造结果负起责任，打算为怪物造一个妻子。但是，恰恰在有生气的生命进入女性人造物身体之前，他突然感到十分恐怖：她可能繁衍一个怪物种族和群体，会把人类消灭得干干净净。于是，他告诉怪物：“我永远也不会再创造一个与你相似的东西，像你一样畸形和邪恶。”怪物回答说：“奴隶，我以前与你辩论过，但是你自己证明你不值得我挂念。请记住，我有力量；你相信你自己是悲惨的，但是我能使你可怜到如此地步，以致白天的光明也将憎恨你。你是我的创造者，但是我是你的主人——俯首听命吧！”在所有的可怕事件发生之后，弗兰肯斯泰因临终时流着泪说：“在平静中寻求幸福，避免奢望，即使它是在科学和发现中使你突出的唯一明显清白的东西。可是，我为什么要说这一点呢？我自己在这些希望中毁灭，可是另一个人也许会成功。”

从马洛和歌德将浮士德传说戏剧化到19世纪关于科学自大的潜在魔鬼般副产品的哥特式小说，不太乐观的思想家、观察家已经表现出对科技发展的恐惧。英国诗人雪莱(Percy Bysshe Shelley，1792—1822年)的夫人玛丽(Mary Shelley，1797—1851年)因其1818年创作文学史上第一部科幻小说《弗兰肯斯泰因》而被誉为科幻小说之母。玛丽于1816年撰写此书，是作为雪莱夫妇和拜伦(Lord Byron，1788—1824年)之间的鬼怪小说写作竞赛而动笔的。后来，这部恐怖小说被改编成电影，有几个版本，在西方家喻户晓。雪莱夫人的鬼怪小说隐喻，科学有可能成为魔鬼，给人类带来预想不到的噩梦。弗兰肯斯泰因的形象暗示，科学家不能在好奇心的驱使下不顾社会后果地穷追自然的秘密。

《弗兰肯斯泰因》的副标题为"新的普罗米修斯"(The New Prometheus)。普罗米修斯是希腊神话中的人物。他违背神的旨意，偷取火的秘密，并为自己的傲慢付出了巨大的代价。运用这一暗喻，这部小说对人类通过技术和工业化已经获得的新力量提出了质疑。科学现在不再是能够对抗宗教迷信和教条的具有英雄意义的理性。相反，科学和技术现在看上去是对神性的傲慢挑战，是人类在试图接管本应由神妥善保有的大权。人类试图"扮演上帝"而弄巧成拙时，就会面临创造出他们不能控制的怪物的危险。

雪莱夫妇的小说后来被改编成电影《弗兰肯斯泰因》(詹姆斯·威尔执导)，该片以其熟悉的现代形式重新演绎了这个故事：科学家弗兰肯斯泰因博士窃取了尸体的各个部位，组装成一个能够被电力激活的生物。由于一名罪犯的大脑被意外地植入生物的头颅，这个生物变得残忍和不可控制。弗兰肯斯泰因正是这种傲慢自大的科学家，陶醉于自己的聪明，试图根据他自己的形象创造一个人，影片的开篇告诉我们这一点。他的罪行就是，偏行轨道进入"两个伟大的创造奥秘生活和死亡"的领地之中。

人们对基因工程的伦理问题担忧由来已久。从人类探索大自然奥秘的能力取得前所未有的进展，到当代生物技术和操控生命本身取得的进展，科学技术以重大的方式改变了我们的生活。但是，它们也带来了重要的问题：这些变化都是向好的吗？这些新技术控制形式会带来危险吗？如果它们有代价，这些代价比它们带来的利益大吗？

20世纪60年代后，影片《异形4：复活》(让·皮埃尔·热内执导)问世。雷普莉(西格妮·韦弗饰演)在上一部《异形》影片中已经死亡，但在这一部中她被克隆回来。她来到一个房间，里面全是之前克隆失败的她。她的畸形、噩梦般的各种版本在水箱里漂浮；另一个恶魔版本的雷普莉被绑在一张桌子上。她还活着，哀求着让她死去。这两部影片都反映出人们对现代科技进步及其对人类的影响而感到担忧。

电影《亡魂岛》的经典台词是"你们知道扮演上帝是什么感觉吗？"《化身博士》改编自英国作家史蒂文森的小说 *Dr. Jekyll and Mr. Hyde*，这一名称成为心理学中"双重人格"的代称。而斯坦利·库布里克的电影《奇爱博士》通过科学建造的武器见证了人类的毁灭。该片由彼得·乔治的小说《红色警戒》(*Red Alert*)改编，与《2001漫游太空》《发条橙》并称"未来三部曲"。

讽刺人类企图扮演上帝的影片还有：《侏罗纪公园》《变蝇人》……我国作家刘慈欣的科幻小说《魔鬼积木》也写得非常好，男主是生物学人才，他成功地改造了人类，但是却不被社会所认可。那些经过基因改造生产出来的“人”，被其他人类称作“组合体”“怪物”“魔鬼”。

2018年11月26日，贺建奎在第二届国际人类基因组编辑峰会召开前一天宣布，一对名为露露和娜娜的基因编辑婴儿于11月在中国健康诞生。本来希望哗众取宠(莆田系的商业运作)，结果自取其辱。贺建奎在法有禁止、伦理逾矩、安全性未经充分检验的情况下贸然进行基因编辑就是一部现实版的讽刺剧。

文艺作品表现出的第二种担忧是科技社会中的异化。卓别林的《摩登时代》(*Modern Times*，1936年)生动地揭示了科学技术使人“异化”的现象。在《摩登时代》中，有一个著名的场景：卓别林饰演的流浪汉正在一个装配流水线上干拧紧螺丝的活。整整一天，传输带的速度越来越快，一直到最后他实在跟不上了。查理崩溃了。他爬上传输带，被送到一个庞大的转动着的齿轮中。突然，荧幕被转动着的巨大齿轮占满，流浪汉卡在了齿轮上面。

电影以独特的视觉形象概括了摩登时代的矛盾本质：人成为机器的一部分。20世纪最有影响的哲学家之一海德格尔(Martin Heidegger)认为，工程师借助“技术”将科学应用于社会绝不是一个偶然的事件，它来自作为西方文明基础的形而上学。“技术”不过是古希腊的“技艺”(techne)和“罗格斯”(logos)两个概念的结合，而“技艺”是一个形而上学术语。按照他的观点，用不着奇怪技术日益通过武器来统治人和通过工具征服自然界，所有这一切都包含在“技艺”中，包含在自柏拉图时代开始的形而上学中，因为强调身心分离、理论结构、以知识客体替代自然物和把知识客体转变为本我的形而上学从西方文明一开始就为价值无涉的、非人的、反自然生态的客观性科学探索理性奠定了基础。也就是说，形而上学建构了一种强大而具有先天缺陷的“座架”(Ge-stell)系统，由此产生的科学、技术和工程自然也存在这种缺陷。现代技术就是一张无所不在的大网，它可以把所有东西纳入框架，收入囊中，所有人、所有事物都是瓮中之鳖。技术就像一个鸟笼，如果你有一个鸟笼，里面没有鸟，会发生什么？如果你有一支枪，但是没有子弹，会发生什么？如果你有一把锋利的刀，但是从来没有试验过刀的锋利程度，会发生什么？……所以，《摩登时代》是20世纪思考技术的本质最典型的讽刺剧。

此外，《我们等待自由》(*Freedom for us*，1933年)、《大都会》(*Metropolis*，1926年)等同时代的作品也是反映同样的主题：对工作场所机械化和非人性化的忧虑。20世纪50—60年代，法国喜剧大师雅克塔蒂的于洛三部曲是这一主题的代表作：《于洛先生的假期》《我的舅舅》《玩乐时间》。《我的舅舅》和《玩乐时间》都被改编成同名电影。

马克思批判了技术和解析恶化对工人和生产过程的非人性化的影响，这为针对技术对现代社会生活的影响更广泛地批评提供了基础。西方马克思主义者赫伯特·马尔库塞(Herbert Marcuse，1898—1979年)认为工具理性已经成为西方的主导意识形态。何谓工具理性？简而言之，工具理性是将世界的一切事物都看成没有情感的工具。事物包括人与人之间只存在使用和被使用的关系。也许我们会断然否定它——怎么可能？现实明明不是这样的！但是我们细想一下，我们在自己的岗位上做一小部分工作，然后许多这样的工作汇成整个工业社会，人作为个体就如同一台巨大机器上的小螺丝钉，与一条流水线上生产的产品一样，已经沦为一种工具。我们在这个组织严密、层次分明的工业经济时代，唯一追求的似乎是更高的社会评价、更高的地位、更多的金钱，前一个目标就是后一个目标的工具。

海德格尔说：人诗意地栖居在大地上。但是技术所显示的强大威力，已经渗透到生活中的每一个细节，已经是人们的诗意生活被异化。面对环境污染、酸雨、沙漠化、洪水肆虐、厄尔尼诺现象、自然的报复、技术的报复、世界区域的争端分歧、贫富分化、对于资源的争夺和挥霍浪费……世界从来没有像今天这样忧心忡忡。资讯空前扩张的现在，我们很容易自己迷失在信息的滔天巨浪中，失去对社会和自身应有的反思和自觉。我们宁愿与陌生人在手机上聊天，也不愿意与亲人面对面沟通。我们是否已经成为“单向度的人”，这种人丧失了自由和创造力，不再想象或追求与现实生活不同的另一种生活？我们内心中的否定性、批判性、超越性的向度是否依然存在？

随着技术的日新月异，人们会对技术的美好前景产生错觉：技术可能创造未来，科技可以改变世界。我们的世界十分美好，周围环境整洁漂亮、井然有序，有机器人、会飞的汽车、可视手机以及做成药片形式的食物。这些设想在20世纪70年代已经变成陈词滥调，伍迪·艾伦的《沉睡者》对此进行了讽刺。在这部影片中，保健食品店店主(艾伦饰演)在一次失败的手术后被冷冻起来，两百年后死而复生。在这个未来世界里，机器人成了闹哄哄的男管家，“即食布丁”毫无控制地膨胀，节省家务活的设备甚至包括“性高潮诱导器”。

文艺作品表现出的第三种担忧是科技发展对社会政治的影响。我们的社会、技术发展越精密，越来越多的争执规则由科学家、工程师和计算专家组成的“技术官僚”来决定，而不是当选的代表来决定。

让·吕克·戈达尔导演的《阿尔法城》(*Alphaville, a Strange Adventure of Lemmy Caution*，1965年)是一座以“沉默、逻辑、安全、谨慎”为生活坐标的未来城市，人们表情木讷，生活思维受到严格控制，所谓人早已被称为“阿尔法60”的超级计算机完全统治。每个人在等级秩序中被分配角色，最底层的是“第三阶层女郎”，负责招待酒店的客人。民众定期领到令人头脑麻木的药物，未来限制信息来源把部分字词从字典中删除。而这一切的设计者是从纽约被流放的万布翰(Von Braun)博士。来自另外世界的化名为约翰(Lemmy Caution)的密探开始了对阿尔法城的探索,他的主要目的是将流放在此的万布翰博士带回自己的世界,其次是联系他的前任密探。在探访的过程中,他结识了万布翰博士的女儿娜达莎,在和娜达莎交往的过程中,约翰渐渐爱上了她。在娜达莎的带领下,约翰了解到这几乎是一座"死城",人不能有爱欲,不能流泪,不能悲伤,不懂得感情,甚至没有创造力,一切都遵循着所谓的计算机"逻辑",若有违反者,都会被枪决。约翰开始思索,开始悲悯这座城市里的人,当然他最怜爱的人是娜达莎,于是他教娜达莎阅读已经消失在阿尔法城里的诗歌,他告诉娜达莎什么是情感、流泪、悲伤。可是娜达莎仍然没有能够完全摆脱"阿尔法 60"的控制,约翰被逮捕了,又一次被超级计算机审判,结果是死刑。约翰决定逃跑,他找到了万布翰博士,期待能够说服博士和他一起回到自己的世界,但……

《华氏 451》(*Fahrenheit* 451)是当代科幻小说大师雷・布拉德伯里(Ray Bradbury)最经典代表作之一,已有多家出版社的中文版。法国电影大师楚浮改编拍成同名电影,成为电影史上经典之作。故事设定在一个不允许人有自由思想的独裁世界,统治者焚烧一切图书,消防员的工作也并非灭火,而是焚书。华氏 451 度就是纸的燃点。故事发生在未来,那时书籍成了违禁品。因为统治者认为,书籍会使人产生不必要的各种幻想,从而影响现实的生活,所以那个时代消防员的工作不是负责救火,而是专门来烧毁书籍。然而身为主人公的消防员,在一个年轻女孩的影响下,开始对这种习以为常的生活产生质疑,随后私藏并阅读本应烧毁的书籍。当火焰燃烧到达华氏 451 度时,所有记录人类智慧的典籍都将灰飞烟灭,却烧不毁被压抑的灵魂……

犹太人格言说:"人类一思考,上帝就发笑。"因为人的自作聪明,也因为人自身的渺小和微不足道。1985 年 5 月,米兰・昆德拉获耶路撒冷文学奖时在典礼中的演讲词,使用了它。也是《生命中不能承受之轻》中一句经典。我们思考得越多,以为越接近真理了,却发现我们反被上帝愚弄了。这是在社会伦理道德的约束下无法打破的怪圈,亦是存在于人类本性中狭隘卑微的一部分。由于不能摆脱,于是开始怀疑和否定,最终却陷入了一场人性悲剧。其悲不在于结果,而在于整个过程中人类始终做不到自我超越。

唐纳德・拉姆斯菲尔德(Donald Rumsfeld)在乔治・W. 布什当政期间出任美国第二十一任国防部长,因伊拉克和阿富汗"反恐战争"而闻名。在 2006 年届满卸任时,他总结了现代社会中所有目的行为中所包含的矛盾的话语迅速走红,最知名的短语是"未知的不知"。在 2002 年的一次新闻简报会上,他发表了几句俳句般简明的讲话:

有些是"已知的可知",
那是我们已经知道自己知道了的事情。
我们知道还有一些事情是"已知的不知",

那就是说，我们知道有些事情我们并不知道。
但是还有一些“未知的不知”，
那是一些我们不知道自己不知道的事情。

简直是一首描述现代认识论的美妙简明的短诗！拉姆斯菲尔德对它很满意，还把它用作自己2011年回忆录的书名《已知和未知》(*Known and Unknown*)。著名的纪录片制作人艾洛·莫理斯(Eroll Morris)偏爱神秘主义，他在拉姆斯菲尔德的基础上又整合出一个新概念，将自己在2014年的纪录片命名为《未知的可知》(*The Unknown Known*)。这对于科技伦理的属性描述最恰当不过了。基因工程、大数据、人工智能……令人眼花缭乱的现代科技就像一个盖子被打开，里面有无数的宝藏，研究这些宝藏很容易，因为人的发现(discovery)是从上往下的。但是，当我们抬头仰望天空的时候，就力不从心了。

所以当年那句话还是很有哲理的：“不要只埋头拉车，一定要抬头看路。”

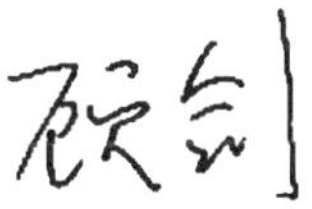

2019年2月

附录 C 部分测试与练习题答案

第1章

1. 课前测试：判断对错

第 1 题：错。NSPE 伦理守则 1.1　将公众的安全、健康和福祉置于首位。不是“仔细考虑”，而是放在首位。

第 2 题：错。NSPE 伦理守则 1.2　工程师仅在他们有能力胜任的领域内从事职业服务。

第 3 题：错。NSPE 伦理守则 1.3　仅以客观的和诚实的方式发表公开声明。

第 4 题：对。NSPE 伦理守则 1.4　工程师应该作为每一个雇主或客户的忠诚的代理人或受托人。

第 5 题：错。NSPE 伦理守则 1.5　避免发生欺骗性的行为。

第 6 题：错。NSPE 伦理守则 1.6　体面地、负责地、有道德地以及合法地从事职业行为，以提高职业的荣誉、声誉和效用。违法行为比违背伦理的行为更严重。

第 7 题：对。NSPE 伦理守则 2.1a　在危及生命和财产情况下，如果工程师的判断遭到了否定，那么他们应向雇主或客户以及其他任何相关的机构通报情况。

第 8 题：错。NSPE 伦理守则 2.1b　工程师应仅批准那些符合适用标准的工程文件。

第 9 题：对。NSPE 伦理守则 2.1c　除了法律或本章程授权或要求的以外，在没有得到客户或雇主事先同意的情况下，工程师不应泄露所获得的实情、数据或信息。

第 10 题：错。NSPE 伦理守则 2.1d　工程师不应与任何他们认为在从事欺骗性或不诚实事务的个人或公司合作，也不应允许在这样的合作中使用他们的姓名。

第 11 题：错。NSPE 伦理守则 2.1f　当知道任何宣称的违反本章程的情况时，工程师应立即向相关的职业机构报告，相应地，也要向公共机构报告，并协助有关机构弄清这些信息或提供所需的协助。

第 12 题：对。NSPE 伦理守则 2.2a　在特定技术领域内，仅当工程师的教育经历或经验背景使其具备了相应的资质时，才应承担分派的任务。

第 13 题：错。NSPE 伦理守则 2.2b　在自己缺乏资质的领域，或不在自己指导和管理之下编制的计划书或文件，工程师不应签字或盖章。

第 14 题：错。NSPE 伦理守则 2.2c　工程师可接受任务指派和承担整个项目的协调责任，并签署和批准整个项目的工程文件，前提是该项目的每一个技术部分均由具备资质的工程师编制和签字。

第 15 题：错。NSPE 伦理守则 2.3a　工程师在专业报告、陈述或证词中应保持客观和诚实。在专业报告、陈述和证词中，应该包含所有相关的和恰当的信息。

2.3b. 只有当其观点建立在对事实充分认识的基础之上，并且该问题在其专业知识范围之内时，工程师才可以公开地表达他的专业技术观点。

第 16 题：对。NSPE 伦理守则 2.3b　只有当其观点建立在对事实充分认识的基础之上，并且该问题在其专业知识范围之内时，工程师才可以公开地表达他的专业技术观点。

第 17 题：对。NSPE 伦理守则 2.3c　在由有关利益方发起或付费的事项中，工程师不应发表技术方面的声明、批评或论证，除非在发表自己的意见前，他们明确地表明自己所代表的相关当事人的身份，并且揭示在其中可能存在的利益关系。

第 18 题：错。NSPE 伦理守则 2.4a　工程师应公开所有可能或可能会影响他们判断或所提供服务质量的已知的或潜在的利益冲突。

第 19 题：对。NSPE 伦理守则 2.4b　工程师不应在同一项目服务中接受任何超过一方的报酬，或者重复接受有关同一项目服务的报酬，除非已向所有相关各方完全公开，并征得他们同意。

第 20 题：错。NSPE 伦理守则 2.4c　对于由自己负责的工作，工程师不应向承担者直接地或间接地索求、接受金钱或其他有价之物。

第 21 题：错。NSPE 伦理守则 2.4d　在其作为成员、顾问以及政府或准政府机构或部门雇员的公共服务中，工程师不应参与由他们自己或其组织在个人或公共工程事务中提供的与服务有关的决策。

第 22 题：对。NSPE 伦理守则 2.4e　如果工程师所在组织的成员在政府机构中担任负责人或官员，那么工程师不应索求或接受来自该政府机构的合同。

第 23 题：错。NSPE 伦理守则 2.5a　工程师不应伪造他们的职业资格，也不应允许对自己、同事的职业资格作出错误的表述。他们不应伪造或夸大他们以前对某项事务负责的情况。

第 24 题：错。NSPE 伦理守则 2.5b　工程师不应直接地或间接地提供、给予、索取或收受任何影响公共机构授予合同的捐赠，或者被公众理解成具有影响授予合同意图的捐赠。他们不应为了确保获得或保住工作而提供任何礼品或其他报酬。他们不应为了确保获得或保住工作而提供佣金、折扣或回扣，除非对真诚的雇员或在他们提议下建立起来的贸易或营销代理商。

第25题：错。承认错误是无条件的，而不是在咨询雇主和客户之后。NSPE 伦理守则 3.1a　工程师应承认他们的错误，而不应歪曲或篡改事实。

正确答案	等级
23—25	优秀
20—22	良好
17—19	一般
15分以下	差

2. 课后练习：判断对错

(1) 新聘用人才时，内定名校学生优先，并不违背工程伦理。(√)

(2) 公司雇佣美女来提振士气，习惯迟到早退的工程师变成早到而迟迟不退。此举并不违反工程伦理的规范。(√)

(3) 在法律制定之初，就将伦理道德纳入考量，因此，确切遵守法律规定就等同于遵守道德规范。(×)

(4) 道德(morality)是公认的规范，伦理(ethics)是对规范的反思。(√)

(5) 工程伦理要求：资浅者应礼让资深者。(×)

(6) 从事工程教育的人员，应固守专业，维持行政中立。在遇有重大争议的工程建设事件，不应公开发表言论，影响民众判断。(×)

(7) 工程师在执业过程中，必须避免利益冲突。(×)

第2章

1. 课前测试：有些工程师不像工程师

什么是工程师呢？软件工程师算工程师吗？在美国，如果你自称是一位软件工程师，在45个州使用这个称谓是违法的。那些在36个工程技术领域内没有接受过教育或获得许可的从业者也不能自称为工程师。工程师不仅仅有工程学位，更重要的是有政府部门颁发的许可或在政府部门注册，如土木工程师、机械工程师、化学工程师和电子工程师。

从法律角度来看，软件工程师不是工程师。但是从语义和概念范畴角度，软件工程师又是工程师范畴中的一员。英国哲学家维特根斯坦(Ludwig Josef Johann Wittgenstein，1889—1951年)在《哲学研究》中认为，范畴的成员不必具有该范畴的所有属性，而是AB、

BC、CD、DE式的家族相似关系，即一个成员与其他成员至少有一个或多个共同属性。范畴成员的特性不完全一样，他们是靠家族相似性来归属于同一范畴。而范畴没有固定的明确的边界，是随着社会的发展和人类认知能力的提高而不断形成和变化发展的。

从语言哲学来说，软件工程师与土木工程师、机械工程师、化学工程师和电子工程师既有“家族相似性”(Family Resemblance)，又有各自的特点。这样，我们就可以理解，为什么有些工程师“像工程师”，有些工程师“不像工程师”。

从伦理学角度说，前一个工程师是实然，后一个工程师是应然。前者是事实判断，是具体的工程师事实上的样子。后一个工程师是价值判断，是工程师“应该”是什么、工程师“应该”有什么样的行为。

2. 课后练习：判断对错

(1) 根据休谟法则，“事实如何”(is)才能证明“应该如何”(ought)。(×)

(2) 应该将科学的方法运用到一切领域，以保证学科的科学性。(×)

(3) 伦理(ethics)源于古希腊语 ethŏs(习俗)，习俗是评价行为对错的标准。(×)

(4) 工程伦理问题的产生往往由于管理者的个人道德问题。(×)

(5) 哲学的方法有叫“规范的”方法，科学的方法有叫“描述的”方法。(√)

第3章

课后练习：判断对错

(1) 政府的权力来源于私人权利的让渡，所以政府没有天然的权力。(√)

(2) 英国前首相撒切尔夫人说：政府收税就是盗窃。她这话的意思是政府不是财富的创造者，而是财富的分配者和使用者。(√)

(3) 普通民众没有资格违宪，只有政府官员才有资格违宪。(√)

(4) 兰德认为，罪犯和政府是个人权利的两个潜在侵犯者。(√)

(5) 道德囚徒困境模型说明，自私自利的策略不能实现自私的目的。如果有多次博弈，合作是最佳的策略。(√)

(6) 心理利己主义是一种事实判断，伦理利己主义是一种价值判断。(√)

(7) 人权即个人权利的简称，是人的自由和自主性具有最终的正当性。(√)

第4章

课后练习：判断对错

(1) 功利主义认为，金钱等物质比人的幸福快乐更重要。(×)

(2) 功利主义者倾向于是素食主义者,支持动物解放。(√)

(3) 功利主义是一种利他主义。(√)

(4) 功利主义者支持安乐死、协助自杀。(√)

(5) 根据功利主义的标准,举报人为了个人利益举报公司危害公共安全的行为也是符合道德的。(√)

(6) 功利主义者作道德决策是站在仁慈公正的旁观者角度,不是思考我应该怎么做,而是建议一群陌生人,他们应该怎么做。(√)

(7) 王工程师昨天晚上陪朋友喝酒喝多了。当第二天他返回工作时,他看起来像有病似的。董事长问他是否不舒服,王工程师撒谎说感冒了,吃了药后感觉很困。用"行为功利主义"为标准看,这在道德上是允许的。(√)

(8) 规则功利主义注重一系列行为的后果。(√)

第5章

1. 课前测试:四个人分一个蛋糕,允许切两刀,怎么分最公平?

分配原则:切蛋糕的人最后拿蛋糕。

2. 课后练习:判断对错

(1) 根据治理的原则,对人性的假设是人性善。(×)

(2) 哲学家休谟的"无赖假设"是错误的,因为现实世界的无赖是少数人。(×)

(3) 未经同意的交易不可能是公平的,经过双方同意的交易一定是公平的。(×)

(4) 美国著名学者詹姆斯·沃森(James Watson)曾获得诺贝尔生理学或医学奖、有"DNA 之父"之称。1997 年沃森曾经在接受英国《星期日泰晤士》杂志采访时说,如果通过检测一个女性发现自己腹中的胎儿有可能是同性恋,应该允许她堕胎。在 2000 年的一次巡回演讲中,他暗示,一个人的体重和他的野心大小、性功能强弱是有关联的。据美联社报道,在同一场演讲中,沃森还让在场的观众仔细回想,"我们经常听到英国病人,却很少听到英国爱人",这一言论暗示了英国长期存在的肥胖问题。此外,沃森还曾经在一部纪录片中表示,愚蠢应该是可以治疗的遗传性疾病。据英国《独立报》报道,2007 年,沃森曾经公开表示,对非洲的前景不乐观,因为所有的公共政策都假定"非洲人和我们的智力水平相当,当然,我也希望我们是平等的,然而当你不得不跟他们一起工作时,你会发现根本不是这样的"。假如沃森讲的都是科学结论,那么他在伦理上就没有对他人的歧视。(×)

(5) 根据治理的原则,总经理不能管财务,生产部经理也不能管质量。(√)

第6章

课后练习：判断题

(1) 自然王国，就是必然王国。(×)

(2) 康德认为，诚信是金。(×)

(3) 如果想要X，于是就Y。这就是绝对命令。(×)

(4) 康德认为，人是目的，所以对日本侵略者撒谎在道德上是对的。(×)

(5) 康德认为，道德是一种实践理性，实践是检验真理的唯一标准。(×)

(6) 道德属于必然王国。(√)

(7) 康德认为，道德是一种社会契约，而不是人的自我立法。(√)

(8) 法国哲学家萨特说："人是不自由的，裁纸刀是自由的。"(√)

第7章

1. 课前测试：环保趣闻，是真是假?

(1) 意大利星期天不开车，因为这里的车辆要"单休"。A. 真;B. 假。

(2) 在新西兰，放屁是一种"过错"。政府认为牛羊排放出的臭气中含有大量甲烷，会使臭氧层受到破坏，进而加速地球表面升温，所以政府开征"屁税""打嗝税"及"污物税"，希望能减少温室气体排放。A. 真;B. 假。

(3) 法国政府会强制收垃圾，每户人每月必须上交生活垃圾4公斤。环保部门会将这些垃圾分类处理，综合利用。大概为了保量完成此项任务，大家都会将垃圾进行收集，从而避免乱扔垃圾。A. 真;B. 假。

(4) 加拿大松鼠繁多，蹦到身边索要食物是常有的事。如果有人随意将松鼠踢开，当地的小孩子就会化身为环保小卫士，要求他们向松鼠道歉。A. 真;B. 假。

(5) 为了保护旅游资源，巴西国家公园的公共开放区域不超过园区面积的5%，并且每个星期一还会静园一天。A. 真;B. 假。

以上全部为真。

2. 课后练习：判断对错

(1) 根据欧盟REACH法案，如果产品中SVHC含量超过0.1%、年产量超过1吨，就要履行繁琐的备案、登记、许可等手续。(√)

(2) "外部性"出现于甲乙双方的交易未经许可影响到第三个人丙。(√)

(3) 经济学家科斯认为,“外部性”的一个重要原因是产权不清。(√)

(4)《环境保护法》确立了“先污染后治理”的原则,于 2015 年 1 月 1 日实施。(×)

(5)《环境保护法》确立了“按日计罚,上不封顶”的违规处罚方法。(√)

(6) 我国《环境保护法》规定:每年 6 月 5 日为环境保护日。(√)

(7) 碳交易就是碳排放额度交易。(×)

第 8 章

1. 课前测试:标签的问题

仅有英文标签而无汉译,导致风险难以识别。

2. 课后练习:判断对错

(1) 风险如果能够带来收益,我们可能低估风险。(√)

(2) 最新的研究表明,生日死亡风险为一年中最高。人们在生日当天死亡的概率比平常高出 14%。说明不良结果来自不良行为。(√)

(3) 在其他条件相同的情况下,个体认为正面的结果(好事)发生的概率比负面结果(坏事)高。因此,普通人往往会低估风险。(√)

(4) 质量、安全等问题属于工程师决策,而非管理者决策。(√)

(5) 风险的等级管理(Hierarchy of Controls)告诉我们,工作场所个人穿戴防护用品是最有效的安全措施。(×)

第 9 章

1. 课前测试:图利的猫

假如毁灭一只被注射的小猫(它将自然发展出人的属性)并不是什么错误的话,那么毁灭一个缺乏这些属性的人类也不是什么错误。因此,堕胎不是什么错误。

图利的思想实验可以应用于辅助自杀:当一只被注射的猫发育成具有人的属性,然后又丧失这些属性,是否可以杀死这只猫?

2. 课后练习:判断对错

(1) professional 词根是信奉,向上帝发誓,意思是不辜负上帝的职业。(√)

(2) 支持女性堕胎的伦理理由是权利论。(√)

(3) 生物医学和基因技术的发展主要面临三大伦理问题:不确定性风险、社会的不平等和人性的异化。(√)

第10章

课后练习：判断对错

(1) 技术是中性的,伦理问题只与人有关。(×)

(2) 海德格尔的“技术座架”的意思是技术的基本结构。(×)

(3) 科学主义是一种科学的方法论。(×)

第11章

课后练习：判断对错

(1) 因为文化差异是客观的现实,所以应该根据伦理相对主义处理国际伦理问题。(×)

(2) 每一个国家独有自己的国情,因此,不存在“普世价值”。(×)

参考文献

[1] 哈里斯 E C,普里查德 S M,雷宾斯 J M. 工程伦理：概念与案例[M]. 北京：北京理工大学出版社，2006.
[2] 吴国盛. 技术哲学讲演录[M]. 北京：中国人民大学出版社，2009.
[3] 马丁 W M,幸津格 R. 工程伦理学[M]. 北京：首都师范大学出版社，2010.
[4] 戴维斯 M. 像工程师那样思考[M]. 杭州：浙江大学出版社，2012.
[5] 周卓煇. 工程伦理：100 个案例故事[M]. 新北市：高立图书有限公司，2007.
[6] 雷切尔斯 J,雷切尔斯 S. 道德的理由[M]. 北京：中国人民大学出版社，2009.
[7] 特纳. 技术的报复：墨菲法则和事与愿违[M]. 上海：上海科技教育出版社，2012.
[8] 奥吉安 L. 伦理学反教材[M]. 海口：南海出版公司，2017.
[9] 尤瓦尔·赫拉利 Y. 未来简史[M]. 北京：中信出版社，2017.
[10] 弗兰西斯·福山. 我们的后人类未来：生物科技革命的后果[M]. 桂林：广西师范大学出版社，2017.
[11] 桑德尔 M. 反对完美——科技与人性的正义之战[M]. 北京：中信出版社 2013.
[12] 格雷戈里 EP. 医学伦理学经典案例[M]. 长沙：湖南科技出版社，2010.
[13] 佩格·蒂特尔. 图利的猫——史上最著名的 116 个思想悖论[M] 重庆：重庆大学出版社，2012.
[14] 小西奥多·希克，刘易斯·沃恩. 做哲学：88 个思想实验中的哲学导论[M]. 北京：北京联合出版公司. 2018.
[15] 巴吉尼 Z. 一头想被吃掉的猪：100 个让人想破头的哲学问题[M]. 上海：上海三联书店，2008.
[16] 兰德 A. 自私的德性[M]. 北京：华夏出版社，2007.
[17] 戴斯·贾丁斯. 环境伦理学[M]. 北京：北京大学出版社，2002.
[18] 辛格 P. 实践伦理学[M]. 北京：东方出版中心，2005.
[19] 辛格 P. 动物解放[M]. 北京：中信出版社，2018.
[20] 莫尔根 D. 理解功利主义[M] 济南：山东人民出版社，2012.
[21] 埃德蒙兹 D. 你会杀死那个胖子吗？——一个关于对与错的哲学谜题[M]. 北京：中国人民大学出版社，2014.
[22] 中国石油化工股份有限公司青岛安全工程研究院. HSE 观察：控制看得见的风险[M]. 北京：中国石化出版社，2011.
[23] 格斯坦，艾尔斯伯格. 灾难是决策出来的吗——谷歌不告诉你的大事故原因[M]. 西安：陕西人民出版社，2013.
[24] 纳特 B. 决策之难[M]. 北京：新华出版社，2013.
[25] 刘瑜. 民主的细节[M]. 上海：上海三联书店，2009.
[24] 马丁科恩. 101 个有趣的哲学问题[M]. 北京：新华出版社，2007.
[25] 桑德尔 M. 公正：该如何是好？[M]. 北京：中信出版社，2011.
[26] 德尔纳 D. 失败的逻辑[M]. 上海：上海世纪出版集团，2010.
[27] 约翰·斯图亚特·穆勒. 论自由[M]. 北京：中国人民大学出版社，2013.
[28] 卢梭. 社会契约论[M]. 北京：商务印书馆，2003.